西安交通大学 研究生创新教育系列教材

高等计算力学

李录贤 编

西安交通大学出版社
XI'AN JIAOTONG UNIVERSITY PRESS

内容提要

本教材围绕固体力学中的结构分析问题，讲解利用有限元方法进行非线性分析的理论和方法，内容主要包括线性有限元方法基础、弹塑性分析、大变形分析以及接触分析等三类典型非线性问题的有限元求解。此外，对扩展有限元法和广义有限元法两类有限元方法的最新发展、求解无界域问题的无限元方法以及基于结点的数值方法——无网格方法——也进行了介绍。还以附录形式给出了两种线性互补问题的求解方法。

本教材可作为工学学科研究生学习之用，也可作为相关领域研究人员和工程技术人员工作中的辅助参考材料。

图书在版编目(CIP)数据

高等计算力学/李录贤编. —西安：西安交通大学出版社，2017.6(2025.8 重印)
西安交通大学研究生创新教育系列教材
ISBN 978-7-5605-9880-2

Ⅰ.①高… Ⅱ.①李… Ⅲ.①计算力学-高等学校-教材
Ⅳ.①O302

中国版本图书馆 CIP 数据核字(2017)第 168552 号

书　　名　高等计算力学
编　　者　李录贤
责任编辑　刘雅洁

出版发行　西安交通大学出版社
（西安市兴庆南路 1 号　邮政编码 710048）
网　　址　http://www.xjtupress.com
电　　话　(029)82668357　82667874(市场营销中心)
(029)82668315(总编办)
传　　真　(029)82668280
印　　刷　中煤地西安地图制印有限公司

开　　本　727mm×960mm　1/16　**印张** 12.125　**字数** 217 千字
版次印次　2018 年 6 月第 1 版　2025 年 8 月第 2 次印刷
书　　号　ISBN 978-7-5605-9880-2
定　　价　38.00 元

如发现印装质量问题，请与本社市场营销中心联系。
订购热线：(029)82665248　(029)82667874
投稿热线：(029)82664954
读者信箱：lg.book@163.com

总　序

创新是一个民族的灵魂,也是高层次人才水平的集中体现。因此,创新能力的培养应贯穿于研究生培养的各个环节,包括课程学习、文献阅读、课题研究等。文献阅读与课题研究无疑是培养研究生创新能力的重要手段,同样,课程学习也是培养研究生创新能力的重要环节。通过课程学习,使研究生在教师指导下,获取知识的同时理解知识创新过程与创新方法,对培养研究生创新能力具有极其重要的意义。

西安交通大学研究生院围绕研究生创新意识与创新能力改革研究生课程体系的同时,开设了一批研究型课程,支持编写了一批研究型课程的教材,目的是为了推动在课程教学环节加强研究生创新意识与创新能力的培养,进一步提高研究生培养质量。

研究型课程是指以激发研究生批判性思维、创新意识为主要目标,由具有高学术水平的教授作为任课教师参与指导,以本学科领域最新研究和前沿知识为内容,以探索式的教学方式为主导,适合于师生互动,使学生有更大的思维空间的课程。研究型教材应使学生在学习过程中可以掌握最新的科学知识,了解最新的前沿动态,激发研究生科学研究的兴趣,掌握基本的科学方法;把以教师为中心的教学模式转变为以学生为中心、教师为主导的教学模式;把学生被动接受知识转变为在探索研究与自主学习中掌握知识和培养能力。

出版研究型课程系列教材,是一项探索性的工作,也是一项艰苦的工作。虽然已出版的教材凝聚了作者的大量心血,但毕竟是一项在实践中不断完善的工作。我们深信,通过研究型系列教材的出版与完善,必定能够促进研究生创新能力的培养。

西安交通大学研究生院

前言

本书围绕固体力学中的材料与结构分析问题，主要讲解利用有限元方法进行非线性分析的理论和方法，并对近年来数值方法的主要进展进行了较为全面的介绍，内容共分为 7 章。第 1 章介绍线性有限元方法，包括线性本构关系、线性几何关系、平衡方程、变分原理，以及有限单元形状函数构造的研究内容及发展，是后续章节的预备知识；第 1 至 5 节是本章重点，6 至 8 节是相关内容的延伸，可选择学习。第 2 章以弹塑性问题为例，介绍材料(物理)非线性问题的有限元方法，包括材料的塑性行为、塑性本构关系及有限元方程的形成与求解方法。第 3 章介绍大变形(几何非线性)问题的有限元方法，包括大变形情形下的应变与应力描述、全拉格朗日(TL)增量法和修正拉格朗日(UL)增量法，以及大变形分析中的本构关系及载荷处理等实施细节。第 4 章以接触问题为例，介绍边界非线性问题的有限元方法，涉及接触问题求解的经典方法和数学规划方法。第 5 章至第 7 章，属于与有限元方法相关的专题讨论。第 5 章介绍有限元方法研究的最新进展和研究成果，包括扩展有限元法和广义有限元法，它们都是常规有限元方法的延伸，可在较简单、规则、粗糙的网格上对具有复杂细节的结构进行高效高精度数值计算，是有限元方法的主要最新发展。第 6 章介绍求解无界域问题的无限元方法，它是有限元方法的有效补充，二者可实现无缝对接。第 7 章主要从插值逼近角度，简单介绍基于结点的数值方法——无网格方法，该法在构造逼近时不需要引入单元的概念，因而克服了有限元方法由于单元存在所具有的局限。最后，以附录形式，给出了第 4 章中涉及的两种线性互补问题的求解方法。

计算科学与技术在硬件和软件方面的飞跃式发展，为计算力学的研究和应用提供了良好的外部环境和充足的内部动力。特别是有限元方法的诞生，大大提升了计算力学在各个领域科学计算和工程应用中的重要性。目前，计算力学的发展反映出多学科交叉的特点，形成了计算物理、计算化学、计算材料学、计算数学、计算声学等多种新型学科，以解决诸如多物理场、多尺度与跨尺度的大规模科学和工程问题。在计算方法上，目前出现了多尺度计算方法、生物工程计算方法、纳米材料计算方法、结构与多学科优化设计、智能材料多场耦合计算方法、计算动力学与控制数值分析方法、高性能计算、新型有限元方法、无网格(单元)方法、覆盖数值方法以及无限元方法等，都各具特色。

本书以编者 1997 年以来承担的力学学科研究生专业学位课“高等计算力学”讲义为基础，以对力学学科硕士研究生和博士研究生的讲授实践和学生的实际效果反馈为依据，考虑到他们的知识和工作背景跨度较大，结合近几年计算力学学科的最新研究成果和发展现状，经进一步修改、补充和完善而成。注重调动学生的学习积极性和能动性是本书的主要特点；拟通过课堂讲解和对教材的自学，使力学学科研究生的计算力学知识得到有效提升，使非力学学科研究生能够获得所需的计算力学方面的知识，拓宽他们的视野，为跨学科的研究工作和今后的实际工作奠定基础，力争培养出适应快速知识更迭的创新型人才。

本书在定义教材中涉及的重要概念时，力求简单、清晰，准确反映概念本身的物理含义和概念间的本质差异；而对较基本的概念，并没有一一介绍，以保证做为研究生教材的完整性。在保证数学推理严密的条件下，力求避免繁冗的数学推导与表达形式：一方面以简单易懂的方式导出结果；另一方面，在数学表达上以更合理的形式体现出所具有的特点或特征。

计算力学离不开具体的方法实施，由于本教材主要面向研究生，因而，对业已成熟或熟知的方法不再花费或尽量少花篇幅介绍，而是针对所讨论的大类问题，如弹塑性、大变形或接触等，在方法叙述上强调各自的独特性。

本书力求运用当前编者所能掌握的最新知识，及时介绍相应方向的研究现状与发展趋势。

本书不仅面向力学学科的研究生，还将适用领域刻意向其他非力学的机、电等工学学科偏斜。拟适用的学科包括航天航空、材料、机械工程、能源与动力工程、微电子工程等。

由于编者水平所限，特别是对其中涉及的各个专题不是都做过较深入的研究，在内容上难免有错误和不妥之处，敬请读者批评指正。

特别说明的是，本书第 1、2、4 章的部分内容，由于相对经典和成熟，主要参照何君毅、林祥都编著的《工程结构非线性问题的数值解法》而成。编者 2006 年 10 月在上海的 CAE 发展论坛上有幸结识何老师并交流了一些看法，并承蒙以原作相送，再次对两位前辈致以诚挚的感谢。第 3、4 章的部分内容，是在编者的博士论文相关章节及相应参考文献基础上，经修改而成。第 5 章和第 6 章，是在编者发表的相关综述性文章基础上，经修改而成。第 7 章的无网格方法简介，是为了保持本书内容的完整性而编入的，以 Belytschko 等综述性文章（Meshless methods: An overview and recent developments, *Computer Methods in Applied Mechanics and Engineering*, 1996, 139:3 - 47）的前言和第二节为蓝本编写而成，在此予以说明，并对原作者表示感谢。编者还感谢所有参考文献的作者，正因为有他们的先期工作做铺垫，才使本书得以顺利完稿。由于原讲义前后已历经十余年时间，有部分参考文献难以查证，除了对这些作者表示感谢之外，还深表歉意。另外，考虑到教材的特点及内容的完整性，所引参考文献没有在文中的相应地方列出，而是以先中文后英文、依作者姓名字母顺序，全部列在各章末尾。

本书从立意、策划开始，到编写、完稿的整个过程，王铁军教授都提出了许多宝贵的建设性建议，并通过他主持的多个项目、以多种渠道对该教材的编写给予了大力支持。值此，对王铁军教授予以特别感谢。

本教材得到西安交通大学“985 工程”二期建设研究生教学平台建设项目的资助，得到国家自然科学基金(11672221，11272245，10972172，10572109，10472090，11321062，11021202)和教育部新世纪优秀人才支持计划(NCET-04-0930)的资助。

编 者

2016 年 8 月于西安

目 录

第1章　有限元方法基础

1.1　引言

在科学计算和工程应用中已研制出许许多多的有限元商用软件，如 ANSYS、ABAQUS、MSC NASTRAN，还有早先的 SAP 和 ADINA 等。它们在处理具体问题时，一般经过三个主要步骤：①建立分析模型，即根据问题种类和结构的几何特征，选取单元类型；②施加边界条件，包括强制边界条件和自然边界条件，前者即通常所说的位移边界条件，后者即用来计算等效外加载荷的力边界条件；③方程的求解，根据问题的种类是线性还是非线性的，以及规模大小，选择恰当方法，以高效高精度地求解有限元方程。其余则全固化在软件中，对用户而言是个黑箱。

大量商用有限元软件的出现，充分说明了有限元方法的普及和被认可程度。虽然从这些软件的手册中也可点滴了解有限元方法的基本理论，但对于相关研究人员而言，这些知识显然是不够的；对软件做二次开发的工程人员，也需要更多的有限元知识。

本章以固体的弹性静力学为例，介绍线性有限元方程建立过程中的关键环节，这些内容是以后章节的基础知识。

1.2　线性本构关系

固体材料的线性本构关系符合广义胡克(Hooke)定律，其张量形式的表达式为

$$\sigma_{ij} = D_{ijkl}\varepsilon_{kl} \tag{1.1}$$

其中，σ_{ij} 为二阶的应力张量；ε_{kl} 为二阶的应变张量；D_{ijkl} 为四阶的胡克弹性张量；下标 i、j、k、l 在三维问题中从 1～3 取值，在二维问题中从 1～2 取值。

对于各向同性材料，胡克弹性张量 D_{ijkl} 的 $3\times3\times3\times3=81$ 个元素可由 2 个独立的材料参数予以表示。这两个材料参数一般取为杨氏模量(Young's Modulus) E 及泊松比(Poisson Ratio)ν，或者体积模量 K(Bulk Modulus)及剪切模量 G(Shear Modulus)，或者拉梅常数(Lame Constants)λ 及 μ。

由于 σ_{ij} 和 ε_{kl} 均为对称的二阶张量，各有 6 个独立的分量，因而分别可用列阵

形式表示为

$$\begin{cases}\{\sigma\}^{\mathrm{T}} = \{\sigma_{11} \quad \sigma_{22} \quad \sigma_{33} \quad \sigma_{12} \quad \sigma_{23} \quad \sigma_{31}\}^{\mathrm{T}} \\ \{\varepsilon\}^{\mathrm{T}} = \{\varepsilon_{11} \quad \varepsilon_{22} \quad \varepsilon_{33} \quad 2\varepsilon_{12} \quad 2\varepsilon_{23} \quad 2\varepsilon_{31}\}^{\mathrm{T}}\end{cases} \tag{1.2}$$

则(1.1)式不难写成

$$\{\sigma\} = [D]\{\varepsilon\} \tag{1.3}$$

值得注意,(1.2)的两式在形式上有所不同。这种形式,一方面可保证(1.3)式中弹性矩阵[D](6×6)是对称的,对于有限元方法,这一特性至关重要;另一方面,二者乘积就是应变能密度,具有明确的物理含义。

值得一提的是,有些学者将(1.2)式表示成应力和应变9个分量的列阵形式,相应地,(1.3)式中的弹性矩阵[D]就成为一个9×9的方阵。这种记号的优点是较易与张量形式对应,便于在应力、应变张量不对称的物理问题中应用;缺点是对占大多数的应力、应变张量对称的问题,形式不够简洁。

本章中,花括号{}表示列阵,方括号[]表示一般矩阵,上标T表示它们的转置(Transpose)。

实际上,胡克定律可用拉梅常数表示为

$$\sigma_{ij} = \lambda\delta_{ij}\varepsilon_{kk} + 2\mu\varepsilon_{ij} \tag{1.4}$$

其中,拉梅常数λ及μ与杨氏模量E及泊松比ν的关系为

$$\begin{cases}\lambda = E\nu/((1+\nu)(1-2\nu)) \\ \mu = E/(2(1+\nu))\end{cases} \tag{1.5}$$

(1.4)式的逆形式为

$$\varepsilon_{ij} = \frac{1+\nu}{E}\sigma_{ij} - \frac{\nu}{E}\sigma_{kk}\delta_{ij} \tag{1.6}$$

在塑性力学中,将上式表示成偏量形式使用起来会更方便。注意到平均正应变ε_{m}和平均正应力(或称八面体正应力)σ_{m}被分别定义为

$$\begin{cases}\varepsilon_{\mathrm{m}} = (\varepsilon_x + \varepsilon_y + \varepsilon_z)/3 \\ \sigma_{\mathrm{m}} = (\sigma_x + \sigma_y + \sigma_z)/3\end{cases} \tag{1.7}$$

应力偏量张量和应变偏量张量被定义为

$$\begin{cases}e_{ij} = \varepsilon_{ij} - \varepsilon_{\mathrm{m}}\delta_{ij} \\ S_{ij} = \sigma_{ij} - \sigma_{\mathrm{m}}\delta_{ij}\end{cases} \tag{1.8}$$

(1.6)式又可表示为

$$\begin{cases}\varepsilon_{\mathrm{m}} = \sigma_{\mathrm{m}}/(3K) \\ e_{ij} = S_{ij}/(2G)\end{cases} \tag{1.9}$$

K和G分别为体积模量和剪切模量,用E和ν可表示为

$$\begin{cases} K = E/(3(1-2\nu)) \\ G = E/(2(1+\nu)) \end{cases} \tag{1.10}$$

以上三维本构关系经适当变化可退化成平面应变、平面应力及轴对称情形。

需要说明的是，在工程中一般多采用体积应变 $\theta=3\varepsilon_m$ 代替平均应变 ε_m，此时，(1.9)式在形式上需做相应的调整。

1.3　几何关系

张量形式的应变定义为

$$\varepsilon_{ij} = \frac{1}{2}(u_{i,j} + u_{j,i}) \tag{1.11}$$

其中，“,”号后面的下标表示对该坐标分量求导。

若采用(1.2)之二式 ε_{ij} 的列阵形式，(1.11)式可表示成下列矩阵形式

$$\{\varepsilon\} = [B]\{u\} \tag{1.12}$$

易得矩阵[B]的显式为

$$[B] = \begin{bmatrix} \partial/\partial x & & \\ & \partial/\partial y & \\ & & \partial/\partial z \\ \partial/\partial y & \partial/\partial x & \\ & \partial/\partial z & \partial/\partial y \\ \partial/\partial z & & \partial/\partial x \end{bmatrix} \tag{1.13}$$

[B]称为应变-位移关系矩阵，它是一个微分算子矩阵。在有限元方法中，单元内的位移场可通过单元结点位移 q 和单元形状函数 N 插值为

$$\{u\} = [N]\{q\} \tag{1.14}$$

因而，[B]矩阵中的微分算子实际上作用于它后面紧跟的单元形状函数。这样，为了数学上更严格，在以后的有限元方程中，[B]矩阵经常以[B][N]的形式出现。

当然，与胡克弹性矩阵[D]一样，[B]矩阵的具体形式依问题类型而异。

1.4　控制方程

微分形式的弹性静力学平衡方程为

$$\sigma_{ij,j} + b_i = 0 \tag{1.15}$$

其中，b_i 为体积力。上式用列阵形式表示即为

$$[B]^{\mathrm{T}}\{\sigma\} + \{b\} = 0 \tag{1.16}$$

弹性力学边值问题的边界条件分为两种：一种是自然(非本质)边界条件，即面力边界条件，可以表示为

$$\sigma_{ij}n_j - t_{ei} = 0,\quad 在\ S_\sigma\ 上 \tag{1.17}$$

其中，S_σ 为受力作用的边界；t_{ei}为给定表面力分量。借用(1.16)式的记号，(1.17)式可重写为

$$[T]^{\mathrm{T}}\{\sigma\} - \{t_{\mathrm{e}}\} = 0 \tag{1.18}$$

$[T]$在形式上与$[B]$相似，只是将其中的$\partial/\partial x$、$\partial/\partial y$和$\partial/\partial z$分别换成方向余弦n_x、n_y和n_z即可。

另一种是强制(本质)边界条件，即位移边界条件，可以表示为

$$u_i - u_{0i} = 0,\quad 在\ S_u\ 上 \tag{1.19}$$

其中，S_u 为受位移约束的边界；u_{0i}为给定位移分量。

数值方法一般将平衡方程的强(微分)形式(1.15)式变成积分意义上的弱(积分)形式来求解。下面介绍固体力学有限元方法中常用的几种弱形式。

1.4.1 虚功原理

虚功原理认为，一个处于平衡的物体，对于任意满足位移边界条件的虚位移，其外力虚功等于物体应力在虚应变上产生的虚变形能，用数学表达即为

$$\int_V \sigma_{ij}\delta\varepsilon_{ij}\,\mathrm{d}V = \int_V b_i\delta u_i\,\mathrm{d}V + \int_{S_\sigma} t_{ei}\delta u_i\,\mathrm{d}S \tag{1.20}$$

其中，V 为物体的体积；δu_i 和 $\delta\varepsilon_{ij}$ 为虚位移及由此产生的虚应变。上式写成列向量形式为

$$\int_V \delta\{\varepsilon\}^{\mathrm{T}}\{\sigma\}\mathrm{d}V = \int_V \delta\{u\}^{\mathrm{T}}\{b\}\mathrm{d}V + \int_{S_\sigma}\delta\{u\}^{\mathrm{T}}\{t_{\mathrm{e}}\}\mathrm{d}S \tag{1.21}$$

1.4.2 势能原理

势能原理认为，对于一个处于平衡的物体，在满足几何关系(1.12)式及位移边界条件(1.19)式的所有位移中，真实解使物体的总势能取最小值。

变形体的总势能为

$$\Pi = U - W \tag{1.22}$$

这样，势能原理的数学表达为

$$\delta\Pi \triangleq \delta U - \delta W = 0 \tag{1.23}$$

其中

$$\begin{cases} U = \displaystyle\int_V \frac{1}{2}\sigma_{ij}\varepsilon_{ij}\,\mathrm{d}V \\ W = \displaystyle\int_V b_i u_i\,\mathrm{d}V + \int_{S_\sigma} t_{ei}u_i\,\mathrm{d}S \end{cases} \tag{1.24}$$

虚功原理和势能原理实际上是从不同角度描述同一种物理规律。

1.4.3　广义变分原理

虚功原理和势能原理都属于仅以位移作为基本求解变量的位移法。这种单一位移法，能保证位移有足够的精度，但对诸如应力、应变等物理量的计算精度则较低。

为了克服位移法有限元的上述不足，先后出现了混合法和杂交法。混合法中基本求解变量不仅含有位移，还含有应力或结点内力等；而杂交法虽然基本求解变量仍为位移，但此时位移除了遵守边界约束外，还须受单元边界上的应力/应变的约束。这些方法的有限元方程建立，从数学角度来看是泛函的约束极值问题，从力学角度称为广义变分原理。

1. 胡海昌-鹫津(HW)变分原理

若视 ε、σ 和 u 都为基本独立变量，其对应的广义变分原理称为胡海昌-鹫津(Hu-Washizu，HW)变分原理，其广义泛函的形式为

$$\Pi(\varepsilon,\sigma,u) = \int_V \left(\{\sigma\}^{\mathrm{T}}([B]\{u\} - \{\varepsilon\}) + \frac{1}{2}\{\varepsilon\}^{\mathrm{T}}[D]\{\varepsilon\} \right) \mathrm{d}V - \int_V \{b\}^{\mathrm{T}}\{u\}\mathrm{d}V - \int_S \{t_e\}^{\mathrm{T}}\{u\}\mathrm{d}S \tag{1.25}$$

上式右端第一项对 u 变分，并应用分部积分可得到

$$\int_V \{\sigma\}^{\mathrm{T}}[B]\delta\{u\}\mathrm{d}V = \int_{S_\sigma} \delta\{u\}^{\mathrm{T}}\{t\}\mathrm{d}S - \int_V \delta\{u\}^{\mathrm{T}}[B]^{\mathrm{T}}\{\sigma\}\mathrm{d}V \tag{1.26}$$

其中，$\{t\}$为应力在表面的合成，称为柯西(Cauchy)应力矢量，表达式为

$$t_i = \sigma_{ij} n_j \tag{1.27}$$

于是，(1.25)式经对各宗量(即 ε、σ 和 u)施以变分成为

$$\delta\Pi(\varepsilon,\sigma,u) = \int_V \delta\{\varepsilon\}^{\mathrm{T}}([D]\{\varepsilon\} - \{\sigma\})\mathrm{d}V + \int_V \delta\{\sigma\}^{\mathrm{T}}([B]\{u\} - \{\varepsilon\})\mathrm{d}V - \int_V \delta\{u\}^{\mathrm{T}}([B]^{\mathrm{T}}\{\sigma\} + \{b\})\mathrm{d}V + \int_{S_\sigma} \delta\{u\}^{\mathrm{T}}(\{t\} - \{t_e\})\mathrm{d}S \tag{1.28}$$

与(1.23)式比较发现，HW 变分原理的第一项描述弹性本构关系(1.3)式；第二项描述几何关系(1.12)式；第三项描述微分形式的平衡方程(1.16)式；第四项表示力的边界条件，即自然边界条件。

实际上，广义变分原理都必须能够描述这四种形式的关系或条件。它们的恰当形式也都是通过引入拉格朗日(Lagrange)乘子(简称拉氏乘子)，解除以上四种关系或条件的约束，最终识别拉氏乘子而获得的。

对实际问题,同时使用 ε、σ 和 u 三个作为基本变量的必要性不大,一般来说,本构方程容易满足,因此,可以将其做精确处理。如果将 σ 用本构关系(1.3)式表示,那么,(1.28)式变成下列修正的 HW 变分原理

$$\begin{aligned}\delta\Pi(u,\varepsilon) = &\int_V \delta\{\varepsilon\}^{\mathrm{T}}([D][B]\{u\} - [D]\{\varepsilon\})\mathrm{d}V \\ &- \int_V \delta\{u\}^{\mathrm{T}}([B]^{\mathrm{T}}[D]\{\varepsilon\} + \{b\})\mathrm{d}V \\ &+ \int_{S_\sigma} \delta\{u\}^{\mathrm{T}}(\{t\} - \{t_{\mathrm{e}}\})\mathrm{d}S \end{aligned} \tag{1.29}$$

根据上式,可导出位移杂交模型。

2. 赫林格-赖斯纳(HR)变分原理

如果使用应力 σ 和位移 u 为基本变量,而 ε 由本构关系(1.3)式给出,那么(1.28)式变为

$$\begin{aligned}\delta\Pi(u,\sigma) = &\int_V \delta\{\sigma\}^{\mathrm{T}}([B]\{u\} - [D]^{-1}\{\sigma\})\mathrm{d}V \\ &- \int_V \delta\{u\}^{\mathrm{T}}([B]^{\mathrm{T}}\{\sigma\} + \{b\})\mathrm{d}V \\ &+ \int_{S_\sigma} \delta\{u\}^{\mathrm{T}}(\{t\} - \{t_{\mathrm{e}}\})\mathrm{d}S \end{aligned} \tag{1.30}$$

上式即著名的赫林格-赖斯纳(Hellinger-Reissner,HR)变分原理,它是由位移与应力(或等价内力)为基本变量的混合模型。当然,可利用本构关系和几何关系消去应力,得到类似位移法的变分原理。另外,利用 HR 变分原理,在接触问题中可得到混合型接触控制方程。

需要注意的是,由于位移也是这两种广义变分原理的基本变量之一,因而,这里认为位移约束可以精确满足,故去除了位移约束部分对广义泛函的贡献。

1.4.4 余能原理

以上讨论的变分原理的基本变量中都含有位移,因此是以势能为基础的。若以结构的内力或应力为基本变量,而视位移为因变量,那么构成的变形能则称余能,得到相应的余能原理。

余能原理认为,对于一个处于平衡的物体,满足几何关系(1.12)式和应力边界条件(1.18)式的所有力和应力中,真实解使余能取最小值。

用数学表达为

$$\delta\Pi_{\mathrm{c}} \triangleq \delta U_{\mathrm{c}} - \delta W_{\mathrm{c}} = 0 \tag{1.31}$$

其中,虚余变形能 U_{c} 和虚外载余能 W_{c} 分别由下式给出

$$\begin{cases}\delta U_c = \int_V \varepsilon_{ij}\delta\sigma_{ij}\,dV \\ \delta W_c = \int_V u_i\delta b_i\,dV + \int_{S_\sigma} u_i\delta t_{ei}\,dS\end{cases} \tag{1.32}$$

上式可导出以结点等价内力为基本未知变量的平衡模型或称力法，它在结构力学中得到广泛应用，在有限元法中较少使用。如果将几何关系当做约束，则对余能原理解除约束后，可得到修正的余能原理，并导出应力杂交模型，它在处理断裂力学中裂纹端部的奇异性、板壳问题单元间的协调性等方面均有优势，但收敛性问题还未能很好解决。

1.4.5　加权残值法

通常情况下，数值近似解不能精确满足微分方程和边界条件，它们将产生一定的残值。使这些残值的加权积分为零求解问题的方法，称为加权残值法(Method of Weighted Residuals)，有时也称加权余量法或加权残数法。

平衡微分方程、位移边界条件及应力边界条件的加权残值法表示成

$$\int_V \{W_V\}^T([B]^T[D][B]\{u\}+\{b\})dV + \int_{S_u}\{W_u\}^T(\{u\}-\{u_0\})dS$$
$$+\int_{S_\sigma}\{W_\sigma\}^T([T]^T[D][B]\{u\}-\{t_e\})dS = 0 \tag{1.33}$$

其中，W_V、W_u 和 W_σ 分别为平衡方程、位移边界条件和力边界条件的权函数。

若位移边界条件精确满足(在有限元法中较易实现)，再对(1.33)式中的第一项进行分部积分，并取 $W_\sigma=-W_V$，(1.33)式即变成

$$-\int_V([B]\{W_V\})^T[D][B]\{u\}dV + \int_V\{W_V\}^T\{b\}dV$$
$$+\int_S\{W_V\}^T[T][D][B]\{u\}dS$$
$$-\int_{S_\sigma}\{W_V\}^T([T][D][B]\{u\}-\{t_e\})dS = 0 \tag{1.34}$$

其中，表面积积分域 S 包括 S_u 和 S_σ 两部分。

上式即单一位移场加权残值法的一般形式，恰当选取权函数可得到不同的方法，如最小二乘法、配点法、子域法、迦辽金(Galerkin)法和有限体积法(Finite Volume Method，FVM)等。加权残值法，特别是迦辽金法，还适合于固体力学以外的领域，如热传导、流体力学、空气动力学、电磁场、声场等。一般地，对于偶数阶(常见的有二阶或四阶)偏微分方程描述的问题，原则上都可通过这种途径建立有限元方程。

1.5 有限元方程的建立

上节提及的平衡方程的各种弱形式，是普遍适用的，在求解边值问题时也得到了许多有价值的半解析数值结果。但是，直接利用它们，能解决的问题很有限，与有限元方法结合，它们会发挥更大的作用。

有限元方法从一开始就定位在求解问题的近似数值解，因而，对所求解的区域进行离散(即网格剖分)，是有限元方法的最鲜明特征。单元和结点是有限元方法中两个基本要素，整个区域上待求物理场的变化，通过定义在单元上的形状函数插值而成，其待求参数则为结点处的量。应该强调的是，近似解是与解析解类型不同的解，而并非不正确的解。

有限元方程可通过控制方程的弱(积分)形式(能量原理和变分原理)或加权残值法等建立起来。作为例子，本节从虚功原理出发，介绍建立有限元方程的步骤。依据其他原理的有限元方程，可仿此建立。

正如(1.14)式所示，单一位移场有限元法单元内的位移插值为

$$\{u\}_e = [N]_e\{q\}_e \tag{1.35}$$

其中，$[N]_e$ 为单元形状函数矩阵；$\{q\}_e$ 为单元结点位移列阵。

将(1.35)式代入(1.12)式，得到用单元结点位移表示的单元应变为

$$\{\varepsilon\}_e = [B][N]_e\{q\}_e \tag{1.36}$$

将(1.35)式代入(1.3)式，得到用单元结点位移表示的单元应力为

$$\{\sigma\}_e = [D][B][N]_e\{q\}_e \tag{1.37}$$

将(1.35)～(1.37)式代入虚功原理(1.20)式中，并注意到变分只对结点未知量$\{q\}_e$施行，可得

$$\begin{gathered}\delta\{q\}_e^{\mathrm{T}}\int_V([B][N])^{\mathrm{T}}[D]([B][N])\mathrm{d}V_e\{q\}_e = \\ \delta\{q\}_e^{\mathrm{T}}\int_V[N]^{\mathrm{T}}\{b\}_e\mathrm{d}V_e + \delta\{q\}_e^{\mathrm{T}}\int_{S_\sigma}[N]^{\mathrm{T}}\{t\}_e\mathrm{d}S_e\end{gathered} \tag{1.38}$$

其中，V_e 和 S_e 分别表示单元所占区域和相应的表面积。$\{b\}_e$ 和 $\{t\}_e$ 分别为单元上的分布体积力和单元表面上作用的分布外力。

考虑到变分的任意性，(1.38)式转化成

$$[K]_e\{q\}_e = \{F\}_e \tag{1.39}$$

其中，$[K]_e$ 和 $\{F\}_e$ 分别称为单元的刚度矩阵和等效载荷列阵，具体表达式为

$$\begin{cases}[K]_e = \displaystyle\int_V([B][N])^{\mathrm{T}}[D]([B][N])\mathrm{d}V_e \\ \{F\}_e = \displaystyle\int_V[N]^{\mathrm{T}}\{b\}_e\mathrm{d}V_e + \int_{S_\sigma}[N]^{\mathrm{T}}\{t\}_e\mathrm{d}S_e\end{cases} \tag{1.40}$$

(1.39)式经逐个单元组装，最终形成整体结构的有限元方程。

由(1.39)式组装形成的最终有限元方程是一个线性代数方程组，而且，对于大型复杂问题往往涉及成百万上千万个求解变量。观察(1.40)式不难发现，该方程组的系数矩阵是对称的，而有限单元插值函数又决定了该矩阵是带状且高度稀疏的。人们正是充分利用了这三个特征而开发出了许许多多各具特色的有限元商用软件，以解决实际工程中的大型复杂问题。

另外需要指出的是，静力问题有限元方程的刚度矩阵是半正定的，必须施加恰当的约束，才能对建立的方程予以求解，进而得到对应问题的解答。

1.6　有限单元形状函数的构造

上节已提及，有限元方法定位在求解问题的数值近似解，而决定这个近似解收敛性和逼近精度的正是有限单元的形状(插值)函数$[N]$。本节分别以二维平面问题的三角形单元和四边形单元为例，介绍有限单元形状函数的构造原理及方法。

1.6.1　有限单元形状函数的性质

一般认为，有限元的形状函数应具有以下三个基本性质。

(1)插值特性。

根据(1.35)式，由于待求场(如位移)是通过形状函数将结点值插值生成整个单元上的近似，因而形状函数首先必须具有插值特性。若 N_i 表示结点 i 处的形状函数，插值特性可表示为

$$N_i(\boldsymbol{x}_j) = \delta_{ij} = \begin{cases} 1, & 当\ j = i \\ 0, & 当\ j \neq i \end{cases} \tag{1.41}$$

其中，$\boldsymbol{x}_j$ 表示结点 j 处的坐标(x_j, y_j)，也可以是局部坐标(ξ_j, η_j)；δ_{ij}是克罗内克函数(Kronecker Delta)。

(2)单位分解特性。

用有限元方法分析力学问题时，要求形状函数必须能够描述系统的刚体位移特性，即

$$u = \sum_i N_i u_i \overset{u_i = u}{\Rightarrow} \sum_i N_i = 1 \tag{1.42}$$

该特性在数学上称为形状函数的单位分解特性，满足该特性的函数称为单位分解函数，新型数值方法的发展均以此为基础。

(3)线性插值特性。

用有限元方法分析力学问题时，还要求形状函数必须能够描述系统的常应变

状态，即

$$\begin{cases} \sum_i N_i x_i = x \\ \sum_i N_i y_i = y \end{cases} \tag{1.43}$$

实际上，该特性意味着形状函数具有几何映射特性，因为上式的含义就是用结点坐标经几何映射生成单元内任一点的坐标。

从第 7 章的角度，单位分解特性和线性插值特性又分别称为 0 次（常数场）再生性和线性再生性。

1.6.2 三角形单元形状函数的构造

三角形单元是二维有限元分析最常用的一种单元，特别对于不规则形状的结构，更能显示其优越性。三角形单元形状函数的构造，以三角形单元的面积坐标为基础。如图 1.1 所示，任一 o 点处的面积坐标定义为：

$$\begin{cases} L_i = S_{ojm}/S_{ijm} \\ L_j = S_{omi}/S_{ijm} \\ L_m = S_{oij}/S_{ijm} \end{cases} \tag{1.44a}$$

其中，S_{ijm} 表示以点 i-j-m-i 顺序组成的三角形的面积，数学上可简洁地表示为

$$S_{ijm} = \frac{1}{2}\begin{vmatrix} 1 & x_i & y_i \\ 1 & x_j & y_j \\ 1 & x_m & y_m \end{vmatrix} \tag{1.44b}$$

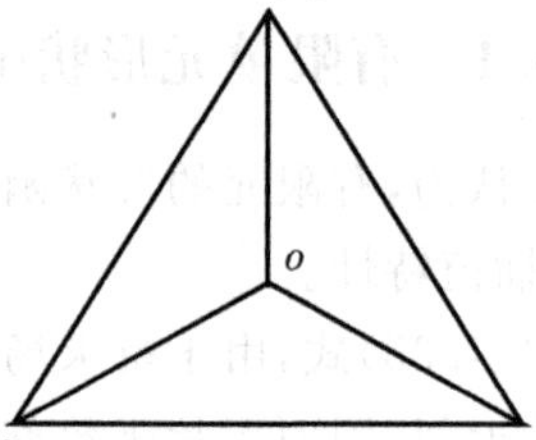

图 1.1 三角形单元及其面积坐标

根据定义不难看出，面积坐标 L_i 是 o 点整体坐标(x,y)的线性函数，并且具有 1.6.1 节叙述的形状函数的三个性质，因而，线性三角形（简称 T3）单元的形状函数可直接取为

$$\begin{cases} N_1^{(3)} = L_1 \\ N_2^{(3)} = L_2 \\ N_3^{(3)} = L_3 \end{cases} \tag{1.45}$$

由于单元内的应变和应力均为常数，故线性三角形单元又称为常应变（应力）单元（简称 CST 单元）。

根据与 T3 单元形状函数的关系，对于如图 1.2 所示的六结点三角形（简称 T6）单元，其形状函数可构造为

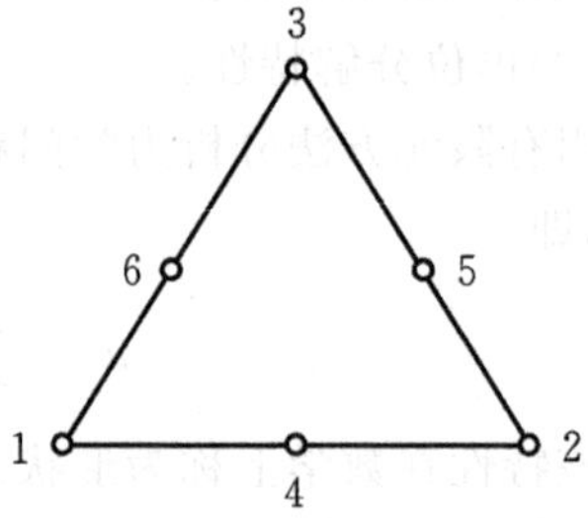

图 1.2 六结点三角形单元

$$
\begin{cases}
N_1^{(6)} = N_1^{(3)} - (N_6^{(6)} + N_4^{(6)})/2 \\
N_2^{(6)} = N_2^{(3)} - (N_4^{(6)} + N_5^{(6)})/2 \\
N_3^{(6)} = N_3^{(3)} - (N_5^{(6)} + N_6^{(6)})/2 \\
N_4^{(6)} = 4L_1L_2 \\
N_5^{(6)} = 4L_2L_3 \\
N_6^{(6)} = 4L_3L_1
\end{cases}
\tag{1.46}
$$

利用三角形单元面积坐标的性质，不难验证，(1.46)式具有形状函数的各种性质。

需要指出的是，可以应用许多技术来构造 T6 单元的形状函数，表示的函数形式也不尽相同，但实际上它们是完全等价的。三角形单元形状函数的最主要特点是以整体坐标的多项式形式表示，即 T3 单元的形状函数为线性完备多项式，T6 单元的形状函数为二次完备多项式，这与下节中的四边形单元完全不同。

1.6.3　四边形单元形状函数的构造

四边形单元是二维有限元分析中另一种常用单元，特别适用于具有规则形状的结构。本节不单独叙述矩形单元，而把它看作是一般四边形单元的特殊情形。另外，我们将四边形单元局限于直边四边形，这样便于下节插值精度的研究。

不同于三角形单元，四边形单元形状函数都是在母单元中以局部坐标的多项式形式构造而成，因而，这里首先简单介绍一下从四边形母单元到四边形实际单元间的几何映射。

对于如图 1.3(a)所示的任意直边四边形单元，均可通过图 1.3(b)的四边形母

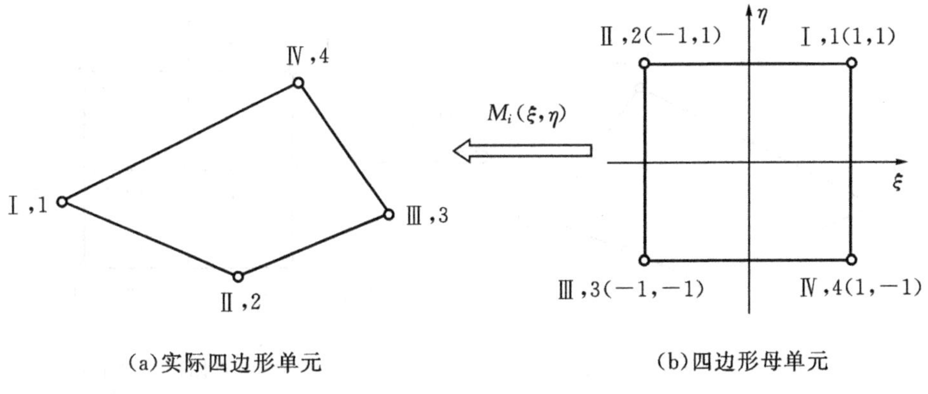

图 1.3　直边四边形单元及其母单元

Ⅰ,Ⅱ,Ⅲ,Ⅳ为几何结点；1～4 为物理结点；括号内为对应的局部坐标

单元映射生成，即实际单元上的任一点都可表示成

$$\begin{cases} x = \sum_{i=\mathrm{I}}^{\mathrm{IV}} M_i x_i \\ y = \sum_{i=\mathrm{I}}^{\mathrm{IV}} M_i y_i \end{cases} \tag{1.47}$$

其中，几何映射函数 M_i 用局部坐标(ξ,η)表示为

$$\begin{cases} M_{\mathrm{I}} = (1+\xi)(1+\eta)/4 \\ M_{\mathrm{II}} = (1-\xi)(1+\eta)/4 \\ M_{\mathrm{III}} = (1-\xi)(1-\eta)/4 \\ M_{\mathrm{IV}} = (1+\xi)(1-\eta)/4 \end{cases} \tag{1.48}$$

为了与插值使用的物理结点相区别，我们用罗马数字Ⅰ，Ⅱ，Ⅲ，Ⅳ对几何映射所用的结点进行编号，对于直边四边形单元，(1.47)和(1.48)式足以用来描述单元的形状。

对于四结点四边形(Q4)单元，考虑到几何映射函数(1.48)式具有形状函数的基本性质，可直接取几何映射函数作为单元的形状函数，即

$$\begin{cases} N_1^{(4)} = M_{\mathrm{I}} \\ N_2^{(4)} = M_{\mathrm{II}} \\ N_3^{(4)} = M_{\mathrm{III}} \\ N_4^{(4)} = M_{\mathrm{IV}} \end{cases} \tag{1.49}$$

这是一种等参单元。

同样，根据与 Q4 单元形状函数的关系，对于如图 1.4 所示的八结点四边形

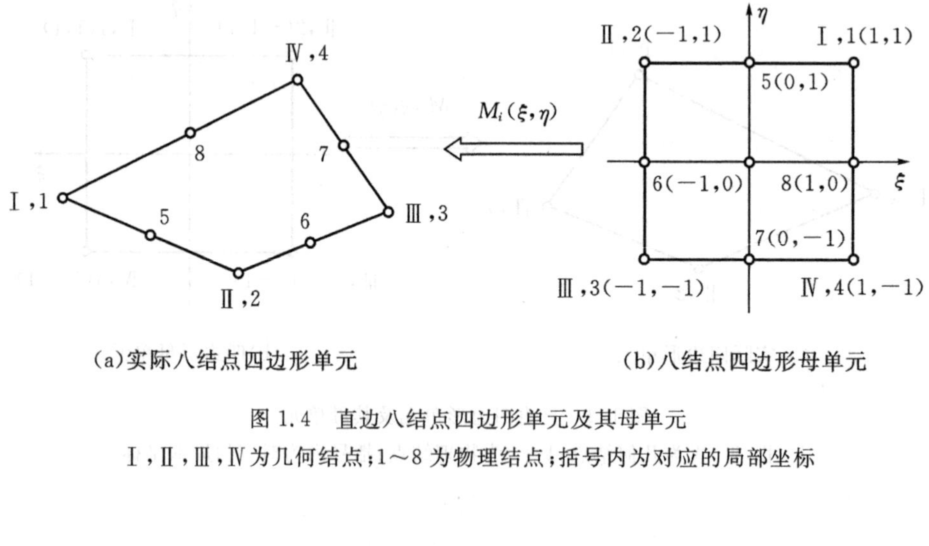

图 1.4 直边八结点四边形单元及其母单元

Ⅰ,Ⅱ,Ⅲ,Ⅳ为几何结点；1～8 为物理结点；括号内为对应的局部坐标

(Q8)单元，其形状函数可构造为

$$\begin{cases} N_1^{(8)} = N_1^{(4)} - (N_8^{(8)} + N_5^{(8)})/2 \\ N_2^{(8)} = N_2^{(4)} - (N_5^{(8)} + N_6^{(8)})/2 \\ N_3^{(8)} = N_3^{(4)} - (N_6^{(8)} + N_7^{(8)})/2 \\ N_4^{(8)} = N_4^{(4)} - (N_7^{(8)} + N_8^{(8)})/2 \\ N_5^{(8)} = \dfrac{1}{2}(1-\xi^2)(1+\eta) \\ N_6^{(8)} = \dfrac{1}{2}(1-\xi)(1-\eta^2) \\ N_7^{(8)} = \dfrac{1}{2}(1-\xi^2)(1-\eta) \\ N_8^{(8)} = \dfrac{1}{2}(1+\xi)(1-\eta^2) \end{cases} \tag{1.50}$$

显然，直边 Q8 单元是一种亚参元。对于曲边四边形单元，(1.47)和(1.48)式的几何映射需要使用 8 个几何结点来实现，(1.50)式的形状函数仍然适用，于是，曲边 Q8 单元是一种等参元。

需要强调的是，对于大多数等参元，特别是多项式(不论是用局部坐标还是用整体坐标表示)插值，其形状函数与几何映射函数形式完全相同，但对更复杂的插值要求(例如无限元和新型有限元)，未必如此。等参的概念应该广义地理解为几何映射和形状函数使用相同的结点数目和位置。另外，(1.50)式的形状函数有多种表示形式，但可以相互转化。

1.7　有限单元形状函数插值精度

本节的讨论及结论只限于连续函数(C^0)类单元。

1.7.1　有限单元形状函数插值精度判断

有限元方法的收敛性、收敛率及计算效率是有限元方法研究的主要方面，特别是从数学角度，得到了许多重要成果。但是，有限单元形状函数的插值精度却较少被提及，在有限元方法的实际应用中，虽然可以通过网格细化提高单元的插值精度，但确定或改善单元自身的插值精度，可以避免单元使用上的盲目性，合理解释有限元的计算结果。

分析形状函数的性质就会发现，n 结点单元的形状函数满足

$$\begin{cases} 1=\sum_i N_i \\ x=\sum_i N_i x_i \\ y=\sum_i N_i y_i \end{cases} \tag{1.51}$$

上式可重写成以下形式：

$$\begin{Bmatrix} 1 \\ x \\ y \end{Bmatrix}=\begin{bmatrix} 1 & 1 & \cdots & 1 & 1 \\ x_1 & x_2 & \cdots & x_{n-1} & x_n \\ y_1 & y_2 & \cdots & y_{n-1} & y_n \end{bmatrix}\begin{Bmatrix} N_1 \\ N_2 \\ \vdots \\ N_{n-1} \\ N_n \end{Bmatrix} \tag{1.52}$$

注意到上式右端第一项是一个只与单元结点坐标有关的常数矩阵，我们可以将(1.52)式理解为 N_i 能否作为单元形状函数的判断准则。另一方面，由于形状函数能够描述单元的刚体位移及常应变特性，即能够准确描述线性的位移场，因而上式实际上也就是形状函数是否具有线性插值精度的判别式。很显然，所有形状函数都具有严格的线性插值精度。

对于高阶单元或复杂形式的形状函数，情形又将如何呢？为此，我们提出以下准则。

对于 n 结点单元，若形状函数可以再生某函数 $f(x,y)$，则 $f(x,y)$ 就属于该形状函数展开的空间。进而，若完备的 L 次多项式的各个基函数都属于该形状函数展开的空间，那么，该单元就具有 L 次插值精度。

根据(1.52)式，由于任意单元的形状函数能够再生一次完备多项式的基 $\{1,x,y\}$，那么，任意有限单元都具有一次插值精度。

不难验证，对于(1.46)式表示的六结点三角形单元形状函数，由于有

$$\begin{Bmatrix} 1 \\ x \\ y \\ xy \\ x^2 \\ y^2 \end{Bmatrix}=\begin{bmatrix} 1 & 1 & 1 & 1 & 1 & 1 \\ x_1 & x_2 & x_3 & x_4 & x_5 & x_6 \\ y_1 & y_2 & y_3 & y_4 & y_5 & y_6 \\ x_1 y_1 & x_2 y_2 & x_3 y_3 & x_4 y_4 & x_5 y_5 & x_6 y_6 \\ x_1^2 & x_2^2 & x_3^2 & x_4^2 & x_5^2 & x_6^2 \\ y_1^2 & y_2^2 & y_3^2 & y_4^2 & y_5^2 & y_6^2 \end{bmatrix}\begin{Bmatrix} N_1^{(6)} \\ N_2^{(6)} \\ N_3^{(6)} \\ N_4^{(6)} \\ N_5^{(6)} \\ N_6^{(6)} \end{Bmatrix} \tag{1.53}$$

所以，该单元具有二次插值精度。

对任意形状的直边四边形单元，用局部坐标表示的 8 结点四边形单元的形状函数(1.50)式不能总是满足以下关系式

$$
\begin{Bmatrix} xy \\ x^2 \\ y^2 \end{Bmatrix} = \begin{bmatrix} x_1y_1 & x_2y_2 & x_3y_3 & x_4y_4 & x_5y_5 & x_6y_6 & x_7y_7 & x_8y_8 \\ x_1^2 & x_2^2 & x_3^2 & x_4^2 & x_5^2 & x_6^2 & x_7^2 & x_8^2 \\ y_1^2 & y_2^2 & y_3^2 & y_4^2 & y_5^2 & y_6^2 & y_7^2 & y_8^2 \end{bmatrix} \begin{Bmatrix} N_1^{(8)} \\ N_2^{(8)} \\ N_3^{(8)} \\ N_4^{(8)} \\ N_5^{(8)} \\ N_6^{(8)} \\ N_7^{(8)} \\ N_8^{(8)} \end{Bmatrix} \tag{1.54}
$$

也就是说，该形状函数实际上不能再生二次完备多项式的二次基函数$\{xy, x^2, y^2\}$，因而，该单元虽然具有 8 个结点和自由度，仍不具有二次插值精度。理论上可以证明，只有单元的几何形状为平行四边形时，(1.54)式才成立，即只有形状为平行四边形的八结点单元才具有二次的插值精度。

1.7.2 Q8 单元的改进——Q8α 单元

从上节分析知道，六结点三角形单元永远具有精确的二次插值精度，但八结点四边形单元仅当为平行四边形时才具有二次插值精度。由于四边形不论以何种形式在退化至三角形单元的过程中，不再保持其平行四边形性质，因而，八结点四边形单元的插值精度总低于六结点的三角形单元，这是二者之间不能很好衔接的最根本原因。只有从具有精确二次插值的八结点四边形单元出发，才能实现二次四边形单元向二次三角形单元的顺利过渡。为此，必须发展具有二次插值精度的八结点四边形单元。

已有很多科研工作者致力于这方面研究，并发展了几种具有二次精度的八结点四边形单元。本节介绍根据 1.7.1 节提出的一种具有二次插值精度的八结点四边形单元，我们称其为 Q8α 单元。

由于以局部坐标表示的 Q8 单元的形状函数不具有二次插值精度，将 $N_i^{(8)}$ 改进为

$$
\overline{N}_i^{(8)} = N_i^{(8)} + \alpha_i(1-\xi^2)(1-\eta^2) \tag{1.55}
$$

考虑到$(1-\xi^2)(1-\eta^2)$在 Q8 单元的各结点处均为 0，因而，上式仍然满足形状函数的插值特性。下面来确定常数 α_i，以使 $\overline{N}_i^{(8)}$ 具有再生二次完备多项式的能力，即

$$\begin{Bmatrix} 1 \\ x \\ y \\ xy \\ x^2 \\ y^2 \\ x^2y \\ xy^2 \end{Bmatrix} = \begin{bmatrix} 1 & 1 & 1 & 1 & 1 & 1 & 1 & 1 \\ x_1 & x_2 & x_3 & x_4 & x_5 & x_6 & x_7 & x_8 \\ y_1 & y_2 & y_3 & y_4 & y_5 & y_6 & y_7 & y_8 \\ x_1y_1 & x_2y_2 & x_3y_3 & x_4y_4 & x_5y_5 & x_6y_6 & x_7y_7 & x_8y_8 \\ x_1^2 & x_2^2 & x_3^2 & x_4^2 & x_5^2 & x_6^2 & x_7^2 & x_8^2 \\ y_1^2 & y_2^2 & y_3^2 & y_4^2 & y_5^2 & y_6^2 & y_7^2 & y_8^2 \\ x_1^2y_1 & x_2^2y_2 & x_3^2y_3 & x_4^2y_4 & x_5^2y_5 & x_6^2y_6 & x_7^2y_7 & x_8^2y_8 \\ x_1y_1^2 & x_2y_2^2 & x_3y_3^2 & x_4y_4^2 & x_5y_5^2 & x_6y_6^2 & x_7y_7^2 & x_8y_8^2 \end{bmatrix} \cdot \begin{Bmatrix} N_1^{(8)} + \alpha_1(1-\xi^2)(1-\eta^2) \\ N_2^{(8)} + \alpha_2(1-\xi^2)(1-\eta^2) \\ N_3^{(8)} + \alpha_3(1-\xi^2)(1-\eta^2) \\ N_4^{(8)} + \alpha_4(1-\xi^2)(1-\eta^2) \\ N_5^{(8)} + \alpha_5(1-\xi^2)(1-\eta^2) \\ N_6^{(8)} + \alpha_6(1-\xi^2)(1-\eta^2) \\ N_7^{(8)} + \alpha_7(1-\xi^2)(1-\eta^2) \\ N_8^{(8)} + \alpha_8(1-\xi^2)(1-\eta^2) \end{Bmatrix} \tag{1.56}$$

结合 $N_i^{(8)}$ 的性质，上式可重写成

$$\begin{Bmatrix} 0 \\ 0 \\ 0 \\ xy - \sum_{i=1}^{8} x_i y_i N_i^{(8)} \\ x^2 - \sum_{i=1}^{8} x_i^2 N_i^{(8)} \\ y^2 - \sum_{i=1}^{8} y_i^2 N_i^{(8)} \\ x^2y - \sum_{i=1}^{8} x_i^2 y_i N_i^{(8)} \\ xy^2 - \sum_{i=1}^{8} x_i y_i^2 N_i^{(8)} \end{Bmatrix} = \begin{bmatrix} 1 & 1 & 1 & 1 & 1 & 1 & 1 & 1 \\ x_1 & x_2 & x_3 & x_4 & x_5 & x_6 & x_7 & x_8 \\ y_1 & y_2 & y_3 & y_4 & y_5 & y_6 & y_7 & y_8 \\ x_1y_1 & x_2y_2 & x_3y_3 & x_4y_4 & x_5y_5 & x_6y_6 & x_7y_7 & x_8y_8 \\ x_1^2 & x_2^2 & x_3^2 & x_4^2 & x_5^2 & x_6^2 & x_7^2 & x_8^2 \\ y_1^2 & y_2^2 & y_3^2 & y_4^2 & y_5^2 & y_6^2 & y_7^2 & y_8^2 \\ x_1^2y_1 & x_2^2y_2 & x_3^2y_3 & x_4^2y_4 & x_5^2y_5 & x_6^2y_6 & x_7^2y_7 & x_8^2y_8 \\ x_1y_1^2 & x_2y_2^2 & x_3y_3^2 & x_4y_4^2 & x_5y_5^2 & x_6y_6^2 & x_7y_7^2 & x_8y_8^2 \end{bmatrix} \cdot$$

$$\begin{Bmatrix} \alpha_1 \\ \alpha_2 \\ \alpha_3 \\ \alpha_4 \\ \alpha_5 \\ \alpha_6 \\ \alpha_7 \\ \alpha_8 \end{Bmatrix}(1-\xi^2)(1-\eta^2) \tag{1.57}$$

显然，要寻求 α_i 使上式严格成立相当困难，特别对于与三次有关的项 x^2y 和 xy^2 来说，也没有必要，因为它们的满足并不能表明单元会具有更高的三次精度（完备的三次多项式还需要再生 x^3 和 y^3）。由于二次完备性（插值精度）必须在单元内每一点成立，在 $(\xi,\eta)=(0,0)$ 处也应该满足，因而，将(1.56)式应用于此点，即可得到系数 α_i。并且，更详细的研究表明，如此得到的 $\overline{N}_i^{(8)}$ 确实能够再生二次完备多项式的基，即就是说，Q8α 单元具有二次插值精度。

1.8　四边形单元向三角形单元的退化

四边形单元向三角形单元的退化性能，是有限元方法对网格适应性和稳定性的主要指标之一。特别是八结点四边形单元向六结点三角形单元的退化，还是一个理论上没有很好解决的问题。

由于四边形单元和三角形单元的形状函数分别用局部坐标（母单元）和整体坐标（面积坐标）表示而成，为了退化方便，首先用四边形的局部坐标表示三角形单元的形状函数。如图 1.5 所示，设四边形母单元经 2 结点向 1 结点趋近，退化成了三角形母单元，那么根据(1.48)式，退化三角形单元的形状函数用局部坐标可表示为

$$\begin{cases} \widetilde{N}_1^{(3)} = N_1^{(4)} + N_2^{(4)} = (1+\eta)/2 \\ \widetilde{N}_3^{(3)} = N_3^{(4)} = (1-\xi)(1-\eta)/4 \\ \widetilde{N}_4^{(3)} = N_4^{(4)} = (1+\xi)(1-\eta)/4 \end{cases} \tag{1.58}$$

若令

$$\xi' = (1+\eta+\xi(1-\eta))/2 \tag{1.59}$$

(1.58)式可重写为

$$\begin{cases} \widetilde{N}_1^{(3)} = (1+\eta)/2 \\ \widetilde{N}_3^{(3)} = (1-\xi')/2 \\ \widetilde{N}_4^{(3)} = (\xi'-\eta)/2 \end{cases} \tag{1.60}$$

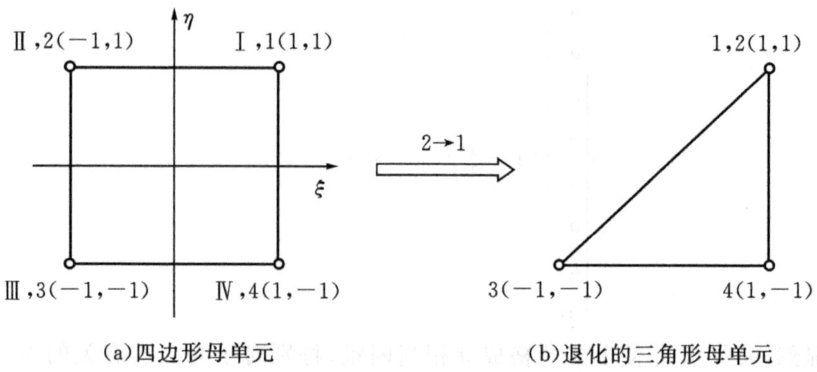

图 1.5 四边形母单元退化成三角形母单元

此式说明，(1.58)式形式上是(ξ,η)的二次函数，实际上是一个二维坐标(ξ',η)的线性插值函数，意味着在退化的三角形单元中ξ与η不再是最佳的基本变量，因而难以在三角形母单元(参看图 1.5(b))中示出(ξ,η)坐标。可以证明，(1.60)式与(1.45)式表示的三角形形状函数可以相互再生，即展开成的函数空间是等价的。

参看图 1.6，考察八结点四边形单元，通过 2、5 结点向 1 结点趋近，退化成了六结点三角形单元。

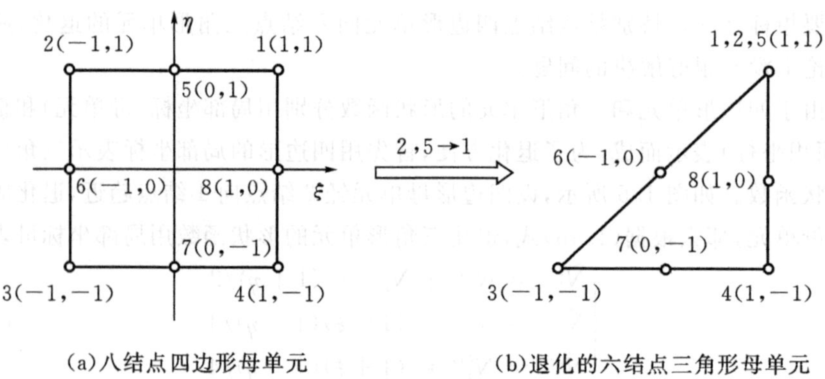

图 1.6 八结点四边形母单元退化成六结点三角形母单元

直接从 Q8 单元形状函数退化的六结点三角形单元形状函数为：

$$
\begin{cases}
\widetilde{N}_1^{(6)} = N_1^{(4)} + N_2^{(4)} - (N_8^{(8)} + N_6^{(8)})/2 \\
\widetilde{N}_3^{(6)} = N_3^{(4)} - (N_6^{(8)} + N_7^{(8)})/2 \\
\widetilde{N}_4^{(6)} = N_4^{(4)} - (N_7^{(8)} + N_8^{(8)})/2 \\
\widetilde{N}_6^{(6)} = N_6^{(8)} = \dfrac{1}{2}(1-\xi)(1-\eta^2) \\
\widetilde{N}_7^{(6)} = N_7^{(8)} = \dfrac{1}{2}(1-\xi^2)(1-\eta) \\
\widetilde{N}_8^{(6)} = N_8^{(8)} = \dfrac{1}{2}(1+\xi)(1-\eta^2)
\end{cases}
\tag{1.61}
$$

可以验证，上式表示的形状函数不能再生二次多项式的基 xy、x^2 和 y^2，因而不具有二次插值精度。这显然与我们对六结点三角形单元的常识性认识相违背，其原因在于 Q8 单元本身就不总是具有二次插值精度。

若从 Q8α 退化，其形式就变成

$$
\begin{cases}
\overline{N}_1^{(6)} = \widetilde{N}_1^{(6)} + \beta_1(1-\xi^2)(1-\eta^2) \\
\overline{N}_3^{(6)} = \widetilde{N}_3^{(6)} + \beta_3(1-\xi^2)(1-\eta^2) \\
\overline{N}_4^{(6)} = \widetilde{N}_4^{(6)} + \beta_4(1-\xi^2)(1-\eta^2) \\
\overline{N}_6^{(6)} = \widetilde{N}_6^{(6)} + \beta_6(1-\xi^2)(1-\eta^2) \\
\overline{N}_7^{(6)} = \widetilde{N}_7^{(6)} + \beta_7(1-\xi^2)(1-\eta^2) \\
\overline{N}_8^{(6)} = \widetilde{N}_8^{(6)} + \beta_8(1-\xi^2)(1-\eta^2)
\end{cases}
\tag{1.62}
$$

由于 Q8α 单元对任意形状的四边形单元都具有二次插值精度，于是，以(ξ,η)坐标表示的退化的六结点单元的形状函数也具有二次插值精度。与(1.57)式相似，有

$$
\begin{Bmatrix}
0 \\ 0 \\ 0 \\
xy - \sum\limits_{\substack{i=1 \\ i\neq 2,5}}^{8} x_i y_i \widetilde{N}_i^{(6)} \\
x^2 - \sum\limits_{\substack{i=1 \\ i\neq 2,5}}^{8} x_i^2 \widetilde{N}_i^{(6)} \\
y^2 - \sum\limits_{\substack{i=1 \\ i\neq 2,5}}^{8} y_i^2 \widetilde{N}_i^{(6)}
\end{Bmatrix}
=
\begin{bmatrix}
1 & 1 & 1 & 1 & 1 & 1 \\
x_1 & x_3 & x_4 & x_6 & x_7 & x_8 \\
y_1 & y_3 & y_4 & y_6 & y_7 & y_8 \\
x_1 y_1 & x_3 y_3 & x_4 y_4 & x_6 y_6 & x_7 y_7 & x_8 y_8 \\
x_1^2 & x_3^2 & x_4^2 & x_6^2 & x_7^2 & x_8^2 \\
y_1^2 & y_3^2 & y_4^2 & y_6^2 & y_7^2 & y_8^2
\end{bmatrix}
\begin{Bmatrix}
\beta_1 \\ \beta_3 \\ \beta_4 \\ \beta_6 \\ \beta_7 \\ \beta_8
\end{Bmatrix}
\cdot
$$

$$
(1-\xi^2)(1-\eta^2) \tag{1.63}
$$

同样，将上式应用于点$(\xi,\eta)=(0,0)$，得到

$$\begin{cases}\beta_1=0, & \beta_3=0.125\\ \beta_4=0.125, & \beta_6=0\\ \beta_7=-0.25, & \beta_8=0\end{cases}\tag{1.64}$$

可以证明，在(1.64)式的条件下，(1.62)式将具有二次插值精度。特别指出，(1.64)式的常数值与 Bathe 专著中的完全相同，但本节根据插值理论经推导而直接得到，理论上更严谨。

思考题

1. 以剪切模量 G 和泊松比 ν 为基本参数，写出(1.1)式中四阶胡克弹性张量 D_{ijkl} 的显式表达式。

2. 证明：在(1.2)式记号下，将(1.1)式表示为(1.3)式的形式后，其中的 6×6 弹性矩阵[D]是对称矩阵。

3. 将几何关系定义(1.12)式应用于轴对称情形，给出与(1.13)式对应的矩阵[B]的显式表达式。

4. 根据(1.34)式，导出 Galerkin 方法有限元方程的一般形式。

5. 证明：对于含有低次完备的多项式形状函数 $N_i(\boldsymbol{x})$，若满足(1.41)式的插值特性，即 $N_i(\boldsymbol{x}_j)=\delta_{ij}$，那么必满足(1.42)式的单位分解特性，即 $\sum_i N_i=1$ 。

6. 证明：若 Q8 等参元的边结点位于边的中点，则 Q8 等参元的几何映射与 Q4 等参元的几何映射相同。

7. 试检验：对于 T6 单元，(1.53)式描述的二次项成立，即满足下列关系式

$$\begin{cases}xy=\sum_{i=1}^{6}N_i^{(6)}x_iy_i\\ x^2=\sum_{i=1}^{6}N_i^{(6)}x_i^2\\ y^2=\sum_{i=1}^{6}N_i^{(6)}y_i^2\end{cases}$$

参考文献

何君毅，林祥都，1994. 工程结构非线性问题的数值解法[M]. 北京：国防工业出版社.
李开泰，黄爱香，黄庆怀，1992. 有限元方法及其应用[M]. 修订本. 西安：西安交通

大学出版社.
王勖成，邵敏，1997. 有限单元法基本原理和数值方法[M]. 北京：清华大学出版社.
王子昆，黄上恒，1995. 弹性力学[M]. 西安：西安交通大学出版社.
殷家驹，张元冲，1992. 计算力学教程[M]. 西安：西安交通大学出版社.

ARNOLD D N, BOFFI D, FALK R S, et al, 2001. Finite element approximation on quadrilateral meshes[J]. Communications in Numerical Methods in Engineering (17): 805 - 812.

BATHE K J, 1996. Finite element procedures[M]. Upper Saddle River, New Jersey: Prentice-Hall.

BERGAN P G, FELIPPA C A, 1985. A triangular membrane element with rotational degrees of freedom[J]. Computer Methods in Applied Mechanics and Engineering (50): 25 - 69.

COOK R D, et al, 2001. Concepts and Applications of Finite Element Analysis [M]. 4th Edition. [S. l.]: John Wiley & Sons, Inc.

HUGHES T J R, 1987. The finite element method: Linear static and dynamic finite element analysis[M]. Englewood Cliffs: Prentice-Hall.

KIKUCHI F, 1984. Explicit expressions of shape functions for the modified 8-node serendipity element[J]. Communications in Numerical methods in Engineering (10): 711 - 716.

KIKUCHI F, OKABE M, FUJIO H, 1999. Modification of the 8-node serendipity element[J]. Computer Methods in Applied Mechanics and Engineering (179): 91 - 109.

LEE N S, BATHE K J, 1993. Effect of element distortions on the performance of isoparametric elements[J]. International Journal for Numerical methods in Engineering (36): 3553 - 3576.

LI L X, HAN X P, XU S Q, 2004. Study on the degeneration of quadrilateral element to triangular element[J]. Communications in Numerical Methods in Engineering (20): 671 - 679.

LI L X, KUNIMATSU S, HAN X P, et al, 2004. The analysis of interpolation precision of quadrilateral elements[J]. Finite Elements in Analysis and Design, 1(41): 91 - 108.

MACNEAL R H, HARDER R L, 1985. A proposed standard set of problems to test finite element accuracy[J]. Finite Elements in Analysis and Design, 1: 3 - 20.

MACNEAL R H, HARDER R L, 1992. Eight nodes or nine[J]. International Journal for Numerical methods in Engineering (33): 1049 - 1058.

SOH A K, LONG Y Q, CEN S, 2000. Development of eight-node quadrilateral membrane element using area coordinates method[J]. Computational Mechanics, 25(4): 376 - 384.

ZIENKIEWICZ O C, TAYLOR R L, 1989. The Finite Element Method: Volume 1, Basic Formulation and linear Problems[M]. 4th Ed. [S. l.]: McGraw-Will Book Company (UK) Limited.

延伸材料

一、有限元方法——认识世界的科学工具*

有限元的思想早在几个世纪前就已产生并得到了应用,例如用多边形(有限个直线单元)逼近圆来求得圆的周长,圆周率的求法等。

有限元法最初被称为矩阵近似方法,应用于航空器的结构强度计算,并由于其方便性、实用性和有效性而引起从事力学研究的科学家的浓厚兴趣。1941 年 A. Hrennikoff首次提出用构架方法求解弹性力学问题,当时称为离散元素法,仅限于对杆系结构构造离散模型。

1943 年,纽约大学教授 R. Courant 第一次尝试应用“定义在三角形区域上的分片连续函数和最小势能原理相结合”来求解 St. Venant 扭转问题。

1950 年代,美国波音公司首次采用三结点三角形单元,将矩阵位移法应用到平面问题上。

1960 年代初,美国伯克利大学教授 Clough 首次提出“有限元概念”。

1965 年,中国科学院冯康教授发表的学术论文《基于变分原理的差分格式》,是国际学术界承认我国独立发展有限元方法的主要依据。

1974 年,河海大学徐芝纶教授编著出版了我国第一部关于有限元法的专著《弹性力学问题的有限单元法》。

有限元发展至今,其应用对象已由弹性力学平面问题扩展到空间问题、板壳问题,由静力平衡问题扩展到稳定问题、动力问题和波动问题;应用目标已从分析和校核发展到优化设计并和 CAD 技术相结合。

目前最流行的有限元分析软件有 ANSYS、ADINA、ABAQUS、MSC。ADI-

---

* 来源于网络资源 http://blog.sina.com.cn/s/blog_548f1a050100mzkz.html,略有改动。

NA、ABAQUS在非线性分析方面有较强的能力，是业内认可的两款有限元分析软件；ANSYS、MSC进入中国比较早，在国内知名度较高且应用广泛。目前，在多物理场耦合方面几大软件都可以做结构、流体、热的耦合分析，但是除ADINA以外的其他三个软件必须与别的软件搭配方能进行迭代分析，唯一能做真正流固耦合的软件只有ADINA。

ANSYS是商业化比较早的一个软件，目前该公司收购了很多其他软件。ABAQUS专注结构分析，目前没有流体模块。MSC是比较老的一款软件，更新速度较慢。ADINA是在同一体系下开发有结构、流体、热分析的一款软件，功能强大，但进入中国时间较晚，市场还没有完全铺开。

从结构分析能力来看，这些软件从强到弱排名为：ABAQUS、ADINA、MSC、ANSYS。

从流体分析能力来看，这些软件从强到弱排名为：ANSYS、ADINA、MSC、ABAQUS。

从耦合分析能力来看，这些软件从强到弱排名为：ADINA、ANSYS、MSC、ABAQUS。

从性价比来看，这些软件从高到低排名为：ADINA、ABAQUS、ANSYS、MSC。

二、国内有限元发展历程*

中国CAE技术研究、开发和应用可以说是几起几落，走着一条十分艰难的发展之路。我国已故著名计算数学家冯康先生在20世纪50年代就提出了有限元方法的基本思想，几乎是和国外同步。20世纪60年代中期我国也出现了一些学习有限元方法的单位和学者，但是由于计算机硬件条件等因素的影响，相当长一段时期，我国CAE技术的开发和应用完全停顿，和国外拉开了很大的差距；70年代中期，大连理工大学研制出了DDJ、JIGFEX有限元分析软件和DDDU结构优化软件；北京农业大学李明瑞教授研发了FEM软件；80年代中期，北京大学袁明武教授通过对国外SAP软件的移植和重大改造，研制出了SAP-84；由于航空工业的需求，航空工业部从70年代初也开始陆续组织研制了HAJIF(I、II、III)、YIDOYU、COMPASS等软件，并多次获国家级奖励。这些国内CAE软件与国外的同类产品相比，在核心算法和若干功能上有很多特色，反映了我国学者在计算力学研究中取得的成果，充分考虑了我国计算机硬件的实际条件，在国家基础设施建设和工程结构设计中都发挥了重要作用，有相当广泛的应用。

---

* 来源于“百度百科”，略有改动。

90年代以来，国家加大开放力度，大批国外软件涌入中国市场，加速了CAE技术在我国的推广，提高了我国装备制造业的设计水平。与此同时，我们自主开发的软件受到强烈挑战，有一段时间，几乎听不到自主开发CAE软件的声音，相关管理部门支持国产软件发展的力度也大幅下降，自主开发CAE软件在人力、财力、物力上都遭遇很多困难。

值得庆幸的是，尽管面临诸多困难，国内仍然“幸存”下来一批致力于CAE技术的研究队伍。中国科学院数学与系统科学研究所梁国平研究员带领的团队，历经八年潜心研究，独创了具有国际领先水平的有限元程序自动生成系统（FEPG）。FEPG采用元件化思想和有限元语言这一先进的软件设计，为各个领域、各方面问题的有限元求解提供了一个强有力的工具，采用FEPG可以在数天甚至数小时内完成通常需要数月甚至数年才能完成的编程任务。FEPG是“幸存”下来的为数不多的CAE软件，这也得益于FEPG软件比较灵活，能够解决很多国外商用软件无法解决的有限元问题。FEPG软件实用性强，但易用性较国外商用软件差，这也是很多初级用户感觉较难而不愿意学习FEPG的原因。目前，FEPG软件已在三百多家科研院所、企业得到应用，已成为国内最大的有限元软件平台。但与国外软件市场化程度相比还有一定差距，需在易用性方面进一步加强。

为向国内用户提供面向应用的有限元分析系统，原FEPG团队的钱华山博士组织成立了北京超算科技有限公司，并开发了超算有限元分析系统SciFEA。SciFEA软件已形成了单机版、网络版（iSciFEA）、集群并行版、GPU并行版（SciFEA-GPU）系列版本。SciFEA软件国内正式用户已接近500家，下载试用用户超过两万份。SciFEA抛弃了传统CAE软件复杂结构体系设计模式，采用直接面向用户需求的独立模块开发方式，且通常的计算功能已经具备，在计算模型的扩展方面还有待进一步发展。

除FEPG软件、SciFEA软件比较成规模外，中国建筑设计研究院的PKPM软件在建筑领域也具有广泛的应用，大连理工大学的软件主要解决结构优化问题。美国在2011年的规划中把仿真计算作为未来五大基础产业之一，可见有限元对社会发展的影响力，而我国大多应用的国外有限元软件，在某些军工或尖端有限元分析模块方面受到严格的出口限制。这更需要开发有自主知识产权的有限元软件。

三、广义变分原理*

变分原理是物理学的一条基本原理，以变分形式来表达。根据兰乔斯（Lanczos）的理论，任何可以用变分原理表达的物理定律都可描述成一种自伴表示，这种表示

* 来源于“百度百科”，略有改动。

也被说成是埃尔米特（Hermitian）的，描述了 Hermitian 变换下的不变性，可用 Klein 的爱尔兰根纲领（Erlanger Programme）鉴识。物理学的诺特尔（Noether）定理表明，一组变换的庞加莱（Poincare）群（现在广义相对论中被称为规范群）定义了依赖于变分原理变换下的对称性，即作用原理。

把一个力学问题（或其他学科的问题）用变分法化为求泛函极值（或驻值）的问题，就称为该物理问题的变分原理。如果建立了一个新的变分原理，它解除了原有问题变分原理的某些约束条件，就称为该问题的广义变分原理；如果解除了所有的约束条件，就称为无条件广义变分原理，或称为完全广义变分原理。我国学者钱伟长、胡海昌、匡震邦、罗恩等在广义变分原理研究方面做出了具有世界影响的工作。

变分原理在物理学、尤其是在力学中有着广泛应用，如著名的虚功原理、最小势能原理、余能原理和哈密顿原理等。目前，变分原理已成为有限元法的理论基础，而广义变分原理已成为混合和杂交有限元方法的理论基础。

在实际应用中，通常很少能求出问题的精确解析解，因此大多采用近似计算方法，除了有限元方法之外，常用的数值方法还有瑞利-里茨（Rayleigh-Ritz）法、伽辽金（Galerkin）法、坎托罗维奇（Kantorovich）法、特雷夫茨（Trefftz）法等。

第 2 章　弹塑性有限元分析

2.1 引言

在第 1 章中，假定材料在变形过程中遵守线性的胡克定律，本章着重探讨材料不再服从胡克定律的物理非线性问题的有限元解法。

材料的非线性行为异常丰富：当材料加载时，由于应力达到某临界值出现应力与应变间的非线性变化关系，而卸载时却能按原路返回，称为材料的非线性弹性行为；若卸载后同时伴随不可恢复的应变产生，就称为材料的弹塑性行为；有些材料在高温等条件下，应力不但与应变有关，还与时间、应变率等明显相关，称为材料的黏弹性行为，包括材料的松弛和蠕变；等等，以及上述非线性行为的耦合。本章以弹塑性问题为例，介绍用有限元方法求解物理非线性问题的相关理论和技术特点。

塑性是指物体内由于应力超过某个临界值（弹性极限）而产生永久变形的性质。塑性力学是固体力学的一个分支，它主要研究这种永久变形和作用力之间的关系、以及物体内部应力和应变的分布规律。

塑性力学（Plasticity）和弹性力学（Elasticity）的区别在于，塑性力学考虑物体内产生的永久变形，而弹性力学则不考虑；和流变学（Rheology）的区别在于，塑性力学考虑的永久变形只与应力和应变的历史有关，不随时间变化，而流变学考虑的永久变形则与时间有关。

塑性变形现象发现较早，对它进行力学研究，开始于 1773 年库仑（Coulomb）提出的土的屈服条件。

特雷斯卡（Tresca）于 1864 年对金属材料提出了最大剪应力屈服条件。随后，圣维南（Saint-Venant）于 1870 年提出在平面情况下理想刚塑性的应力-应变关系，他假设最大剪应力方向和最大剪应变率方向一致，并求解出柱体中发生部分塑性变形的扭转和弯曲问题以及厚壁筒受内压的问题。莱维（Levy）于 1871 年将塑性应力-应变关系推广到三维情况。

随后几十年，人们进行了许多类似实验，提出多种屈服条件，其中最有意义的是米泽斯（Mises）1913 年经数学简化提出的屈服条件（后称 Mises 条件）。米泽斯还独立地提出和莱维一致的塑性应力-应变关系（后称为 Levy-Mises 本构关系）。泰勒（Taylor）于 1913 年为探索应力-应变关系所作的实验证明，Levy-Mises 本构关系是真实情况的一阶近似。

为更好地拟合实验结果，罗伊斯(Reuss)于 1930 年在普朗特(Prandtl)的启示下，提出包括弹性应变部分的三维塑性应力-应变关系。至此，塑性增量理论初步建立。但由于计算技术还不够发达，当时的增量理论在解决具体问题时还有不少困难。

另一种塑性理论是 1924 年提出的塑性全量理论，由于便于应用，曾被伊柳辛(Ilyushin)等苏联学者用来解决大量实际问题。

虽然塑性全量理论在理论上不适用于复杂的应力变化历程，但是计算结果却与板的失稳实验结果很接近。为此，在 1950 年前后展开了塑性增量理论和塑性全量理论的大讨论，促使研究者对两种理论从根本上进行探讨。

另外，在强化规律的研究方面，除等向强化模型外，普拉格(Prager)又提出随动强化等模型。

20 世纪 60 年代以后，随着有限元法的发展，提供恰当的本构关系已成为解决塑性力学问题的关键。所以，70 年代关于塑性本构关系的研究十分活跃，主要从宏观与微观结合的角度，从不可逆过程热力学以及理性力学等方面进行研究，例如无屈服面理论等。另外，为寻求各种屈服准则间的关联，又提出了更一般的屈服准则，如双剪强度理论、统一强度理论等。在实验分析方面，也开始运用光塑性法、云纹法、散斑干涉法等能测量大变形的手段。另外，由于出现岩石类材料的塑性力学问题，所以开展了塑性体积应变以及材料的各向异性、非均匀性、弹塑性耦合、应变软化的非稳定材料等问题的研究。

2.2　材料的弹塑性性态

人们对塑性变形基本规律的认识主要来自于实验。从实验中找出在应力超出弹性极限后材料的特性，将这些特性进行归纳并提出合理的假设和简化模型，确定应力超过弹性极限后材料的本构关系，从而建立塑性力学的基本方程。求解这些方程，便可得到不同塑性状态下物体内的应力和应变。

塑性力学研究的基本试验有两个：一是简单拉伸试验，另一是静水压力试验。从材料简单拉伸的应力-应变曲线可以看出，塑性力学研究的应力与应变之间的关系是非线性的，它们的关系也不是单值对应的。而静水压力一般可使材料的塑性增加，使原来处于脆性状态的材料转化为塑性材料。

本节通过简单拉伸试验，说明材料的塑性行为。

大多数材料单向受载情形下的性态如图 2.1 所示。加载开始时，材料表现为线性弹性行为，直至比例极限 σ_p。继续加载，材料表现出非线性弹性行为，直至 σ_s。

在小于 σ_s 之前如果完全卸载，材料将沿原加载曲线返回原点而无残余应变，故 σ_s 称为弹性极限。通常 σ_s 与 σ_p 相差无几，因此，一般认为二者重合，不再考虑非线性弹性阶段。继续加载超过 σ_s 后，材料可承受更大应力，称为材料强化，并伴随出现塑性应变。若加载至 A 点进行卸载，其卸载路径接近直线，即处于弹性卸载状态，其斜率等于加载斜率 E，满足 $\mathrm{d}\sigma = E\mathrm{d}\varepsilon^e$。当完全卸去应力，即 $\sigma=0$ 时，到达图 2.1 中的 B 点，应力虽然卸去，但却有残余变形 OB，称为塑性变形。

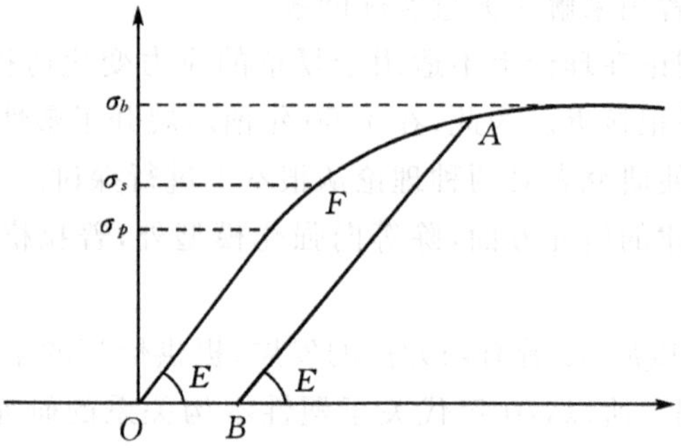

图 2.1 材料单向受载情形下的性态

当材料在 σ_s（F 点）屈服后，一直加载至可承受的最大极限应力 σ_b，试件出现颈缩而被破坏，σ_b 称为强度极限。研究材料的塑性，就是关注加载处于 σ_s 和 σ_b 之间的变形行为。

从以上分析可知，材料进入塑性后，即使卸去应力，塑性应变将永久存在，σ 与 ε 间的关系不仅取决于应力水平 σ，还取决于加载历程，这是塑性材料的特点。

2.3 屈服条件、屈服面与屈服函数

屈服条件，又称屈服准则，是判断材料处于弹性阶段还是处于塑性阶段的依据。但与简单应力状态的屈服条件不同，在复杂应力状态下，各应力分量可能组成不同组合状况的屈服条件。

由上节的分析可知，对于单向应力状态，其屈服条件可以写成

$$\sigma = \sigma_s \tag{2.1}$$

一维的弹塑性分界是一个点，三维空间从弹性过渡到塑性就存在一个空间曲面做分界，这一弹塑性分界的曲面在经典塑性力学中称为屈服面，描述屈服面的函数称为屈服函数，又称为加载函数。一般有

$$f(\sigma_1, \sigma_2, \sigma_3) = C \tag{2.2}$$

其中，σ_1，σ_2 和 σ_3 分别为三个主应力，并且约定 $\sigma_1 \geqslant \sigma_2 \geqslant \sigma_3$。

如果考虑到塑性变形与静水压力无关的特点，上式亦可用偏应力不变量表示为

$$F(J_2, J_3) = C \tag{2.3}$$

其中，J_2 和 J_3 分别为应力张量的第二和第三不变量，与应力分量的具体关系可参阅有关文献。

各种屈服条件所对应的屈服函数的具体表达式不同。对金属材料，最常用的屈服条件有最大剪应力屈服条件（即 Tresca 条件）和弹性形变能屈服条件（即 Mises 条件）。这两个屈服条件数值接近，它们的数学表达式都不受静水压力的影响，而且基本符合实验结果。俞茂宏提出的统一强度理论，对不同材料具有不同的材料参数，得到了许多不同种类材料实验结果的支持，因而更具一般性。

对于理想塑性模型，在塑性变形过程中，屈服条件不变。但如果材料具有强化性质，则屈服条件将随塑性变形的发展而改变，改变后的屈服条件又称为后继屈服条件或加载条件。

下节将结合本构关系的讨论，介绍几个具体的屈服条件。其他屈服条件和细节，请参阅专门的塑性力学教材。

2.4　塑性本构关系

塑性力学包括简单塑性问题、受内压厚壁圆筒问题、长柱体的塑性自由扭转问题、塑性力学平面问题、塑性极限分析、塑性动力学、黏塑性理论、塑性稳定性等多方面内容，在工程实际中有着非常广泛的应用。例如，研究如何发挥材料强度的潜力；如何利用材料的塑性性质以便合理选材，制定加工成型工艺；计算材料的残余应力、残余应变等。另外，材料的塑性耗能特性是高速冲击问题研究的重点。凡此种种，都建立在应力分量和应变分量之间的塑性本构关系基础上，因而，塑性力学的最重要工作是研究材料的塑性本构关系，并为塑性问题的数值分析提供物理关系。

反映塑性应力-应变关系的本构关系，一般以增量形式描述，这是因为塑性力学一般都需要考虑变形的历程，而增量形式具有这样的特质，从而反映塑性变形的本质。用增量形式表示塑性本构关系的理论称为塑性增量理论。

应力和应变的增量关系与屈服条件密切相关，因而，研究塑性本构关系，必须紧紧结合屈服条件。

2.4.1　Levy-Mises 增量（流动）理论

为了易于分析，人们在建立模型时，往往根据实验结果引入一些假设。比如：

材料是各向同性和连续的；材料的弹性性质不受影响；只考虑稳定材料；与时间因素无关等。

除了以上基本假设外，Levy-Mises 增量理论还假定：

(1)材料是刚塑性的，弹性应变增量为零；

(2)对理想刚塑性体，符合 Mises 屈服准则，即屈服时等效应力满足

$$\sigma_{\mathrm{I}} = \sigma_s \tag{2.4}$$

其中，σ_{I} 为 Mises 等效应力，表达式为

$$\begin{aligned}\sigma_{\mathrm{I}} &= \sqrt{\frac{1}{2}((\sigma_{11}-\sigma_{22})^2+(\sigma_{22}-\sigma_{33})^2+(\sigma_{33}-\sigma_{11})^2+6(\tau_{12}^2+\tau_{23}^2+\tau_{31}^2))} \\ &= \sqrt{\frac{3}{2}(S_{11}^2+S_{22}^2+S_{33}^2+2(S_{12}^2+S_{23}^2+S_{31}^2))}\end{aligned} \tag{2.5}$$

(3)塑性变形时材料体积不变，即塑性应变增量的偏量部分就等于塑性应变增量，即

$$\mathrm{d}e_{ij}^{\mathrm{p}} = \mathrm{d}\varepsilon_{ij}^{\mathrm{p}} \tag{2.6}$$

(4)应力主轴与应变增量主轴重合；

(5)应力偏量与对应的应变增量成正比，如引入比例因子 $\mathrm{d}\lambda$，则

$$\mathrm{d}\varepsilon_{ij}^{\mathrm{p}} = \frac{3}{2\sigma_{\mathrm{I}}}S_{ij}\,\mathrm{d}\lambda \tag{2.7}$$

式中，$\mathrm{d}\lambda$ 是一个瞬时的非负比例因子，称为流动参数，与其他文献相比，在右端特意增加了因子 $3/2\sigma_{\mathrm{I}}$。在塑性变形过程中，流动参数是变化的；但对于各应力分量而言，它是不变的。(2.7)式与(1.9)式中弹性的应变偏量与应力偏量间的关系是相似的，只不过后者中的弹性因子是常量 $1/(2G)$ 而已。应该注意，为了与后续章节所引入的流动参数具有相同的含义，(2.7)式经增加因子使流动参数具有应变的量纲。关于其中的应力偏量与应变偏量的定义及其关系，可参考第 1 章的(1.8)式与(1.9)式。

由(2.5)与(2.7)两式不难得到

$$\mathrm{d}\lambda = \mathrm{d}\varepsilon_{\mathrm{I}}^{\mathrm{p}} \tag{2.8}$$

其中，$\mathrm{d}\varepsilon_{\mathrm{I}}^{\mathrm{p}}$ 为等效塑性应变增量，其定义为

$$\mathrm{d}\varepsilon_{\mathrm{I}}^{\mathrm{p}} = \sqrt{\frac{2}{3}((\mathrm{d}e_{11}^{\mathrm{p}})^2+(\mathrm{d}e_{22}^{\mathrm{p}})^2+(\mathrm{d}e_{33}^{\mathrm{p}})^2+2((\mathrm{d}e_{12}^{\mathrm{p}})^2+(\mathrm{d}e_{23}^{\mathrm{p}})^2+(\mathrm{d}e_{31}^{\mathrm{p}})^2))} \tag{2.9}$$

2.4.2 Prandtl-Reuss 增量(流动)理论

在 Levy-Mises 增量理论的基础上，Prandtl 和 Reuss 于 1924 年和 1930 年分

别独立建立了另一增量理论。这一理论是针对理想弹塑性材料而建立的,并且认为小弹塑性变形时,弹性应变与塑性应变相比较属同一量级,不能忽略,本构方程中应当计入弹性应变部分,也就是

$$\mathrm{d}e_{ij} = \mathrm{d}e_{ij}^{\mathrm{e}} + \mathrm{d}e_{ij}^{\mathrm{p}} \tag{2.10}$$

再将弹性本构关系(1.9)式和 Levy-Mises 增量方程(2.7)式代入,即得

$$\mathrm{d}e_{ij} = \frac{1}{2G}\mathrm{d}S_{ij} + \frac{3}{2\sigma_{\mathrm{I}}}\mathrm{d}\lambda S_{ij} \tag{2.11}$$

因此,Prandtl-Reuss 增量理论是对 Levy-Mises 增量理论的修正和推广。

将(2.8)式代入(2.11)式,Prandtl-Reuss 增量理论本构方程可显式表示为

$$\mathrm{d}e_{ij} = \frac{1}{2G}\mathrm{d}S_{ij} + \frac{3\mathrm{d}\varepsilon_{\mathrm{I}}^{\mathrm{p}}}{2\sigma_{\mathrm{I}}}S_{ij} \tag{2.12}$$

最早建立的增量理论本构方程,仅考虑材料是理想弹塑性的情形,后来又把这一理论推广到强化材料。一般地,在简单加载条件下,应力强度可用某一瞬态变形的应变强度描述为

$$\bar{\sigma} = \phi(\bar{\varepsilon}) \tag{2.13}$$

在复杂加载条件下,应力强度必须计入变形历史的影响,如果采用沿着应变路径 L 积分的等效塑性应变总量 $\int_L \mathrm{d}\varepsilon_i^{\mathrm{p}}$ 来描述强化程度,此时,应力强度则可表示为

$$\bar{\sigma} = H\left(\int_L \mathrm{d}\varepsilon_{\mathrm{I}}^{\mathrm{p}}\right) \tag{2.14}$$

与 ϕ 一样,函数 H 可由单一曲线假设的单向拉伸或纯剪切实验确定。对上式求导,得

$$H' = \frac{\mathrm{d}\bar{\sigma}}{\mathrm{d}\varepsilon_{\mathrm{I}}^{\mathrm{p}}} \tag{2.15}$$

此式表明 H'的几何意义为根据图 2.1 拉伸曲线得到的 $\sigma-\varepsilon^{\mathrm{p}}$ 曲线的斜率。

将上式代入(2.8)式,最终得到

$$\mathrm{d}\lambda = \frac{\mathrm{d}\bar{\sigma}}{H'} \tag{2.16}$$

2.4.3　一般增量型塑性流动理论——塑性势与流动法则

米兰(Melan)在 1938 年提出了更一般的塑性流动理论,据此可得到通用的增量型应力-应变关系。假定塑性变形场内存在塑性势 g,使得塑性应变可由塑性势表示为

$$\mathrm{d}\varepsilon_{ij}^{\mathrm{p}} = \frac{\partial g}{\partial \sigma_{ij}}\mathrm{d}\lambda \tag{2.17}$$

与(2.8)式相似,此处的 $\mathrm{d}\lambda$ 为一非负的比例因子,为一致起见,本书规定它具有应

变的量纲，也就要求塑性势 g 具有应力的量纲。由上式可知，矢量 $d\varepsilon^p$ 平行于梯度矢量 grad(g)，因而垂直于等势面。(2.17)式称为塑性流动法则。

Melan 还指出，如果屈服函数 f 是连续可微的，则可取 f 作为势函数，即

$$d\varepsilon_{ij}^p = \frac{\partial f}{\partial \sigma_{ij}} d\lambda \tag{2.18}$$

像这种由屈服函数作为势函数而得到塑性变形规律，称为与屈服函数(加载函数)间的关联流动，否则称为非关联流动。

若取 Mises 屈服函数作为势函数，就可得到 Levy-Mises 流动理论和 Prandtl-Reuss 流动理论。详细推导过程，可参阅有关文献。

2.4.4 全量(形变)理论塑性本构方程

增量理论的本构关系在理论上是合理的，但应用起来比较麻烦，因为需要积分整个变形路径才能得到最后的结果。因此，在塑性力学发展过程中又出现了塑性全量理论，即采用全量形式表示塑性本构关系的理论。

全量理论又称形变理论，它是稍后于增量理论而建立的另一种塑性本构理论。该理论认为，材料进入塑性阶段以后，各应变分量与应力分量之间存在一定的关系。该理论在最终应力与应变之间建立了关系，因而它比增量理论简单。但形变理论对加载方式要求比较苛刻，理论上只有对于简单加载条件才正确。

所谓简单加载，就是各应力分量按同一比例增加。这样，应力主轴和应变主轴的方向在整个加载过程中保持不变。在这种假设下，可对增量理论进行积分。如以 c 表示加载比例因子，则简单加载下的应力分量可表示为

$$\begin{cases} \sigma_{ij} = c\sigma_{ij}^0 \\ S_{ij} = cS_{ij}^0 \end{cases} \tag{2.19}$$

其中，σ_{ij}^0 与 S_{ij}^0 表示初始状态的应力分量和偏应力分量。c 是塑性变形过程的单调函数，在各个应力方向上相同。对理想弹塑性材料，c 为常数。

2.5 弹塑性问题的有限元解法

弹塑性问题与弹性问题的重要区别在于本构关系上，弹塑性本构关系是典型的物理(材料)非线性问题，通常结合流动理论，用增量法予以求解。

用增量法求解时，假定 t 时刻的各量已知，欲求 $t+\Delta t$ 时刻的各量。

2.5.1 增量型弹塑性本构关系的显函数形式

对于弹塑性材料，总应变增量可分解为弹性和塑性两部分，即

$$\{d\varepsilon\} = \{d\varepsilon^{e}\} + \{d\varepsilon^{p}\} \tag{2.20}$$ *

根据本构关系，得

$$\begin{cases} \{d\varepsilon^{e}\} = [D^{e}]^{-1}\{d\sigma\} \\ \{d\varepsilon^{p}\} = \left\{\dfrac{\partial f}{\partial \sigma}\right\} d\lambda \end{cases} \tag{2.21}$$

其中，$[D^{e}]$就是胡克弹性矩阵。与第 1 章比较，符号做了一些变化，以与弹塑性特征对应。

这样，增量型本构关系的显式为

$$\begin{aligned} \{d\sigma\} &= [D^{e}]\{d\varepsilon^{e}\} \\ &= [D^{e}](\{d\varepsilon\} - \{d\varepsilon^{p}\}) \\ &= [D^{e}]\{d\varepsilon\} - [D^{e}]\left\{\frac{\partial f}{\partial \sigma}\right\} d\lambda \end{aligned} \tag{2.22}$$

将弹性应变与塑性应变分开，弹性应变部分用第 1 章的办法引入弹性矩阵，而塑性应变部分视为初应变，当作载荷项来处理，这种方法称为初应变法。

也可直接使用弹塑性本构关系式(2.22)，但首先必须用$\{d\varepsilon\}$表示$\{d\varepsilon^{p}\}$(或$\{d\lambda\}$)。下面先介绍这个过程的基本步骤，然后再针对 Mises 屈服条件予以具体讨论。

一般地，材料进入塑性后，某加载时刻 t 的屈服函数可表示为

$${}^{t}f(\sigma_{ij}, \varepsilon_{ij}^{p}, k) = 0 \tag{2.23}$$ **

其中，k 表示与加载历程有关的硬化参数。一般地，

$$k = k\left(\int \sigma_{ij}\, d\varepsilon_{ij}^{p}, \theta\right) \tag{2.24}$$

其中，θ 为温度。

在 $t+\Delta t$ 时刻，加载函数则为

$${}^{t+\Delta t}f(\sigma_{ij}, \varepsilon_{ij}^{p}, k) = 0 \tag{2.25}$$

将上式进行泰勒(Taylor)展开，略去高阶项，并注意 t 与 $t+\Delta t$ 时刻加载函数均为零的性质，得到

$$\frac{\partial f}{\partial \sigma_{ij}} d\sigma_{ij} + \frac{\partial f}{\partial \varepsilon_{ij}^{p}} d\varepsilon_{ij}^{p} + \frac{\partial f}{\partial k} dk = 0 \tag{2.26}$$

上式称为一致性条件，$d\sigma_{ij}$ 与 $d\varepsilon_{ij}^{p}$ 分别为应力增量与塑性应变增量。

结合具体的屈服函数 f，以及(2.18)、(2.22)和(2.26)三式，最终可形式地得

---

* 从 2.5 节开始的有限元公式中，应力和应变将采用如第 1 章公式(1.2)类似的列阵形式，注意与本章前面各节中符号的区别。

** 由于本章的变量符号右侧已有较多的上、下标表示不同含义，这里将表示不同时刻的 t 和 $t+\Delta t$ 标注在变量符号的左上角。

到

$$\{d\varepsilon^{p}\} = [\overline{A}]\{d\varepsilon\} \tag{2.27}$$

显然，$[\overline{A}]$取决于加载函数 f 的具体形式与加载参数 k。

将上式代入(2.22)式，即得

$$\begin{aligned}\{d\sigma\} &= [D^{e}]\{d\varepsilon\} - [D^{e}][\overline{A}]\{d\varepsilon\} \\ &= [D^{ep}]\{d\varepsilon\}\end{aligned} \tag{2.28}$$

其中，$[D^{ep}]$矩阵反映了弹塑性情况下当前应力 σ 与总应变 ε 曲线的切线斜率，这种方法称为切线刚度法。

下面以 Mises 屈服条件为例，给出求$[\overline{A}]$显式的方法，进而可获得$[D^{ep}]$。

(1)各向同性强化情况。

参考(2.5)式，此时的 Mises 加载函数为

$$f = \sqrt{\frac{3}{2}S_{ij}S_{ij}} - \bar{\sigma}\left(\int d\varepsilon_{\mathrm{I}}^{p}, \theta\right) \tag{2.29}$$

其中，$\bar{\sigma}$ 就是(2.25)式中的 k，但赋予了更明显的物理含义——应力强度。于是

$$\begin{cases}\dfrac{\partial f}{\partial \sigma_{ij}} = \dfrac{3}{2\sigma_{\mathrm{I}}}S_{ij} \\ \dfrac{\partial f}{\partial \varepsilon_{ij}^{p}} = 0 \\ \dfrac{\partial f}{\partial k} = -1\end{cases} \tag{2.30}$$

代入(2.22)式，得

$$\{d\sigma\} = [D^{e}]\{d\varepsilon\} - [D^{e}]\frac{3}{2\bar{\sigma}}\{S\}d\lambda \tag{2.31}$$

必须注意，由于与塑性应变 $d\varepsilon_{ij}^{p}$ 通过(2.7)式或(2.18)式直接关联，此处的偏应力列阵$\{S\}$需按第 1 章(1.2)式之第二式的应变形式由张量分量予以转换，而非按第一式之常规的应力形式进行转换。

由 $\bar{\sigma} = \bar{\sigma}\left(\int d\varepsilon_{\mathrm{I}}^{p}, \theta\right)$，并结合(2.8)式，得

$$\begin{aligned}dk = d\bar{\sigma} &= H' d\varepsilon_{\mathrm{I}}^{p} + \frac{\partial \bar{\sigma}}{\partial \theta}\left\{\frac{\partial \theta}{\partial \varepsilon^{p}}\right\}^{\mathrm{T}}\{d\varepsilon^{p}\} \\ &= \left(H' + \frac{3}{2\sigma_{\mathrm{I}}}\frac{\partial \bar{\sigma}}{\partial \theta}\left\{\frac{\partial \theta}{\partial \varepsilon^{p}}\right\}^{\mathrm{T}}\{S\}\right)d\lambda\end{aligned} \tag{2.32}$$

再将(2.30)～(2.32)式代入(2.26)式的一致性条件中，得到

$$\frac{3}{2\sigma_{\mathrm{I}}}\{S\}^{\mathrm{T}}[D^{e}]\{d\varepsilon\} - \left(\frac{3}{2\sigma_{\mathrm{I}}}\right)^{2}\{S\}^{\mathrm{T}}[D^{e}]\{S\}d\lambda - \left(H' + \frac{3}{2\sigma_{\mathrm{I}}}\frac{\partial \bar{\sigma}}{\partial \theta}\left\{\frac{\partial \theta}{\partial \varepsilon^{p}}\right\}^{\mathrm{T}}\{S\}\right)d\lambda = 0 \tag{2.33}$$

最后得到

$$\mathrm{d}\lambda = \frac{3}{2\sigma_{\mathrm{I}}} \frac{\{S\}^{\mathrm{T}}[D^{\mathrm{e}}]\{\mathrm{d}\varepsilon\}}{\beta} \tag{2.34a}$$

根据上式，标量 β 的显式为

$$\beta = H' + \left(\left(\frac{3}{2\sigma_{\mathrm{I}}}\right)^2 \{S\}^{\mathrm{T}}[D^{\mathrm{e}}] + \frac{3}{2\sigma_{\mathrm{I}}} \frac{\partial\bar{\sigma}}{\partial\theta}\left\{\frac{\partial\theta}{\partial\varepsilon^{\mathrm{p}}}\right\}^{\mathrm{T}}\right)\{S\} \tag{2.34b}$$

其中，H' 为应力强度 $\bar{\sigma}$ 与等效塑性应变曲线的斜率，称为硬化率，可参考(2.15)式。当材料为线性硬化时，H' 为常数。

于是得到

$$\{\mathrm{d}\varepsilon^{\mathrm{p}}\} = \left(\frac{3}{2\sigma_{\mathrm{I}}}\right)^2 \frac{\{S\}\{S\}^{\mathrm{T}}[D^{\mathrm{e}}]\{\mathrm{d}\varepsilon\}}{\beta} \tag{2.35}$$

即(2.27)式中$[\bar{A}]$的显式为

$$[\bar{A}] = \left(\frac{3}{2\sigma_{\mathrm{I}}}\right)^2 \frac{\{S\}\{S\}^{\mathrm{T}}[D^{\mathrm{e}}]}{\beta} \tag{2.36}$$

(2)随动强化情况。

此时，k 为常数，因而

$$\begin{cases} \dfrac{\partial f}{\partial k} = 0 \\ \mathrm{d}k = 0 \end{cases} \tag{2.37}$$

根据(2.34b)式，标量 β 就变成

$$\beta = \left(\frac{3}{2\sigma_{\mathrm{I}}}\right)^2 \{S\}^{\mathrm{T}}[D^{\mathrm{e}}]\{S\} \tag{2.38}$$

对于其他屈服条件，标量 β 的显式形式将更为复杂。

需要强调的是，由于(2.36)式是一个与待求的应力偏量 S_{ij} 有关的复杂表达式，因而塑性本构关系将不再是线性的，表现出材料非线性行为。

2.5.2　有限元方程的建立及求解

由于塑性理论中的增量理论能反映结构的加载历程，亦可考虑卸载情况，因此，当前有限元分析弹塑性问题时大多采用增量理论。材料本构关系已在上节由(2.22)和(2.28)式给出。若仅限于小变形情形，则第 1 章中的几何关系、本构关系等线性关系中的各量仅简单用对应的增量替换即可，所不同的是泛函的增量形式。以势能泛函为例，它的形式为

$$\delta\Delta\Pi = \int_V \delta\{\Delta\varepsilon\}^{\mathrm{T}}\{\Delta\sigma\}\mathrm{d}V - \int_V \delta\{\Delta u\}^{\mathrm{T}}\{\Delta b\}\mathrm{d}V - \int_{S_\sigma} \delta\{\Delta u\}^{\mathrm{T}}\{\Delta t_{\mathrm{e}}\}\mathrm{d}S + \delta\Delta\bar{F} = 0 \tag{2.39}$$

其中

$$\delta\Delta\bar{F}=\int_V\delta\{\Delta\varepsilon\}^{\mathrm{T}}\{\sigma\}\mathrm{d}V-\int_V\delta\{\Delta u\}^{\mathrm{T}}\{b\}\mathrm{d}V-\int_{S_\sigma}\delta\{\Delta u\}^{\mathrm{T}}\{t_{\mathrm{e}}\}\mathrm{d}S \quad (2.40)$$

为对 t 时刻结构不平衡力的修正。

这样，在代入几何关系和本构关系之后，上述势能增量的变分将导出

$$[K]\{\Delta q\}=\{\Delta F\} \quad (2.41)$$

上式中的$[K]$即为弹塑性问题增量法中的刚度矩阵，$\{\Delta q\}$为待求的 $t\sim t+\Delta t$ 间隔内的结点位移增量，$\{\Delta F\}$为本步内的等效结点力增量。

由于本构关系是选择弹性关系还是弹塑性关系，与当前的应力状态有关，即$[D^{\mathrm{ep}}]$中含有当前待求的应力，因而，(2.41)式的有限元方程实际上是一个非线性代数方程组，必须用迭代法进行求解。迭代由非线性的弹塑性本构关系引起，对它的近似处理，可能破坏方程的平衡，也无法求得当前时刻的真实应力，因而，弹塑性问题的迭代实际上包含对平衡方程的迭代（简称平衡迭代）和对本构方程的迭代（简称本构迭代）。

在了解非线性的实质之后，就可发展相应的迭代方法。图 2.2 为弹塑性分析的主要流程，这里以子增量法为例，介绍求解弹塑性问题的思路和基本步骤。子增量法将平衡迭代与本构迭代分开：主迭代进行平衡迭代，就是计算不平衡力对本增量步解的修正，较易理解；子迭代进行本构迭代，就是计算已知弹塑性应变对应的弹塑性应力，这是弹塑性问题最鲜明的特征。

本构迭代（子迭代）分以下步骤：

Step 1，计算应变增量：

假设 t 时刻的应变$\{{}^t\varepsilon\}$和应力$\{{}^t\sigma\}$已知，给定载荷增量，由(2.41)式先求出结点位移$\{\Delta q\}$，进而求出单元位移$\{\Delta u\}$，再根据几何关系得到本步内的应变增量$\{\Delta\varepsilon\}$。于是，$t+\Delta t$ 时刻的应变为

$$\{{}^{t+\Delta t}\varepsilon\}=\{{}^t\varepsilon\}+\{\Delta\varepsilon\} \quad (2.42)$$

Step 2，计算应力增量：

假设目前材料处于弹性状态，则应力增量为

$$\{\Delta\sigma\}=[D^{\mathrm{e}}]\{\Delta\varepsilon\} \quad (2.43)$$

Step 3，计算新应力状态：

新应力状态由下式初步计算为

$$\{{}^{t+\Delta t}\sigma\}=\{{}^t\sigma\}+\{\Delta\sigma\} \quad (2.44)$$

Step 4，计算加载函数：

将$\{{}^{t+\Delta t}\sigma\}$代入加载函数(2.29)式，得到${}^{t+\Delta t}f$。

Step 5，判断加载方式：

若${}^{t+\Delta t}f \leqslant 0$，说明$\{\Delta\varepsilon\}$是弹性的，或是中性加载或卸载，此时$\{{}^{t+\Delta t}\sigma\}$就是$t+\Delta t$时刻的真实解，子迭代结束，进入主流程的下一步；若${}^{t+\Delta t}f \geqslant 0$，则继续下一步。

Step 6，确定屈服点：

若t时刻时应力已处于塑性状态，直接转至 Step 7。否则，说明在$t \sim t+\Delta t$步内材料由弹性状态进入了塑性状态，必须确定弹性部分应变增量在总应变增量中的比值。设该比值为r，也就是说，当应力为${}^{t}\sigma + r\Delta\sigma$时，该应力点进入初始屈服，那么$r$满足

$$f({}^{t}\sigma + r\Delta\sigma) = 0 \tag{2.45}$$

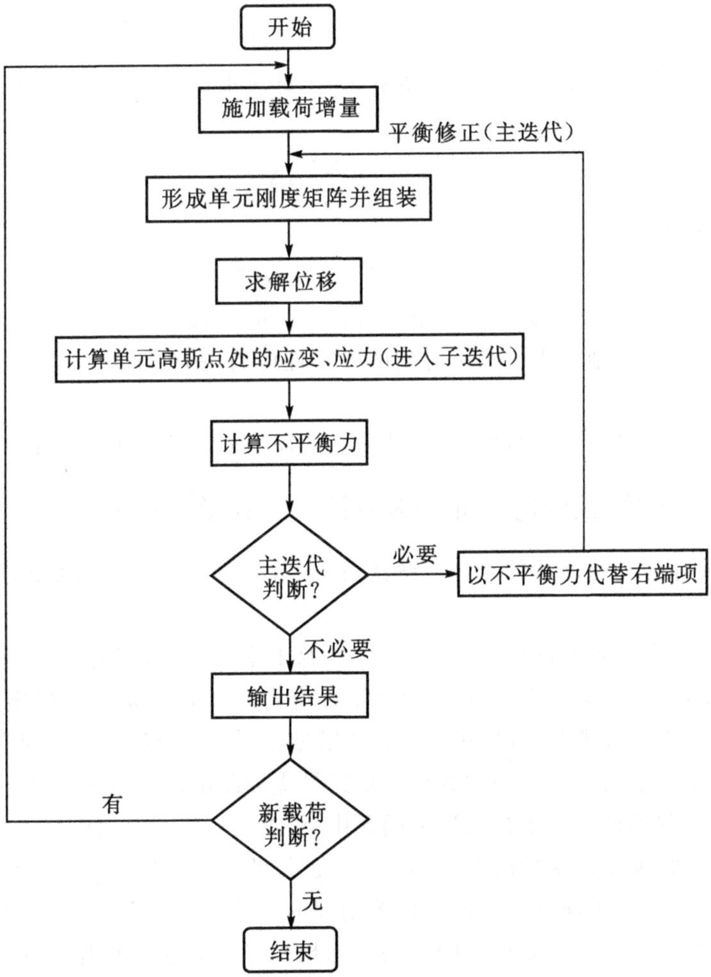

图 2.2　弹塑性分析的主要流程

Step 7，计算弹塑性应变增量：

定义初始屈服应力

$$ {}^{t}\sigma_{s} = {}^{t}\sigma + r\Delta\sigma \tag{2.46}$$

注意，若 Step 6 一开始就转入本步，即未实际计算 r 时，$r=0$。

于是，弹塑性应变增量 $\Delta\varepsilon^{ep}$ 由下式计算为

$$ \{\Delta\varepsilon^{ep}\} = (1-r)\{\Delta\varepsilon\} \tag{2.47}$$

Step 8，计算弹塑性应力：

对应的应力由(2.46)式计算的初始屈服应力 ${}^{t}\sigma_{s}$ 和本步的弹塑性应力增量之和构成。对应于应变 $\Delta\varepsilon^{ep}$ 的应力增量应由(2.28)式改由下式计算为

$$ \{\Delta\sigma\} = [D^{ep}]\{\Delta\varepsilon^{ep}\} \tag{2.48}$$

但是，由于 $[D^{ep}]$ 为当前应力的函数，为了计算准确，需将 $\{\Delta\varepsilon^{ep}\}$ 再细分成若干个子增量，即

$$ \{\Delta\varepsilon^{ep}\} = \sum_{m} \Delta\Delta\varepsilon^{ep} \tag{2.49}$$

并通过下述公式

$$ \begin{cases} \{{}^{\alpha m}\sigma\} = \{{}^{m-1}\sigma\}(1-\alpha) + \alpha\{{}^{m}\sigma\} \\ \{{}^{m}\sigma\} = \{{}^{m-1}\sigma\} + [D^{ep}(\{{}^{\alpha m}\sigma\})]\{\Delta\Delta\varepsilon^{ep}\} \end{cases} \tag{2.50}$$

一个增量一个增量地求出 $t+\Delta t$ 时刻的弹塑性应力，其中 α 为一个介于 0 到 1 之间的常数。

至此子迭代结束，随之进入主迭代对新的应力应变状态进行不平衡迭代。

2.5.3 弹塑性问题的非经典解法——数学规划方法

本节简介弹塑性问题的非经典解法，以了解该类问题数值求解的其他方法及进展。

弹塑性问题与弹性问题相比，其复杂性源于本构关系，但有一点是肯定的，一旦加载历史给定，在某个时刻结构的弹塑性应力应变状态是唯一确定的，也就是说，当 t 时刻的应力状态已知，施加一载荷增量后，其解是确定的，只是目前尚不知道，处于待求状态，这表明，该问题可以借助最优控制论的思想来求解。

但是，在弹塑性力学准静态边值问题中，待求的场量，如位移、应力都是三维空间坐标的函数，能量泛函中的积分是对坐标进行的，不能得到用常微分方程组描述的状态方程，因而，不能直接照搬最优控制理论中的各种定律和公式。可行的办法是通过类比，应用最优控制理论中的基本思想来寻求和求解与弹塑性力学待求场量所对应边值问题等价的变分问题。

下面分析从 $t \sim t+\Delta t$ 间隔内所应遵循的规律：

(1)屈服条件及加载函数。

对于如(2.23)式表示的一般屈服函数,进行一阶 Taylor 展开,有

$$f(\{\sigma\},\{\varepsilon^{p}\},k)=f^{0}+\left\{\frac{\partial f}{\partial\{\sigma\}}\right\}^{T}\{d\sigma\}+\left\{\frac{\partial f}{\partial\{\varepsilon^{p}\}}\right\}^{T}\{d\varepsilon^{p}\}+\frac{\partial f}{\partial k}dk \tag{2.51}$$

将流动法则(2.17)式代入,并考虑到(2.31)式,有

$$\begin{aligned}f=&f^{0}+\left\{\frac{\partial f}{\partial\{\sigma\}}\right\}^{T}[D^{e}]\{d\varepsilon\}\\&+\left(\left\{\frac{\partial f}{\partial\{\varepsilon^{p}\}}\right\}^{T}\left\{\frac{\partial g}{\partial\{\sigma\}}\right\}-\left\{\frac{\partial f}{\partial\{\sigma\}}\right\}^{T}[D^{e}]\left\{\frac{\partial g}{\partial\{\sigma\}}\right\}+\frac{\partial f}{\partial k}h\right)d\lambda\end{aligned} \tag{2.52}$$

其中,h 表示参数 dk 与 $d\lambda$ 间的关系,可参照(2.32)式得到。

这样,屈服条件就可用更简洁的数学形式表示成

$$f=f^{0}+\{W\}^{T}\{d\varepsilon\}-Md\lambda\leqslant 0 \tag{2.53}$$

考虑到加载参数(即控制理论中的控制变量)$d\lambda$ 与屈服函数间的关系,塑性力学中的屈服条件和加载条件可统一表示为

$$\begin{cases}f(\{d\varepsilon\},d\lambda)+\nu=0\\ \nu\geqslant 0,d\lambda\geqslant 0;\nu\cdot d\lambda=0\end{cases} \tag{2.54}$$

其中,ν 在控制理论中称为松弛变量(第一式),它与控制变量 $d\lambda$ 二者均非负、且互补(即第二式)。

互补性条件表明,在一点,只可能处于弹性、加载或卸载状态之一:

- 当 $\nu>0$、$d\lambda=0$ 时,由于 $f<0$,表明处于弹性或弹性卸载状态;
- 当 $\nu=0$、$d\lambda\geqslant 0$ 时,由于 $f=0$,表明处于塑性加载状态。

引入松弛变量,是为了将控制变量与屈服函数(2.53)式定量地联系起来。

(2)弹塑性问题的能量原理。

弹塑性问题的能量原理,对应于控制理论中的目标(指标)函数。下面介绍钟万勰研究组提出的弹塑性问题的能量原理。

参考第 1 章讲过的势能泛函,弹塑性系统的总势能增量可表示为

$$\begin{aligned}\Pi(\{du\};d\lambda)=&\int_{V}\left(\frac{1}{2}\{d\varepsilon\}^{T}[D^{e}]\{d\varepsilon\}-\{d\varepsilon\}^{T}\{R\}d\lambda\right)dV\\&-\int_{V}\{du\}^{T}\{b\}dV-\int_{S_{\sigma}}\{du\}^{T}\{t_{e}\}dS\end{aligned} \tag{2.55}$$

由于这里讨论的是单一位移场的势能泛函,上式中的$\{d\varepsilon\}$将由$\{du\}$来表示。$d\lambda$ 即为参变量,它控制着塑性屈服面及加载条件。若将 $d\lambda$ 理解为已被识别的拉氏乘子,它所对应的约束(需解除)为

$$\{R\}=[D^{e}]\left\{\frac{\partial g}{\partial\sigma}\right\}\geqslant 0 \tag{2.56}$$

这样,弹塑性问题的最小势能原理可描述为:

在一个物体上,满足几何关系(1.12)式及位移边界条件的所有位移形式中,真实解使物体的弹塑性总势能增量(2.55)式,在(2.54)式的状态下取最小值。其中,$\{du\}$为变分宗量;$d\lambda$ 是参变量,物理意义与 2.5 节及以前的流动参数相同,但不参与变分。

因而,弹塑性问题的求解最终化为

$$\begin{cases} \text{find}\{du\} \text{ and } \{d\lambda\} \\ \min \Pi(\{du\};d\lambda) \\ \text{s.t.} \quad f(\{du\};d\lambda)+\nu=0 \\ \qquad \nu\geqslant 0, d\lambda\geqslant 0; \nu\cdot d\lambda=0 \end{cases} \tag{2.57}$$

可以证明,(2.57)式描述的问题满足边值问题的平衡方程和力边界条件,因而所对应的解就是弹塑性问题的解。

(2.57)式实际上是一个约束极值问题,观察(2.53)式和(2.55)式的规律,整个问题通过取变分化为关于$\{du\}$和 $d\lambda$ 的线性问题,再结合(2.54)式,弹塑性问题就转化为一个标准的线性互补问题,进而采用较为成熟的标准方法,如 Wolf 算法、Lemke 算法或 Graves 主旋转法(详见附录 A)加以求解。

(3)参变量变分原理简介。

本节最后,对参变量变分原理再补充说明两点:一是参变量变分原理和一般变分原理的区别;二是参变量变分原理的特点。

参变量变分原理归属于现代变分法,这是因为:

- 泛函宗量分为参与变分的和不参与变分的两类,其中不参与变分的宗量(参变量或控制变量)是参与变分的宗量(基本变量或状态变量)的函数。
- 在参变量变分原理中,本构关系本应在其他约束条件的辅助下得以满足,但由于它属于材料特性,较难进行约束解除,因而采取(2.55)式的非常规方式,直接计入总势能泛函中。

与经典变分原理相比较,参变量变分原理在处理弹塑性问题时有三个主要特点:

- 不受流动法则的约束,对关联与非关联流动均适用。
- 可用于硬化、理想弹塑性和软化材料。
- 本构关系是广义上的,只要是符合塑性理论范畴的本构关系,均适用。

因而,运用参变量变分原理与数学规划方法,对分析弹塑性问题具有独特的效果,该思想亦可拓宽至其他相关领域。

思考题

1. 比较材料的弹性行为、塑性行为和黏性行为在本构关系描述上的差异。

2. 证明：若屈服函数 $f=\sigma_{\mathrm{I}}=\sqrt{\frac{3}{2}S_{ij}S_{ij}}$，其中 $S_{ij}=\sigma_{ij}-\sigma_{\mathrm{m}}\delta_{ij}$，而平均水静压力 $\sigma_{\mathrm{m}}=(\sigma_x+\sigma_y+\sigma_z)/3$，则 $\frac{\partial f}{\partial \sigma_{ij}}=\frac{3}{2\sigma_{\mathrm{I}}}S_{ij}$。

3. 叙述弹塑性问题经典解法的主要步骤，并指出求解弹塑性问题关键环节的详细过程。

4. 证明：(2.57)式描述的(含参)数学规划问题与弹塑性问题的经典提法等价。

参考文献

百度百科. (2016-01-28)[2016-10-20]. 塑性力学词条[EB/OL]. http://baike.baidu.com/view/78131.htm.

何君毅，林祥都，1994. 工程结构非线性问题的数值解法[M]. 北京：国防工业出版社.

刘正兴，孙雁，王国庆，等，2010. 计算固体力学[M]. 上海：上海交通大学出版社.

王勖成，邵敏，1997. 有限单元法基本原理和数值方法[M]. 北京：清华大学出版社.

徐秉业，1984. 弹性与塑性力学　例题和习题[M]. 北京：机械工业出版社.

徐秉业，黄炎，刘信声，等，1984. 弹塑性力学及其应用[M]. 北京：机械工业出版社.

俞茂宏，1998. 双剪理论及其应用[M]. 北京：科学出版社.

郑颖人，龚晓南，1987. 岩土塑性力学基础[M]. 北京：中国建筑工业出版社.

钟万勰，张洪武，吴承伟，1997. 参变量变分原理及其在工程中的应用[M]. 北京：科学出版社.

延伸材料

一、塑性、塑性变形及塑性加工*

塑性是物质(包括流体及固体)在一定的条件下，受外力作用所产生形变，当施加的外力撤除或消失后，物质不能恢复原状的一种物理现象。

---

* 来源于“百度百科”，略有改动。

材料在外力作用下产生应力和应变(即变形)。当应力未超过材料的弹性极限时,产生的变形在外力去除后全部消除,材料恢复原状,这种变形是可逆的弹性变形。当应力超过材料的弹性极限,则产生的变形在外力去除后不能全部恢复,材料不能恢复到原来的形状,这种残留的变形是不可逆的塑性变形。在锻压、轧制、拔制等加工过程中,产生的弹性变形比塑性变形要小得多,通常忽略不计。这类利用塑性变形而使材料成形的加工方法,统称为塑性加工。

固态金属是由大量晶粒组成的多晶体,晶粒内的原子按照体心立方、面心立方或紧密六方等方式排列成有规则的空间结构。由于多种原因,晶粒内的原子结构会存在各种缺陷。原子排列的线性参差称为位错。由于位错的存在,晶体在受力后原子容易沿位错线运动,降低晶体的变形抗力。通过位错运动的传递,原子的排列发生滑移和孪晶。滑移使一部分晶粒沿原子排列最紧密的平面和方向滑动,很多原子平面的滑移形成滑移带,很多滑移带集合起来就成为可见的变形。孪晶是晶粒一部分相对于一定的晶面沿一定方向相对移动,这个晶面称为孪晶面。原子移动的距离和孪晶面的距离成正比。两个孪晶面之间的原子排列方向改变,形成孪晶带。滑移和孪晶是低温时晶粒内塑性变形的两种基本方式。多晶体的晶粒边界是相邻晶粒原子结构的过渡区。晶粒越细,单位体积中的晶界面积越大,有利于晶间的移动和转动。某些金属在特定的细晶结构条件下,通过晶粒边界变形可以发生高达300%～3000%的延伸率而不破裂。

金属在室温下的塑性变形,对金属的组织和性能影响很大,常会出现加工硬化、内应力和各向异性等现象。塑性变形引起位错增殖,位错密度增加,不同方向的位错发生交割,位错的运动受到阻碍,使金属产生加工硬化。加工硬化能提高金属的硬度、强度和变形抗力,同时降低塑性,使冷态变形更困难。

塑性变形在金属体内的分布是不均匀的,所以外力去除后,各部分的弹性恢复也不会完全一样,这就使金属体内各部分之间产生相互平衡的内应力,即残余应力。残余应力降低了零件的尺寸稳定性、增大了应力腐蚀的倾向。

金属经冷态塑性变形后,晶粒内部出现滑移带或孪晶带。各晶粒还沿变形方向伸长和扭曲。当变形量很大(如70%或更大)而且是沿着一个方向时,晶粒内原子排列的位向趋向一致,同时金属内部存在的夹杂物也被沿变形方向拉长形成纤维组织,使金属产生各向异性。金属沿变形方向的强度、塑性和韧性都比横向的高。当金属在热态下变形,由于发生了再结晶,晶粒的取向会不同程度地偏离变形方向,但夹杂物拉长形成的纤维方向不变,金属仍有各向异性。

经过冷变形的金属,如加热到一定温度并保持一定的时间,原子的激活能增加到足够的活动力时,便会出现新的晶核,并成长为新的晶粒,这种现象称为再结晶。经过再结晶处理后,冷变形引起的晶粒畸变以及由此引起的加工硬化、残余应力等都会完全消除。通常以经一小时保温完成再结晶的温度为金属的再结晶温度。各种金属的再结晶温度，按绝对温度(K)计大约相当于该金属熔点的 40%～50%。低碳钢的再结晶温度约 460℃。当变形程度较小时，在再结晶过程中，尤其是当温度偏高时，再结晶的晶粒特别粗大。因此如要晶粒细小，金属材料在再结晶处理前应有较大的变形量。再结晶温度对金属材料的塑性加工非常重要。在再结晶温度以上进行的塑性加工和变形称为热加工和热变形；在再结晶温度以下进行的塑性加工和变形称为冷加工和冷变形。热变形时，金属材料在变形过程中不断地发生再结晶，不引起加工硬化，假如缓慢地冷却，也不出现内应力。

冷变形后的金属，当加热到稍低于再结晶温度时，通过原子的扩散会减少晶体的缺陷，降低晶体的畸变能，从而减小内应力；但是不出现新的晶粒，金属仍保留加工硬化和各向异性，这就是金属的回复。这样的热处理称为去应力退火。

二、塑性问题研究的全量理论与增量理论

(一)全量理论*

全量理论是塑性力学中用全量应力和全量应变表述弹塑性材料本构关系的理论，又称塑性变形理论。1924 年亨基(H. Hencky)从变分原理出发，得出了一组关于理想塑性材料的全量形式的应力-应变关系(即本构关系)。此后，苏联的 A. A. Ilyushin 提出简单加载定理，使全量理论更为完整。全量理论的本构方程在数学表达上比较简单，但它不能反映复杂的加载历史，在应用上有局限性。

在加载过程中，若应力张量各分量之间的比值保持不变，按同一参数单调增加，则加载称为简单加载，不满足这个条件的叫复杂加载。在全量理论中，为简化起见，假设在简单加载条件下曲线是单值对应的，并和简单拉伸时的应力-应变曲线一样。在全量理论中，应力和应变之间存在着一一对应的关系。塑性全量理论的使用受到简单加载的限制。在实际计算中使用全量理论，严格地说，要求结构内部每一质点的材料都经历简单加载的历史。但实际结构大多数是在非均匀应力条件下工作的，要保证结构内部每一点都满足简单加载条件，对于结构所承受的载荷和结构的材料必须提出某些要求。

Ilyushin 指出，如果满足这样四个条件，结构内各点都经历简单加载：①小变形；②所有外载荷都通过一个公共参数按比例单调增加，如有位移边界条件，只能是零位移边界条件；③材料的等效应力和等效应变之间的关系可以表示为幂函数形式；④材料是不可压缩的。这就是简单加载定理。

进一步的研究还表明，全量理论不仅在简单加载的条件下适用，对于某些偏离

* 来源于“百度百科”，略有改动。

简单加载的加载路径也适用。至于在一般情况下应力路径偏离简单加载路径多远仍可使用全量理论的问题，还需要继续从理论和实验两方面进行研究。由于全量理论的公式比较简单，应用于实际计算比塑性增量理论方便，因此，使用相当广泛。

(二)增量理论*

增量理论是相对全量理论而言的，是塑性力学中用应变增量表述弹塑性材料本构关系的理论，也称塑性流动理论。弹塑性材料的本构关系与应变和应力的历史有关，因而弹塑性材料的应力和应变之间没有一一对应关系。为了反映变形的历史，本构关系须以增量形式给出。

1870 年法国学者 A. Saint-Venant 首先提出，在塑性变形过程中塑性材料的应变增量的分量同应力偏量的分量成比例。此后，法国学者 M. Levy 于 1871 年和德国学者 R. von Mises 于 1913 年各自独立地得到三维情况的普遍本构方程。1924 年德国学者 L. Prandtl 提出，对某些弹塑性问题，应考虑弹性应变增量。A. Ruess于 1930 年将 Prandtl 的思想推广到三维应力问题，并建立了弹塑性体的 Prandtl-Reuss 本构方程。此后，美国学者 W. Prager 和德鲁克尔(D. Druker)又给出了具有强化性质材料的本构方程。

对于强化材料，塑性变形通常改变屈服面的大小、形状和位置，这时要用加载面(又称后继屈服面)来判断一点的应力状态是否达到了塑性状态。如果材料在从一个塑性状态变化到另一个塑性状态的过程中产生新的塑性应变，则这个过程称为塑性加载(简称加载)；如果从某个塑性状态转到某一弹性状态的过程中并不产生新的塑性变形，则这个过程称为卸载；如果材料从一个塑性状态转到另一个塑性状态，而应力增量不引起塑性应变的变化，则这个过程称为中性变载。由于在加载、卸载和中性变载过程中弹塑性介质的本构方程具有不同的形式，所以必须给出一个判断加载、卸载和中性变载的准则。

* 来源于“互动百科”，略有改动。

第 3 章　大变形问题的有限元分析

3.1　引言

一般认为,位移与应变成线性(微分)关系的是几何线性问题,而认为位移与应变成非线性关系的则属于几何非线性问题。本章我们将位移(转动)和/或应变较大的问题统称为大变形问题,有时称为有限变形问题,这类问题又常被分为大位移(转动)小应变问题及大位移大应变问题两大类。

和材料非线性问题一样,大变形问题在结构分析中具有重要意义,很多现象必须用大变形分析中的几何非线性理论予以解释。例如平板的弯曲问题,大挠度理论可使按小挠度理论分析得到的挠度经修正,更符合实际情况;对于薄壳的屈曲,非线性理论比线性理论的预测值更精确等。又例如对于橡皮型材料,大变形除了需采用相应的分析方法外,还必须考虑本构关系的变化,这与纯粹的材料非线性又有区别。

大变形问题的有限元分析理论和方法存在不同学派间的争鸣,各种方法自有优势和不足。随之并发的其他问题,如解的稳定性、收敛性及收敛率等,都是需要深入研究的课题。

本章以固体力学为对象,介绍利用有限元方法进行大变形分析的相关理论和实施步骤。

3.2　大变形问题的应变描述

由于变形较大,使得不同时刻物体具有差别不能忽略的不同构型,这是大变形问题分析的基本出发点。如图 3.1 所示,在研究大变形问题时,有三个典型时刻及所对应的构型:第一个是初始(即 0 时刻)构型,用坐标 $X_I(I=1,3)$来描述,它是物体在变形前的构型;第二个是现时(即 t 时刻)构型,用坐标 $x_i(i=1,3)$来描述,它是离待求时刻最近的一个已知构型;第三种是当前(即 $t+\Delta t$ 时刻)构型,用坐标 y_i 来描述,它是我们将要求解的未知构型。

连续介质力学理论对物体经历大变形后的变形具有严谨的数学定义和相关推演。考虑到本书也面向非力学专业人员,这里不过多引入复杂的概念和符号,而是

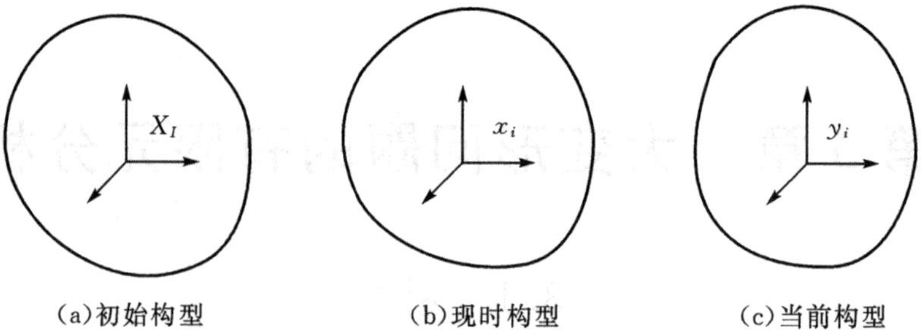

图 3.1 不同时刻的物体构型和描述

与小变形理论对照，介绍在后续章节进行大变形分析时需要使用的几个概念及其定义。

物体的变形描述建立在确定的参考构型上。若以初始构型为参考构型，定义的应变称为格林(Green)应变张量，数学表示为

$$\varepsilon_{KL}=\frac{1}{2}(u_{K,L}+u_{L,K}+u_{M,K}u_{M,L}) \tag{3.1}$$

其中，u 为当前时刻的位移；两个大写的下标中第一个表示位移以初始构型为参考予以描述，第二个表示对初始构型的坐标 X_i 取偏微分。

以现时构型为参考构型的现时(Updated)Green 应变张量定义为

$$^{*}\varepsilon_{kl}=\frac{1}{2}(u_{k,l}+u_{l,k}+u_{m,k}u_{m,l}) \tag{3.2}$$

相似地，小写字母下标表示以现时构型为参考来描述和对现时构型坐标 x_i 取偏微分。可以看出，两者的定义中都含有非线性部分，也就是括号内的第三项。本章在变量左上方用上标 *，表示该物理量以现时构型为参考构型。

在大变形分析中常用到它们的增量，其形式分别为

Green 应变增量

$$\begin{aligned}\Delta\varepsilon_{IJ}&=\frac{1}{2}((\delta_{KJ}+u_{K,J})\Delta u_{K,I}+(\delta_{KI}+u_{K,I})\Delta u_{K,J})+\frac{1}{2}\Delta u_{K,I}\Delta u_{K,J}\\&=\Delta e_{IJ}+\Delta\eta_{IJ}\end{aligned} \tag{3.3}$$

其中，Δe_{IJ} 和 $\Delta\eta_{IJ}$ 分别为 Green 应变增量的线性和非线性部分。

现时 Green 应变增量

$$\begin{aligned}\Delta^{*}\varepsilon_{ij}&=\frac{1}{2}\left(\frac{\partial\Delta u_i}{\partial x_j}+\frac{\partial\Delta u_j}{\partial x_i}\right)+\frac{1}{2}\frac{\partial\Delta u_k}{\partial x_i}\frac{\partial\Delta u_k}{\partial x_j}\\&=\Delta^{*}e_{ij}+\Delta^{*}\eta_{ij}\end{aligned} \tag{3.4}$$

其中，$\Delta^{*}e_{ij}$ 和 $\Delta^{*}\eta_{ij}$ 分别为现时 Green 应变增量的线性和非线性部分。

由于 Green 应变张量和现时 Green 应变张量是在不同参考坐标中描述同一物理量，因而它们满足下列张量变换关系，即

$$\Delta\varepsilon_{IJ} = \frac{\partial x_m}{\partial X_I}\frac{\partial x_n}{\partial X_J}\Delta^*\varepsilon_{mn} \tag{3.5}$$

对于大变形小应变问题，由于 $\Delta\eta_{IJ}$ 和 $\Delta^*\eta_{ij}$ 为高阶小量，Green 应变增量和现时 Green 应变增量可分别近似为

$$\Delta\varepsilon_{IJ} = \frac{1}{2}((\delta_{KJ} + u_{K,J})\Delta u_{K,I} + (\delta_{KI} + u_{K,I})\Delta u_{K,J}) \triangleq \Delta e_{IJ} \tag{3.6}$$

和

$$\Delta^*\varepsilon_{ij} = \frac{1}{2}\left(\frac{\partial\Delta u_i}{\partial x_j} + \frac{\partial\Delta u_j}{\partial x_i}\right) \triangleq \Delta^* e_{ij} \tag{3.7}$$

对于小变形情形，x_i 与 X_i 不做区别，$u_{K,J}$ 也是小量，因此，这两种应变均可表示成如下的线性形式

$$\Delta\varepsilon_{ij} = \Delta^*\varepsilon_{ij} = \frac{1}{2}\left(\frac{\partial\Delta u_i}{\partial X_j} + \frac{\partial\Delta u_j}{\partial X_i}\right) \tag{3.8}$$

3.3　大变形分析中的应力描述及本构关系

3.3.1　大变形分析中的应力描述

在连续介质力学的理论中，应力是借助于微元体来定义的，但在大变形分析中，要对微元体所在的构型加以区别。与应变描述相似，对应于不同的参考构型，将有不同的应力描述。从当前构型中取出微元体，在其上定义的应力称为欧拉(Euler)应力(又常称为柯西(Cauchy)应力)，常用 σ_{ij} 表示。很明显，欧拉应力代表物体的真实应力。然而，当前构型是待求的未知构型，因而，还有必要通过已知构型上的微元体再对应力进行描述。

连续介质力学理论具有多种用途不同的应力概念，并具有严谨的应力定义。本节只介绍后面将要用到的几种应力概念及其定义。

通过初始构型上的微元体定义的应力称为第二皮奥拉-基尔霍夫(Second Piola-Kirchhoff)应力，简称 PK2 应力，用 S 表示；通过现时构型的微元体定义的应力称为现时 PK2 应力，用 $^*S$ 表示。

若 ΔS、Δ^*S 及 $\Delta\sigma$ 分别表示 PK2 应力增量、现时 PK2 应力增量及 Euler 应力增量，则根据定义，存在下列关系

$$^*S_{ij} = \sigma_{ij} + \Delta^* S_{ij} \tag{3.9}$$

这里的 σ_{ij} 与本节开始时的含义稍有不同，今后将表示用现时构型上的微元描述的

现时时刻的应力，即为现时时刻的真实应力，是个已知量。

另外，根据张量的坐标变换关系，它们之间还有以下关系：

$$\Delta^* S_{ij} = \frac{1}{D^{(N)}} \frac{\partial x_i}{\partial X_K} \frac{\partial x_j}{\partial X_L} \Delta S_{kl} \tag{3.10}$$

$$\sigma_{ij} + \Delta\sigma_{ij} = \frac{1}{D^{*(N+1)}} \frac{\partial y_i}{\partial x_k} \frac{\partial y_j}{\partial x_l} (\sigma_{kl} + \Delta^* S_{kl}) \tag{3.11}$$

式中

$$\begin{cases} D^{(N)} = \dfrac{\partial(x_1, x_2, x_3)}{\partial(X_1, X_2, X_3)} = \left| \dfrac{\partial x_i}{\partial X_J} \right| \\ D^{*(N+1)} = \dfrac{\partial(y_1, y_2, y_3)}{\partial(x_1, x_2, x_3)} = \left| \dfrac{\partial y_i}{\partial x_j} \right| \end{cases} \tag{3.12}$$

3.3.2 大变形分析中的本构关系

材料的行为需要考虑变形的影响，模拟材料在大变形过程中的本构行为，本身就是一个很有价值的研究课题。在大变形分析中，本构关系需要选取合适的应力-应变共轭对加以描述，以满足本构关系的客观性原理，这里对此原理将不加证明地予以应用。

假定材料是弹性的，即加载曲线与卸载曲线是相同的，在这种情况下，本构关系有以下几种不同的描述方式。

在等温、绝热条件下，经典小变形弹性理论用以下三种等价方式描述材料的本构关系：

$$\sigma_{ij} = A_{ijkl} \varepsilon_{kl} \ (A_{ijkl} \text{ 大多情况下为常数}) \tag{3.13a}$$

$$\sigma_{ij} = \frac{\partial U}{\partial \varepsilon_{ij}} \left(U \text{ 为应变能密度，一般可表示为 } U = \frac{1}{2} \varepsilon_{ij} A_{ijkl} \varepsilon_{kl} \right) \tag{3.13b}$$

$$\frac{\partial \sigma_{ij}}{\partial t} = A_{ijkl} \frac{\partial \varepsilon_{kl}}{\partial t} \tag{3.13c}$$

其中，弹性张量用剪切模量 G 和泊松比 ν 表示为

$$A_{ijkl} = 2G \left(\delta_{ik} \delta_{jl} + \frac{\nu}{1 - 2\nu} \delta_{ij} \delta_{kl} \right) \tag{3.14}$$

上述三种不同形式的本构关系，在大变形分析中可得到不同程度的推广和应用，在连续介质力学中被分别称为“(线)弹性”(Elasticity)、“超弹性”(Hyperelasticity)和“次弹性”(Hypoelasticity)材料。下面结合大变形分析中结构变形的特点，分别给予阐述。

1. 弹性材料

若 PK2 应力与 Green 应变之间存在一一对应关系，即

$$S_{IJ} = F(\varepsilon_{KL}) \tag{3.15}$$

这种材料称为弹性材料。一种特例是二者之间成线性关系，即

$$S_{IJ} = A_{IJKL}\varepsilon_{KL} \tag{3.16}$$

由于 A_{IJKL} 是不依赖于构型变化的常数，根据上述形式的弹性材料本构关系可得到相应的增量形式，进而直接应用于 3.4.1 节的 TL 法中。经坐标变换，这些本构关系还可用现时 PK2 应力和现时 Green 应变形式予以表示，并应用于 3.4.2 节的 UL 法中。

弹性本构关系多用于大位移(转动)小应变的情形。

2. 超弹性材料

对于一般的大变形问题，在连续介质力学中用超弹性来表征材料的本构关系，即假定材料具有单位质量的应变能函数 W，再根据能量原理来定义本构关系。若 W 为 Green 应变 ε_{IJ} 的函数，但不限于 $W=\frac{1}{2\rho^0}\varepsilon_{IJ}A_{IJKL}\varepsilon_{KL}$ 的形式。根据超弹性材料的特性(3.13b)，可导出如下用 PK2 应力和 Green 应变表示的本构关系

$$S_{IJ} = \rho^0\,\frac{\partial W(\varepsilon_{KL})}{\partial \varepsilon_{IJ}} \tag{3.17}$$

其中，ρ^0 为初始构型时材料的密度。上式若取一阶近似，得到

$$S_{IJ} = \rho^0\,\frac{\partial^2 W(\varepsilon_{MN})}{\partial \varepsilon_{IJ}\,\partial \varepsilon_{KL}}\varepsilon_{KL} \triangleq A_{IJKL}\varepsilon_{KL} \tag{3.18}$$

根据(3.18)式的本构关系，可以导出相应的增量形式；采用坐标变换(3.5)式和(3.10)式，(3.18)式的本构关系可转化成用现时 PK2 应力(增量)和现时 Green 应变(增量)表示的形式，即可应用于 3.4.2 节的 UL 法中。

若 W 为现时 Green 应变 ${}^*\varepsilon_{ij}$ 的函数，根据超弹性材料的特性(3.13b)，可导出用现时 PK2 应力和现时 Green 应变表示的本构关系

$${}^*S_{ij} = {}^*\rho\,\frac{\partial(W({}^*\varepsilon_{kl}))}{\partial\,{}^*\varepsilon_{ij}} \tag{3.19}$$

其中，${}^*\rho$ 为现时构型时材料的密度。显然，由于 ${}^*\rho$ 随 ${}^*\varepsilon_{ij}$ 变化，即使取一阶近似，也得不到如(3.18)式简单的本构关系。

3. 次弹性材料

若应力率与变形率之间成线性变化规律，即

$$\dot{S}_{IJ} = A_{IJKL}\dot{\varepsilon}_{KL} \tag{3.20}$$

则称这类材料为次弹性材料。其中的 $\dot{S}_{IJ}$ 为 PK2 应力率；$\dot{\varepsilon}_{KL}$ 为 Green 应变率，常记作 D_{kl}。两边同乘以时间增量 Δt，(3.20)式的率形式就变成相应的增量形式。同样，利用坐标变换(3.5)式，可从(3.20)式导出用现时 PK2 应力率(增量)和现时

Green 应变率(增量)表示的本构关系,鉴于其具体形式较复杂、也较少使用,这里不再展开讨论。另一方面,可直接采用现时应力率与应变率表示次弹性材料的本构关系,即

$$ {}^*S_{ij}^J = A_{ijkl}\,{}^*D_{kl} \tag{3.21} $$

${}^*S_{ij}^J$ 和 ${}^*D_{kl}$ 必须是与刚体转动无关的客观时间导数,为此,${}^*D_{kl}$ 被定义为现时 Green 应变率的线性部分,即

$$ {}^*D_{ij} = {}^*\dot{e}_{ij} = \frac{1}{2}\left(\frac{\partial v_i}{\partial x_j} + \frac{\partial v_j}{\partial x_i}\right) \tag{3.22} $$

其中,v_i 为当前速度。关于 ${}^*S_{ij}^J$ 的定义有很多种,原则上只要不与刚体转动有关即可,这种张量的客观变化率数学上一般通过张量的李(Lie)导数予以定义,但在本构关系中使用何种应力增率最佳,仍需探讨。目前最常用的是 Jaumann 应力率,定义为

$$ {}^*S_{ij}^J = {}^*\dot{S}_{ij} - {}^*S_{ik}\,{}^*\omega_{kj} - {}^*S_{jk}\,{}^*\omega_{ki} \tag{3.23} $$

${}^*\omega_{ki}$ 为旋转率,其定义为

$$ {}^*\omega_{ij} = \frac{1}{2}\left(\frac{\partial v_i}{\partial x_j} - \frac{\partial v_j}{\partial x_i}\right) \tag{3.24} $$

最后需要指出的是,对于实际的大变形问题,上述三种本构关系并不等价。可以证明,弹性材料是一种特殊的次弹性材料,超弹性材料是一种特殊的弹性材料。实际材料所遵守的本构关系,只有通过试验才能最终确定。

3.4　大变形问题有限元方程的建立

由于大变形问题与变形的过程密切相关,因而其求解仍然需要使用增量方法,这点与塑性力学的处理方法相似:塑性力学本构关系随着加载变化,而大变形问题的构型在随加载变化,并因之在分析方法、应力应变描述、控制方程,甚至本构关系诸方面产生了一系列相应的变化。

3.4.1　TL 法有限元方程的建立

TL 法即完全拉格朗日(Total Lagrange)方法,该法始终以初始(0 时刻)构型作为应力与应变描述的参考构型,因而采用 PK2 应力(增量)和 Green 应变(增量)进行研究。TL 法的优点是参考构型不发生变化,本构关系与虚功方程描述形式简单。在 TL 法中,t 和 $t+\Delta t$ 时刻的虚功方程分别为

$$ \int_V (\delta\{\varepsilon^t\}^{\mathrm T}\{S^t\} - \delta\{u^t\}^{\mathrm T}\{b^t\})\mathrm{d}V^{(0)} - \int_{S_\sigma} \delta\{u^t\}^{\mathrm T}\{t_{\mathrm e}^t\}\mathrm{d}S^{(0)} - \delta\{u^t\}^{\mathrm T}\{P^t\} = 0 \tag{3.25a} $$

$$\int_V (\delta\{\varepsilon^{t+\Delta t}\}^{\mathrm{T}}\{S^{t+\Delta t}\} - \delta\{u^{t+\Delta t}\}^{\mathrm{T}}\{b^{t+\Delta t}\})\mathrm{d}V^{(0)}$$

$$-\int_{S_\sigma} \delta\{u^{t+\Delta t}\}^{\mathrm{T}}\{t_{\mathrm{e}}^{t+\Delta t}\}\mathrm{d}S^{(0)} - \delta\{u^{t+\Delta t}\}^{\mathrm{T}}\{P^{t+\Delta t}\} = 0 \qquad (3.25\mathrm{b})$$

两式相减，得到增量型虚功方程为

$$\int_V (\delta\{\Delta e\}^{\mathrm{T}}\{\Delta S\} + \delta\{\Delta\eta\}^{\mathrm{T}}\{S\} - \delta\{\Delta u\}^{\mathrm{T}}\{\Delta b\} + \delta\{\Delta e\}^{\mathrm{T}}\{S\} - \delta\{\Delta u\}^{\mathrm{T}}\{b\})\mathrm{d}V^{(0)}$$

$$-\int_{S_\sigma} \delta\{\Delta u\}^{\mathrm{T}}\{t_{\mathrm{e}} + \Delta t_{\mathrm{e}}\}\mathrm{d}S^{(0)} - \delta\{\Delta u\}^{\mathrm{T}}\{P + \Delta P\} = 0 \qquad (3.26)$$

其中，$\{\Delta e\}$与$\{\Delta\eta\}$分别为 Green 应变增量$\{\Delta\varepsilon\}$的线性与非线性部分；$V^{(0)}$ 和 $S^{(0)}$ 分别为初始构型中的体积和表面积；$\{b\}$和$\{\Delta b\}$分别为以初始构型做参考时 t 时刻的体积力及 $t \sim t+\Delta t$ 间隔内的增量；$\{t_{\mathrm{e}}\}$和$\{\Delta t_{\mathrm{e}}\}$分别为分布表面力及其增量；$\{P\}$和$\{\Delta P\}$分别为集中表面力及其增量。上式中略去了高阶小量项 $\delta\{\Delta\eta\}^{\mathrm{T}}\{\Delta S\}$。本章回到了以右上角标表示时刻 t 及 $t+\Delta t$ 的惯量形式法，与第 2 章表示方法不同。

将有限元增量形式的位移插值、初始构型下的几何关系和本构关系引入后，不难得到如下形式的有限元方程：

$$[K(S_{IJ}^t)]\{\Delta U\} = \{\Delta F(S_{IJ}^t)\} \qquad (3.27)$$

其中，刚度矩阵$[K]$和载荷向量$\{\Delta F\}$的具体形式不难得到、但较繁琐，并因问题的类型（平面、轴对称或三维）而不同，这里不再给出。

TL 法的主要求解步骤如下：

Step 1：利用(3.27)式求出 $t \sim t+\Delta t$ 间隔内的位移增量 ΔU_I；

Step 2：利用几何关系(3.3)式，计算 Green 应变增量 $\Delta\varepsilon_{IJ}$；

Step 3：利用本构关系(例如(3.20)式)，计算 PK2 应力增量 ΔS_{IJ}；

Step 4：更新当前时刻，$t+\Delta t \rightarrow t$；更新当前应力，$S_{IJ} + \Delta S_{IJ} \rightarrow S_{IJ}$；计算当前刚度矩阵和载荷向量；

Step 5：转到 Step 1，进入下一个时间间隔计算。

3.4.2　UL 法有限元方程的建立

UL 法即更新拉格朗日(Updated Lagrange)方法，该法总以当前时刻的前一时刻(即本章言及的现时构型，为方便讨论，记为 t 时刻)为参考构型，也就是说参考构型是变化的，该法的优点是可以处理加载方式更为复杂的问题，亦可处理边界非线性问题，还可作为当前构型的近似，处理有关问题。仿照 TL 法，UL 法的虚功增量方程为

$$\int_V (\delta\{\Delta^* e\}^{\mathrm{T}}\{\Delta^* S\} + \delta\{\Delta^* \eta\}^{\mathrm{T}}\{\sigma\} - \delta\{\Delta u\}^{\mathrm{T}}\{\Delta b\} + \delta\{\Delta e\}^{\mathrm{T}}\{\sigma\}$$

$$-\delta\{\Delta u\}^{\mathrm{T}}\{b\})\mathrm{d}V^{(N)}-\int_{S_\sigma}\delta\{\Delta u\}^{\mathrm{T}}\{t_{\mathrm{e}}+\Delta t_{\mathrm{e}}\}\mathrm{d}S^{(N)}-\delta\{\Delta u\}^{\mathrm{T}}\{P+\Delta P\}=0 \tag{3.28}$$

其中，$\{\Delta^* e\}$与$\{\Delta^* \eta\}$分别为现时 Green 应变增量$\{\Delta^* \varepsilon\}$的线性与非线性部分；$V^{(N)}$和$S^{(N)}$分别为现时构型中的体积和表面积；$\{b\}$和$\{\Delta b\}$分别为以现时构型做参考时t时刻的体积力及其在$t\sim t+\Delta t$间隔内的增量；$\{t_{\mathrm{e}}\}$和$\{\Delta t_{\mathrm{e}}\}$分别为分布表面力及其增量；$\{P\}$和$\{\Delta P\}$分别为集中表面力及其增量。

与(3.26)式相似，(3.28)式中略去了高阶小量项$\delta\{\Delta^* \eta\}^{\mathrm{T}}\{\Delta^* S\}$。

将有限元增量形式的位移插值、几何关系和本构关系引入后，不难得到如下形式的有限元方程：

$$[K(\Omega^t;\sigma^t)]\{\Delta U\}=\{\Delta F(\Omega^t;\sigma^t)\} \tag{3.29}$$

其中，Ω^t和σ^t分别表示现时构型及现时时刻的应力。由于刚度矩阵$[K]$和载荷向量$\{\Delta F\}$的显式形式因问题的具体类型而异，这里没有详细列出。

UL 法的主要求解步骤如下：

Step 1：利用(3.29)式求出$t\sim t+\Delta t$间隔内的位移增量ΔU_i；

Step 2：利用几何关系(3.4)式，计算现时 Green 应变增量$\Delta\varepsilon_{ij}^*$；

Step 3：利用本构关系(例如(3.21)式)，计算现时 PK2 应力增量ΔS_{ij}^*；

Step 4：更新当前时刻，$t+\Delta t\to t$；更新当前应力，利用(3.11)式，根据$\sigma_{ij}^t+\Delta^* S_{kl}$计算$\sigma_{ij}^t+\Delta\sigma_{ij}^t$，并更新当前应力$\sigma_{ij}^t+\Delta\sigma_{ij}^t\to\sigma_{ij}^t$；更新当前构型，$x_i+\Delta U_i\to x_i$；计算当前刚度矩阵和载荷向量；

Step 5：转到 Step 1，进入下一个时间间隔计算。

从上文可以看出，大变形问题有限元方法与弹塑性问题有限元方法都是在增量意义上通过拟线性化，进而加以求解。但后者在确定弹塑性状态时还应当进行本构迭代或按优化问题处理，这点与下章讲述的接触问题类似。所以，从方法上说，弹塑性问题有限元方法包含了大变形问题有限元和接触问题有限元两类问题的所有特点。

3.5 大变形分析中的载荷处理

目前为止，在大变形分析中没有考虑变形对外载形成的等效载荷的影响，观察 TL 法的(3.26)式和 UL 法的(3.28)式中对体积力$\{b\}$和表面力$\{t_{\mathrm{e}}\}$的考虑，发现二者对同一问题的处理实际上并不一致。本节对该问题予以简单讨论。

3.5.1 对体积力的处理

体积力(例如物体的重力)在变形过程中一般保持不变。假定t时刻相对于初

始构型的体积力为$\{b\}^{(0)}$，那么该时刻相对于现时构型的体积力$\{b\}^{(N)}$满足

$$\{b\}^{(0)}\mathrm{d}V^{(0)} = \{b\}^{(N)}\mathrm{d}V^{(N)} \tag{3.30}$$

进而得到

$$\{b\}^{(N)} = \frac{1}{D^{(N)}}\{b\}^{(0)} \tag{3.31}$$

其中 $D^{(N)}$ 由(3.12)之一式给出。

若 $t \sim t+\Delta t$ 间隔内相对于初始构型的体积力增量为$\{\Delta b\}^{(0)}$，那么，该间隔内相对于现时构型的体积力增量$\{\Delta b\}^{(N)}$满足

$$(\{b\}^{(0)} + \{\Delta b\}^{(0)})\mathrm{d}V^{(0)} = (\{b\}^{(N)} + \{\Delta b\}^{(N)})\mathrm{d}V^{(N+1)} \tag{3.32}$$

进而得到

$$\{\Delta b\}^{(N)} = \frac{1}{D^{(N)}D^{*(N+1)}}(\{b\}^{(0)} + \{\Delta b\}^{(0)}) - \{b\}^{(N)} \tag{3.33}$$

其中 $D^{*(N+1)}$ 由(3.12)之二式给出。由于当前构型 y_i 尚在待求之中，常取 $D^{*(N+1)} \approx 1$(更精确的途径可采用迭代方法)，考虑到(3.31)式，(3.33)式近似为

$$\{\Delta b\}^{(N)} = \frac{1}{D^{(N)}}\{\Delta b\}^{(0)} \tag{3.34}$$

在 TL 法中，体积力$\{b\}$和$\{\Delta b\}$需用$\{b\}^{(0)}$和$\{\Delta b\}^{(0)}$代替，考虑到前面所做的假设，其形式与(3.26)式相同。然而，对于同一问题，在 UL 法中，(3.28)式中的体积力会出现较大差异，将(3.31)和(3.32)式中的$\{b\}^{(N)}$和$\{\Delta b\}^{(N)}$分别代替$\{b\}$和$\{\Delta b\}$，就可明显看出这一点。

3.5.2　对表面力的处理

在大变形分析中对表面力的处理更加复杂，不但依赖于变形过程中构型的变化，还与表面力的施加方式有关。下面就常见的集中力和均布力两种情形分别加以讨论。

1. 集中力

在大变形分析中，集中力的作用一般有两种方式：一种认为集中力的方向在整个变形过程中保持不变；另一种认为集中力的方向与所作用表面的夹角保持不变。

为了方便，在初始构型、现时构型以及当前构型中所建立的坐标系 X_i、x_i 和 y_i 都取相同的原点和坐标方向。考虑到这点，对于集中力作用的第一种情形，我们有

$$\{P\}^{(N)} = \{P\}^{(0)} \tag{3.35a}$$

和

$$\{\Delta P\}^{(N)} = \{\Delta P\}^{(0)} \tag{3.35b}$$

其中，$\{P\}^{(0)}$和$\{\Delta P\}^{(0)}$是以初始构型做参考时 t 时刻的集中力和 $t \sim t+\Delta t$ 间隔内

的集中力增量，是已知载荷；$\{P\}^{(N)}$ 和 $\{\Delta P\}^{(N)}$ 是以现时构型(严格地讲，应以当前构型)做参考时 t 时刻的集中力和 $t \sim t+\Delta t$ 间隔内的集中力增量。

比较(3.35)式与 TL 法的(3.26)式和 UL 法的(3.28)式中对表面集中力的计算表明，对于这种情形，3.4 节的有限元方程是严格正确的。

对于集中力作用的第二种情形，可仿本小节第 2 点的原理，作为表面分布力的特殊情形进行处理。

2. 表面分布力

大变形分析中分布载荷一般随变形而变化，是一个复杂的问题，很难进行定量研究。在压力容器、潜艇以及发动机等实际的结构分析中，经常会碰到载荷为均匀表面压力的情形，本节对这类特定载荷随变形的变化予以分析。

在某计算时刻，这类载荷的合力一般保持不变，于是，我们假定

在 t 时刻：

$$\{t_{ei}\}^{(N)} n_i \mathrm{d}S^{(N)} = \{t_{eJ}\}^{(0)} n_J \mathrm{d}S^{(0)} \tag{3.36}$$

在 $t+\Delta t$ 时刻：

$$(\{t_{ei}\}^{(N)} + \{\Delta t_{ei}\}^{(N)}) n_i \mathrm{d}S^{(N)} = (\{t_{eJ}\}^{(0)} + \{\Delta t_{eJ}\}^{(0)}) n_J \mathrm{d}S^{(0)} \tag{3.37}$$

不同构型下面积微元之间有如下关系

$$n_J \mathrm{d}S^{(0)} = \frac{\partial x_i / \partial X_J}{D^{(N)}} n_i \mathrm{d}S^{(N)} \tag{3.38}$$

其中，n_J 和 n_i 分别为初始构型和现时构型下面积微元的法向余弦。

将(3.38)式分别代入(3.36)和(3.37)式，得到

$$\{t_{ei}\}^{(N)} = \frac{\partial x_i / \partial X_J}{D^{(N)}} \{t_{eJ}\}^{(0)} \tag{3.39a}$$

$$\{\Delta t_{ei}\}^{(N)} = \frac{\partial x_i / \partial X_J}{D^{(N)}} \{\Delta t_{eJ}\}^{(0)} \tag{3.39b}$$

需要指出的是，(3.39b)式的形式简单是由于对(3.37)式左端进行了近似处理，否则形式将很复杂。

于是，对受分布压力作用问题进行大变形分析，若载荷以初始构型做参考进行施加，那么，对应于用(3.26)式的 TL 分析，(3.28)式的 UL 分析中的分布载荷及其增量应该利用(3.39)式予以变换。

3.6 小结

由于发生了不可忽略的较大变形，大变形问题的分析更加困难，所涉及研究内容更加丰富。一般来说，相对于小变形问题，大变形分析具有以下特点。

(1)应变定义发生了变化。大变形问题的最鲜明特征就是描述应变-位移的几何关系发生了重大变化，由原来的几何线性关系变成了几何非线性关系，因此，大变形问题又称为几何非线性问题。在一些特殊问题中，大变形并没有产生较大的应变，这类问题称为大位移(转动)小应变问题，其几何关系中可略去产生非线性的高阶部分，但仍须采用 3.2～3.5 节中的大变形分析方法，以计及没有产生应变的较大的刚体位移部分。实际上，这种对几何关系的简化处理，是经过对更一般几何非线性关系检验后确立的。

(2)构型发生了变化。由于具有较大的变形(位移和/或应变)，大变形问题在不同时刻其构型差异较大，必须予以考虑并区别对待。根据需要，本章分别介绍了三种典型构型，即对应于 0 时刻的初始构型、对应于 t 时刻的现时构型以及对应于 $t+\Delta t$ 时刻的当前构型。

(3)应力、应变描述发生了变化。由于不同时刻具有不同的构型，并且可以选取不同的参考构型，大变形问题中的应力描述、应变描述以及虚功方程等都发生了相应的变化。

(4)求解方法发生了变化。以增量法为基础，大变形问题的求解方法分为 Lagrange 方法、Euler 方法以及 Lagrange-Euler 混合方法。本章分别介绍了以已知的初始构型和现时构型为参考构型的 TL 法和 UL 法，它们是固体力学中最常用的两种分析方法。

(5)其他相应的变化。由于(2)、(3)的变化，即使对于弹性材料，本构关系有时也需要进行相应的变化，才能正确描述大变形情形下材料的本构规律；载荷的作用方式也必须考虑构型的差异，以提高大变形问题的分析精度。

实际上，当物体发生大变形时，一般都会伴随出现材料的非线性弹性或非弹性行为，因而必须同时考虑材料和几何两种非线性因素、综合运用两种非线性问题的分析方法。另外，在很多情况下，大变形分析可用来估算结构在失稳前所能承受的最大载荷，这类问题的典型代表是结构屈曲问题，作为固体力学的一个重要分支，目前仍是研究的重要课题之一。

思考题

1. 详细诠释大位移(转动)小应变和大应变这两类大变形问题在大变形分析的各个环节上的异同，并举出这两类问题的典型实例。

2. 根据有关定义，推导(3.3)和(3.4)式表示的 Green 应变增量和现时 Green 应变增量。

3. 解释(3.11)式的应力变换所表示的物理意义。

4. 仿照 TL 法增量型变分方程的(3.26)式，推导 UL 法增量型变分方程(3.28)。

5. 为什么说大变形一般都引起材料性能的非线性行为？能否用公式形式予以说明？

参考文献

彼莱奇科 T，廖 W K，默然 B，2002. 连续体和结构的非线性有限元[M]. 庄茁，译. 北京：清华大学出版社.

何君毅，林祥都，1994. 工程结构非线性问题的数值解法[M]. 北京：国防工业出版社.

监凯维奇，泰勒，2006. 有限元方法：第 2 卷[M]. 5 版，庄茁，岑松，译. 北京：清华大学出版社.

匡震邦，1989. 非线性连续介质力学基础[M]. 西安：西安交通大学出版社.

李录贤，1994. 非线性粘弹性应力应变和接触问题分析[D]. 西安：西安交通大学.

刘正兴，孙雁，王国庆，等，2010. 计算固体力学[M]. 2 版. 上海：上海交通大学出版社.

王勖成，邵敏，1997. 有限单元法基本原理和数值方法[M]. 北京：清华大学出版社.

延伸材料

一、Lagrange、Euler、ALE 三种方法的简单介绍*

Lagrange、Euler、ALE 是数值模拟中处理连续体的三种方法。

Lagrange 方法多用于固体结构的应力应变分析，这种方法以物质坐标为基础，其所描述的网格单元将以类似“雕刻”的方式划分在用于分析的结构上，也就是说采用 Lagrange 方法描述的网格和分析的结构是一体的，有限元结点即为物质点。采用这种方法时，分析结构的形状的变化和有限单元网格的变化是完全一致的，物质不会在单元与单元之间发生流动。这种方法的主要优点是能够非常精确地描述结构边界的运动，但当处理大变形问题时，由于算法本身特点的限制，将会出现严重的网格畸变现象，不利于计算的进行。

Euler 方法以空间坐标为基础，使用这种方法划分的网格和所分析的物质结构相互独立，网格在整个分析过程中始终保持最初的空间位置不动，有限元结点即

* 来源于网页 http://www.douban.com/note/147262973/，略有改动。

为空间点，其所在空间的位置在整个分析过程始终不变。很显然，由于算法自身的特点，Euler 网格的大小形状和空间位置不变，因此在整个数值模拟过程中，各个迭代过程中计算数值的精度也不变。但这种方法在物质边界的捕捉上会产生困难。该法多用于流体分析中，使用这种方法时网格与网格之间的物质是流动的。

ALE 方法最初出现于数值模拟流体动力学问题的有限差分方法中。这种方法兼具 Lagrange 方法和 Euler 方法二者的特长，即首先在结构边界运动的处理上它引进了 Lagrange 方法的特点，因此能够有效地跟踪物质结构边界的运动；其次在内部网格的划分上吸收了 Euler 方法的长处，即内部网格单元独立于物质实体而存在，但又不完全和 Euler 网格相同，网格可以根据定义的参数在求解过程中适当进行调整，使得网格不致出现严重畸变。这种方法在分析大变形问题时是非常有利的。使用这种方法时网格与网格之间的物质也是流动的。

二、连续介质力学*

连续介质力学(Continuum Mechanics)是物理学、特别是力学的一个分支，是处理包括固体和流体在内的所谓“连续介质”的宏观力学性质。例如，质量守恒、动量和角动量定理、能量守恒等。有时将弹性体力学和流体力学的综合研究称为连续介质力学。

宏观力学性质是指在三维欧氏空间和均匀流逝时间下受牛顿力学支配的物质性质。连续介质力学对物质的结构不作任何假设。它与物质结构理论并不矛盾，而是相辅相成。物质结构理论研究特殊结构的物质性质，而连续介质力学则研究具有不同结构的许多物质的共同性质。连续介质力学的主要目的在于建立各种物质的力学模型，把各种物质的本构关系用数学形式确定下来，并在给定初始条件和边界条件下求出问题的解答。它通常包括下述基本内容：①变形几何学，研究连续介质变形的几何性质，确定变形所引起物体各部分空间位置和方向的变化以及各邻近点相互距离的变化，这里包括诸如运动、构型、变形梯度、应变张量、变形的基本定理、极分解定理等重要概念；②运动学，主要研究连续介质力学中各种量的时间率，这里包括诸如速度梯度、变形速率、旋转速率和 Rivlin-Ericksen 张量等重要概念；③基本方程，根据适用于所有物质的守恒定律建立的方程，例如，热力连续介质力学中包括连续性方程、运动方程、能量方程、熵不等式等；④本构关系；⑤特殊理论，例如弹性理论、黏性流体理论、塑性理论、黏弹性理论、热弹性固体理论、热黏性流体理论等；⑥问题的求解。

连续介质力学的最基本假设是“连续介质假设”，即：认为真实流体或固体所占

* 来源于百度百科，略有改动。

有的空间可以近似地看作连续地无空隙地充满着"质点"。质点所具有的宏观物理量(如质量、速度、压力、温度等)满足一切应该遵循的物理定律,例如质量守恒定律、牛顿运动定律、能量守恒定律、热力学定律以及扩散、黏性及热传导等输运性质。这一假设忽略物质的具体微观结构(对固体和液体微观结构研究属于凝聚态物理学的范畴),而用一组偏微分方程来表达宏观物理量(如质量、速度、压力等)。所谓质点指的是微观上充分大、宏观上充分小的分子团(也叫微团)。一方面,分子团的尺度和分子运动的尺度相比应足够大,使得分子团中包含大量的分子,对分子团进行统计平均后能得到确定的值。另一方面又要求分子团的尺度和所研究问题的特征尺度相比要充分地小,使得一个分子团的平均物理量可看成是均匀不变的,因而可以把分子团近似地看成是几何上的一个点。对于进行统计平均的时间,还要求它是微观充分长、宏观充分短的,即进行统计平均的时间足够长,使得在这段时间内,微观性质(例如分子间的碰撞)已进行了许多次,进行统计平均能够得到确定的数值。另一方面,进行统计平均的宏观时间比所研究问题的特征时间小得多,以致可以把进行平均的时间看成是一个瞬间。

连续介质力学研究的对象包括:

固体——固体不受外力时,具有确定的形状。固体包括不可变形的刚体和可变形固体。一般力学中的刚体力学研究不可变形刚体;连续介质力学中的固体力学则研究可变形固体在应力、应变等外界因素作用下的变化规律,例如弹性和塑性问题。弹性问题即作用力撤除后可恢复到原来形状的固体力学问题;塑性问题即作用力撤除后不能恢复到原来形状的固体力学问题。

流体——包括液体和气体,无确定形状,可流动。流体最重要的性质是黏性(Viscosity),即对由剪切力引起的形变率的抵抗力。无黏性的理想气体,不属于流体力学的研究范围。从理论研究角度,流体常被分为牛顿流体和非牛顿流体,满足牛顿黏性定律的流体(比如水和空气)称为牛顿(Newton)流体,不满足牛顿黏性定律的流体则称为非牛顿流体,它是一种介于固体和牛顿流体之间的物质形态。

第4章 接触问题分析

4.1 引言

接触现象是普遍存在的。实际的工程结构系统往往分成几个非永久性连接的部分,它们之间的作用力靠相互的挤压、冲击等来传递,典型的如齿轮、涡轮的啮合,汽(气)轮机及发动机中叶片与轮盘的榫接,都属于接触问题;两物体的撞击,在不允许穿透出现时,是动态接触问题。在十九世纪末赫兹(Hertz)就已经开始研究弹性接触问题,但只有在有限元方法及计算机出现以后,接触问题的研究才得到快速发展,进而应用于工程实际。

接触问题是边界非线性问题,它的边界条件不是定解条件,而是待求结果,两接触体间接触面的面积与压力分布随外载的变化而变,并与接触体的刚性有关,这是接触问题的特点,也是接触问题求解困难的原因所在。

接触问题的研究涉及以下四方面内容:

(1)接触模式,即研究如何描述两接触体间力的传递和接触状态的变化;

(2)几何约束,即研究接触面上两物体位移所需满足的关系;

(3)摩擦定律,即研究接触面上力与位移或压力与切向力之间的关系;

(4)求解方法,即研究适合于接触问题的求解方法。

以上四方面内容,构成了接触问题的研究体系,并已提出了不同的理论,发展了相应的方法。由于接触问题应用很广且难度较大,因而,接触问题一直是固体力学领域关注的热点之一。

有限元方法已成为接触问题数值计算的主要方法之一,本章将围绕以上内容,介绍利用有限元法求解接触问题的基本思想和实施技术。

接触模式在于解决接触面上接触力的传递、接触状态的变化等描述问题。第一种模式是将两接触体的接触面分成同样的网格,使结点组成一一对应的结点对。假定接触力的传递通过这些结点对加以实现,接触面上各局部区域的接触状态也相应地按结点对来判断,这种模式称为点-点(Node-to-Node)接触模式。该模式的优点是直观、简单、易于编程,但对于复杂接触面情形,网格结点一一对应的要求不易做到。另外,对于带摩擦滑动情形,该模式导得的控制方程不再对称,丧失了有限元方法的一个显著优势,虽然接触问题所求解的接触区不是很大,但对于大规模工程问题，还是会降低问题的求解效率。另一种模式是先将两接触体人为地分为主动体(Master Body)与被动体(Slave Body)，并假定主动体网格中的一个结点与被动体表面上的任意一点(不一定是网格结点)相接触，这种模式称为点-面(Node-to-Surface)接触模式。该模式的优点是两接触体可根据自身情况剖分网格，而且，即使考虑摩擦滑动情形，最后的控制方程仍是对称的。它的缺点是方法较复杂、编程难度大。

接触问题中的几何约束与接触模式密切相关，实际上，在接触模式确定的同时，接触体边界上对位移的约束也会随之确定，即相应地以点-点形式或点-面形式对接触面间的几何约束予以描述。

关于接触中的摩擦现象，我们都知道已被广泛采用的库仑(Coulomb)摩擦定律，其中的摩擦系数为常数。实际上，摩擦系数不仅取决于接触体的材料，而且与接触面光滑度、接触面润滑条件等多种因素有关。摩擦机理多种多样，情形复杂，详尽的分析将大大增加计算工作量，因此，大多对接触问题的研究仍采用库仑摩擦定律，只对静、动摩擦以不同的摩擦系数区别对待。本章 4.2 节介绍接触问题的经典解法时，也采用库仑摩擦定律；4.3.4 节介绍摩擦接触问题的数学规划解法时，将采用数学上表述更严谨的克拉布林(Klarbring)广义摩擦定律。

在接触问题的求解方面，许多科学家倾注了大量的精力，但基本上都是从变分原理求能量的驻值解出发，在有限元方法的框架基础上，先形成离散形式的控制方程和约束条件。具体求解时，可以引入接触问题的定解条件，最后形成以求解线性代数方程组为标志的经典解法，4.2 节将讲述这种方法。实际上，从数学规划角度看，接触问题是一个二次规划问题，引入常见的单边约束边界条件，接触问题最终可化成线性互补问题，进而加以求解。该方法及涉及的相关问题，将在 4.3 节予以详细叙述。

目前，接触问题分析基本采用经典方法，这是由于大型工程结构分析，大多都采用有限元方法，而经典方法仍然属于这一体系。本章从接触问题的可研究性角度考虑，还将用较大篇幅对接触问题的数学规划解法进行较为详尽的介绍。

4.2 经典的接触问题求解方法

本节的讨论。基于以下三个假设：

(1)接触表面是凸的、连续的；

(2)接触表面服从库仑摩擦定律；

(3)接触模式是点-点接触模式。

如图 4.1 所示，若 z 表示局部坐标系的法向，x 与 y 表示局部坐标系在面内的方向，g 表示接触点对间的间隙，则各接触体相接触的边界的接触状态分别为：

（1）开式（Opening）接触，此时 $g_z \geqslant 0$，即法向间隙大于等于0；

（2）黏式（Cohesive）接触，此时 $g_z = 0(\Delta g_x = 0, \Delta g_y = 0)$，即法向无间隙，且在一个载荷增量步的始末，整个切平面均无相对滑动；

（3）滑移（Sliding）接触，此时 $g_z = 0, \Delta g_x \neq 0$ 且 $\Delta g_y \neq 0$，即法向无间隙，且切平面的两个方向均有相对滑动；

（4）混合（Mixed）接触，此时 $g_z = 0$，Δg_x 与 Δg_y 中一个为0、一个不为0，即法向无间隙，并且切平面的一个方向无相对滑动、另一个方向有相对滑动。

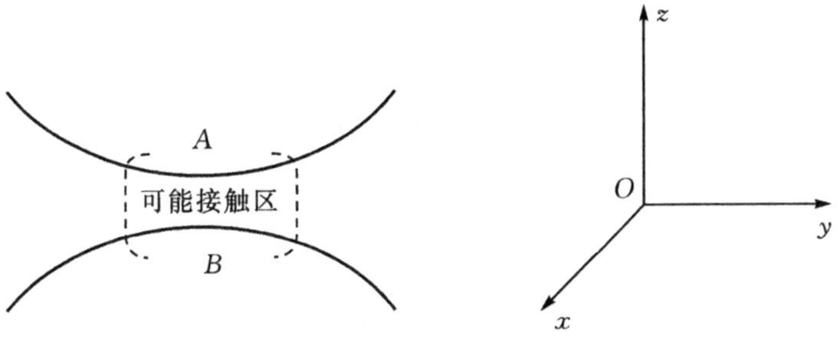

（a）可能接触区　　（b）接触区局部坐标系

图4.1　接触的 A、B 两物体

设下标 a,b 分别表示接触的两个物体，F 表示接触点对间的接触力，q 表示接触区结点的位移，μ 为接触面的摩擦系数。以上四类接触状态，可用位移及接触力将相应的定解条件表示如下。

（1）开式：

$$F_{al} + \Delta F_l = F_{bl} + \Delta F_{bl} = 0 \quad (l = x, y, z) \tag{4.1}$$

（2）黏式：

$$\begin{cases} \Delta F_{al} = -\Delta F_{bl} \quad (l = x, y, z) \\ -\Delta q_{al} + \Delta q_{bl} = 0 \quad (l = x, y) \\ -\Delta q_{az} + \Delta q_{bz} = g_z \end{cases} \tag{4.2}$$

（3）滑移：

$$\begin{cases} \Delta F_{al} = -\Delta F_{bl} \quad (l = x, y, z) \\ F_{ax} + \Delta F_{ax} = \pm \mu (F_{az} + \Delta F_{az}) \cos\theta \\ F_{ay} + \Delta F_{ay} = \pm \mu (F_{az} + \Delta F_{az}) \sin\theta \\ \theta = \arctan \dfrac{\Delta q_{by} - \Delta q_{ay}}{\Delta q_{bx} - \Delta q_{ax}} \\ -\Delta q_{az} + \Delta q_{bz} = g_z \end{cases} \tag{4.3}$$

(4)混合：

$$\begin{cases}\Delta F_{al} = -\Delta F_{bl} \quad (l = x, y, z) \\ F_{ax} + \Delta F_{ax} = \pm \mu(F_{az} + \Delta F_{az}) \quad (\text{假定沿 } x \text{ 方向滑动}) \\ -\Delta q_{ay} + \Delta q_{by} = 0 \\ -\Delta q_{az} + \Delta q_{bz} = g_z\end{cases} \tag{4.4}$$

一般增量型有限元方程将化成

$$\boldsymbol{K}\Delta q = \Delta F \tag{4.5}$$

将 $\boldsymbol{K}$、Δq、ΔF 做分块处理，分成用下标 r 表示的接触区部分和用下标 c 表示的非接触区部分，即

$$\begin{cases}\boldsymbol{K} = \begin{bmatrix} K_{cc} & K_{cr} \\ K_{cr}^{T} & K_{rr}\end{bmatrix} \\ \Delta q = \begin{Bmatrix} \Delta q_c \\ \Delta q_r \end{Bmatrix} \\ \Delta F = \begin{Bmatrix} \Delta F_c \\ \Delta F_r \end{Bmatrix}\end{cases} \tag{4.6}$$

经静力凝聚，得到用接触区变量表示的系统方程为

$$[K_{rr}^{*}]\{\Delta q_r\} = \{\Delta F_r^{*}\} \tag{4.7}$$

其中，$\boldsymbol{K}_{rr}^{*}$ 为接触区的等效刚度矩阵；ΔF_r^{*} 为接触区的等效结点力，并且

$$\begin{cases}\boldsymbol{K}_{rr}^{*} = \boldsymbol{K}_{rr} - \boldsymbol{K}_{cr}^{T}\boldsymbol{K}_{cc}^{-1}\boldsymbol{K}_{cr} \\ \Delta F_r^{*} = \Delta F_r - \boldsymbol{K}_{cr}^{T}\boldsymbol{K}_{cc}^{-1}\Delta F_c\end{cases} \tag{4.8a}$$

求得 Δq_r 后，Δq_c 可通过下式最终求得

$$\Delta q_c = \boldsymbol{K}_{cc}^{-1}(\{\Delta F_c\} - \boldsymbol{K}_{cc}\Delta q_r) \tag{4.8b}$$

将前面讨论的定解条件(也就是接触力及接触位移关系)引入，方程(4.7)就成为具有接触问题特色的定解问题。在引入时可使用间接的接触单元法，也可直接代入。接触问题经典解法包括以下基本步骤：

Step 0，设初值，假定某种接触状态；

Step 1，试求解(Trial)，根据目前的接触状态，得到相应的定解条件，作为边界条件，求解凝聚形式的有限元方程(4.7)式，并得到接触力；

Step 2，计算误差(Error)，若得到的接触力与接触位移满足初始假定的接触状态，则得到所求解。否则转入 Step 3；

Step 3，迭代(Iteration)，更新接触状态，转入 Step 1 进行迭代。

在这种方法中，接触状态的初始假定和更新，需根据经验和前次的计算结果进行。计算的实践表明，接触迭代往往在几步内就可收敛。传统上将此方法称为：试

求解—误差—迭代的方法，由于这种方法归根结底求解的仍然是 $KU=F$ 型线性代数方程组问题，因而是一种经典方法。

4.3　数学规划方法求解接触问题

接触现象在工程中普遍存在。接触问题的共有特征是接触状态（包括接触区的大小、压力分布、位移、变形等）分析前未知。先假定某种状态作为定解条件代入求解，再反过来判断所得状态与所设状态是否吻合，这种试求解—误差—迭代的格式，就是处理接触问题常用的迭代法。实际上，从数学角度看，接触问题是一个优化问题，实际的接触状态就是该优化问题的最优解。本节以二维弹性体为对象，较系统地讨论求解接触问题的数学规划方法，内容包括：接触问题的数学规划方法描述，无摩擦接触问题的数学规划方法，有刚体自由度的弹性接触问题，以及摩擦接触问题的数学规划方法。

4.3.1　接触问题的势能变分原理及其等价形式

参考图 4.2，设接触发生在 A、B 两个物体之间。它们的边界可分为给定外力边界 Γ_t^α、位移边界 Γ_u^α 以及可能发生接触的边界（称为可能接触区）Γ_C^α，α 代表 A 或 B 物体。

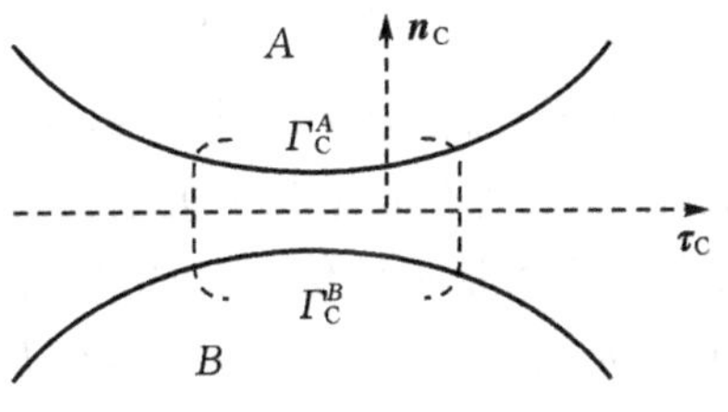

图 4.2　可能接触的 A、B 两物体

在 Γ_t^α 边界上，满足力边界条件

$$\sigma_{ij}^\alpha n_j = \bar{t}_i^\alpha \tag{4.9}$$

在 Γ_u^α 边界上，满足位移边界条件

$$u_i^\alpha = \bar{u}_i^\alpha \tag{4.10}$$

对于现在所讨论的二维问题，下标 $i,j=1,2$；n_j 为边界外法线方向余弦。

这里假定只考虑小变形情形，所以可在 A、B 两物体的边界上各划定一可能接触区 Γ_C^A 和 Γ_C^B，要求必须包含可能接触的边界。于是，在 Γ_C^A 和 Γ_C^B 之间可构造公共接触区 Γ_C，使以后在 Γ_C^A 或 Γ_C^B 上所做的定义或计算都在 Γ_C 上进行。确定 Γ_C 的方法很多，在大变形问题中会有些差异。对于小变形问题，各种方法确定的 Γ_C 都很接近。Γ_C 确定后，随之可确定接触区的公共法线方向 $\boldsymbol{n}_C$ 和切线方向 $\boldsymbol{\tau}_C$。本节讨论中，以图 4.2 所示方向为公法线和公切线的正向（公法线指向物体 A 为正，切向与法向组成右手系）。

基于以上讨论，接触问题的接触条件——非穿透性条件（Non-penetration Condition）可表示为

$$\Phi_n = u_n^A - u_n^B + g_n \geqslant 0,\text{在 } \Gamma_C \text{ 上} \tag{4.11}$$

其中，u_n^A 和 u_n^B 分别表示 A、B 两物体在公法线 $\boldsymbol{n}_C$ 方向的位移分量；g_n 代表 A、B 两物体在法线方向的间隙。在小变形分析中，Γ_C 可事先划定，并在变形过程中保持不变。

系统的总势能可表示为

$$\Phi(u_i) = \int_V U(\varepsilon_{ij})\mathrm{d}V - \int_V \bar{f}_i u_i \mathrm{d}V - \int_{\Gamma_t} \bar{t}_i u_i \mathrm{d}\Gamma_t \tag{4.12}$$

为简化公式，引入记号 $V = V_A \cup V_B$，以及以后将要用到的 $\Gamma_u = \Gamma_u^A \cup \Gamma_u^B$。$U(\varepsilon_{ij})$ 为应变能密度，对于弹性问题可表示成

$$U(\varepsilon_{ij}) = \frac{1}{2}\sigma_{ij}\varepsilon_{ij} = \frac{1}{2}\{\varepsilon\}^{\mathrm{T}}[D]\{\varepsilon\} \tag{4.13}$$

ε_{ij} 为应变张量，小变形时的定义为

$$\varepsilon_{ij} = \frac{1}{2}(u_{i,j} + u_{j,i}) \tag{4.14}$$

$\{\varepsilon\}$ 和 $[D]$ 的形式（对于二维情形）已在第 1 章讨论过，这里不再赘述。

这样，势能原理可表述为：在所有满足几何关系、位移边界条件及接触条件的位移场中，真实解使得系统的总势能取驻值（最小值）。在数学上表示为

$$\begin{cases} \text{find} \quad u_i \in H = \{u_i \mid u_i = \bar{u}_i, \text{在 } \Gamma_u \text{ 上}\} \\ \min \quad \Phi(u_i) \\ \text{s.t.} \quad \Phi_n \geqslant 0 \end{cases} \tag{4.15}$$

借助于拉氏乘子（Lagrange Multiplier）法，引入变位势（Dislocation Potential）

$$\varphi(u_i, \lambda, \omega) = -\int_{\Gamma_C} \lambda(\Phi_n - \omega^2)\mathrm{d}\Gamma_C \tag{4.16}$$

并称

$$\Pi = \int_{\Gamma_C} \lambda \Phi_n \mathrm{d}\Gamma_C \tag{4.17}$$

为接触势，其中 λ 为引入的拉氏乘子，ω 为引入的剩余变量。构造拉格朗日泛函

$$\Phi^*(u_i, \lambda, \omega) = \Phi(u_i) + \varphi(u_i, \lambda, \omega) \tag{4.18}$$

于是，问题（4.15）就变成了（4.18）式的极大极小（鞍点）问题。下面证明，

(4.18)式的极值问题满足弹性接触问题的一切条件。

结合(4.12)和(4.16)两式，拉格朗日泛函的显式为

$$\Phi^{*}(u_i,\lambda,\omega)=\int_V U(\varepsilon_{ij})\mathrm{d}V-\int_V \bar{f}_i u_i \mathrm{d}V-\int_{\Gamma_t}\bar{t}_i u_i \mathrm{d}\Gamma_t-\int_{\Gamma_C}\lambda(\Phi_n-\omega^2)\mathrm{d}\Gamma_C \tag{4.19}$$

对泛函 Φ^{*} 关于宗量 u_i 取变分，得

$$\int_V \frac{\partial U(\varepsilon_{ij})}{\partial \varepsilon_{ij}}\delta\varepsilon_{ij}\mathrm{d}V-\int_V \bar{f}_i\delta u_i \mathrm{d}V-\int_{\Gamma_t}\bar{t}_i\delta u_i \mathrm{d}\Gamma_t-\int_{\Gamma_C}\lambda\frac{\partial \Phi_n}{\partial u_i}\delta u_i \mathrm{d}\Gamma_C=0 \tag{4.20}$$

左端第一项经简单推导可变成

$$\int_V \frac{\partial U(\varepsilon_{ij})}{\partial \varepsilon_{ij}}\delta\varepsilon_{ij}\mathrm{d}V=\int_{\Gamma_t\cup\Gamma_C^A\cup\Gamma_C^B}\sigma_{ij,j}\delta u_i \mathrm{d}\Gamma-\int_V \sigma_{ij}n_j\delta u_i \mathrm{d}V \tag{4.21}$$

将上式代入(4.20)式，并注意到 δu_i 的任意性，立即得到

$$\sigma_{ij,j}+\bar{f}_i=0,\text{在 } V \text{ 内} \tag{4.22}$$

$$\sigma_{ij}n_j=\lambda\frac{\partial \Phi_n}{\partial u_i},\text{在 } \Gamma_C \text{ 上} \tag{4.23}$$

以及(4.9)式。(4.23)式的获得，已利用对 Γ_C 的积分近似代替对 Γ_C^A 与 Γ_C^B 的积分。

再对泛函 Φ^{*} 关于宗量 λ 取变分，得

$$\Phi_n-\omega^2=0,\text{在 } \Gamma_C \text{ 上} \tag{4.24}$$

此式等价于 $\Phi_n=\omega^2\geqslant 0$，即(4.15)之(3)式中要求的非穿透性条件。

最后，对 ω 取变分得到

$$\lambda\omega=0,\text{在 } \Gamma_C \text{ 上} \tag{4.25}$$

结合(4.24)式，上式等价于

$$\lambda\Phi_n=0,\text{在 } \Gamma_C \text{ 上} \tag{4.26}$$

并注意到拉氏乘子必须满足

$$\lambda\geqslant 0 \tag{4.27}$$

(4.22)式为静力平衡方程，(4.9)式为力边界条件，(4.24)式或(4.11)式为接触约束条件，(4.27)式为拉氏乘子的非负条件，(4.26)式为互补性条件。(4.11)、(4.27)及(4.26)三式一般称为泛函 Φ^{*} 的库-塔克(Kuhn-Tucker)最优化条件。(4.23)式为接触平衡条件，可通过该式识别拉氏乘子 λ 的力学含义。

事实上，(4.23)式即

$$t_i=\lambda\frac{\partial \Phi_n}{\partial u_i} \tag{4.28}$$

引入记号 $t_i=\sigma_{ij}n_j$，再对照(4.9)式，说明 $\lambda\frac{\partial \Phi_n}{\partial u_i}$ 为接触物体受另一物体作用的

面力。因为

$$u_n^A = u_i^A n_{Ci} \tag{4.29}$$

$$u_n^B = u_i^B n_{Ci} \tag{4.30}$$

其中 n_{Ci} 为公法线方向余弦，因此，对于 A 物体，由于此时 $u_i = u_i^A$，(4.28)式进一步变成

$$t_i = \lambda \frac{\partial \Phi_n}{\partial u_i^A} = \lambda n_{Ck} \delta_{ik} = \lambda n_{Ci} \tag{4.31}$$

两边同乘以 n_{Ci} 并求和，注意到 $n_{Ci} n_{Ci} = 1$，得

$$\lambda = t_i n_{Ci}，在\ \Gamma_C^A（对\ A\ 物体视\ \Gamma_C\ 为\ \Gamma_C^A）上 \tag{4.32}$$

上式右端表示 A 物体所受 B 物体的作用力在法线方向的分量，参考图 4.2，为压力，此即为 λ 的力学解释。

同样，对于 B 物体，此时 $u_i = u_i^B$，视 Γ_C 为 Γ_C^B，得到

$$\lambda = - t_i n_{Ci}，在\ \Gamma_C^B\ 上 \tag{4.33}$$

将 λ 解释为 A 物体对 B 物体的压力。一般称 λ 为法向接触力，即由于接触，在 A、B 间产生的相互作用力。

从以上分析可以看出，拉格朗日泛函(4.19)式的极大极小值问题全部反映了与问题(4.15)等价的平衡方程、边界条件（包括力边界条件、位移边界条件及接触条件），因而也就与(4.15)式表示的势能原理等价。

4.3.2 无摩擦接触问题的数学规划方法

利用有限元方法，(4.12)式的势能可离散成

$$\Phi(u_i) = \frac{1}{2}\boldsymbol{q}_A^T \boldsymbol{K}_A \boldsymbol{q}_A - \boldsymbol{g}_A^T \boldsymbol{q}_A + \frac{1}{2}\boldsymbol{q}_B^T \boldsymbol{K}_B \boldsymbol{q}_B - \boldsymbol{g}_B^T \boldsymbol{q}_B \tag{4.34}$$

其中，$\boldsymbol{q}_{A(B)}$ 为 $A(B)$物体的结点位移列阵；$\boldsymbol{K}_{A(B)}$ 为 $A(B)$ 物体的有限元刚度矩阵；$\boldsymbol{g}_{A(B)}$ 为 $A(B)$上的结点等效载荷列阵。由于默认刚度矩阵和载荷列阵已由有限元方法形成，为方便，本节开始将刚度矩阵和载荷列阵用更简洁的黑体表示。另外，由于已采用离散形式，对应之处以矩阵或矢量形式表示。

下面讨论接触势 Π 的离散。

设公共接触区 Γ_C 已离散成一个个边界单元 Γ_e。以 s 表示相应母单元的坐标，设 $M_e(s)$为形函数，单元 Γ_e 上的位移 $u_e(s)$可表示成

$$u_e(s) = M_e(s) \boldsymbol{q}_{re} \tag{4.35}$$

其中，$\boldsymbol{q}_{re}$ 为单元 Γ_e 的结点位移列阵。设 $N_e(s)$为形函数，单元 Γ_e 上的接触力 $\lambda(s)$ 表示成

$$\lambda(s) = N_e(s) \boldsymbol{\lambda}_e \tag{4.36}$$

其中，$\boldsymbol{\lambda}_e$ 为单元 Γ_e 的结点拉氏乘子列阵。根据(4.17)式，单元 Γ_e 上的接触势 Π_e 为

$$\begin{aligned}\Pi_e &= \int_{\Gamma_e} \boldsymbol{\lambda}^T \Phi_n \mathrm{d}\Gamma_c \\ &= \boldsymbol{\lambda}_e^T \int_{\Gamma_e} \boldsymbol{N}_e^T \boldsymbol{R} M_e (\boldsymbol{q}_{re}^A - \boldsymbol{q}_{re}^B) \mathrm{d}\Gamma_c + \boldsymbol{\lambda}_e^T \int_{\Gamma_e} \boldsymbol{N}_e^T \boldsymbol{g}_n \mathrm{d}\Gamma_c \end{aligned} \tag{4.37}$$

其中，坐标变换矩阵 $\boldsymbol{R}$ 满足

$$u_{ne}^A(s) = \boldsymbol{R} u_e^A(s), \quad u_{ne}^B(s) = \boldsymbol{R} u_e^B(s)，\text{在 } \Gamma_C \text{ 上} \tag{4.38}$$

令

$$A_e = \int_{\Gamma_e} \boldsymbol{N}_e^T \boldsymbol{R} M_e \mathrm{d}\Gamma_C \tag{4.39}$$

$$h_e = \int_{\Gamma_e} \boldsymbol{N}_e^T \boldsymbol{g}_n \mathrm{d}\Gamma_C \tag{4.40}$$

(4.37)式可进一步变化为

$$\Pi_e = \boldsymbol{\lambda}_e^T A_e (\boldsymbol{q}_{re}^A - \boldsymbol{q}_{re}^B) - \boldsymbol{\lambda}_e^T \boldsymbol{h}_e \tag{4.41}$$

引入布尔(Boolean)矩阵 $\boldsymbol{L}_e$ 和 $\boldsymbol{G}_e$，我们有

$$\boldsymbol{q}_{re} = \boldsymbol{L}_e \boldsymbol{g}_r \tag{4.42}$$

和

$$\boldsymbol{\lambda}_e = \boldsymbol{G}_e \boldsymbol{\lambda}_r \tag{4.43}$$

其中，$\boldsymbol{g}_r$ 及 $\boldsymbol{\lambda}_r$ 分别为接触区的结点位移和结点拉氏乘子。将(4.42)与(4.43)两式代入(4.41)中，并记

$$\boldsymbol{A} = \sum_e \boldsymbol{G}_e^T A_e \boldsymbol{L}_e \tag{4.44}$$

及

$$h = \sum_e \boldsymbol{G}_e^T \boldsymbol{h}_e \tag{4.45}$$

可得

$$\Pi = \sum_e \Pi_e = \boldsymbol{\lambda}_r^T \boldsymbol{A} (\boldsymbol{q}_r^A - \boldsymbol{q}_r^B) + \boldsymbol{\lambda}_r^T h \tag{4.46}$$

对照(4.46)与(4.17)式，离散后的非穿透性条件为下列积分意义上的弱形式

$$\boldsymbol{A}(\boldsymbol{q}_r^A - \boldsymbol{q}_r^B) + h \geqslant \boldsymbol{0} \tag{4.47}$$

实际计算中，以接触势代替变位势 φ，略去剩余变量 ω 的贡献。结合(4.34)和(4.46)两式，拉格朗日函数 Φ^* 的有限元离散形式为

$$\Phi^* = \frac{1}{2}(\boldsymbol{q}_A^T \boldsymbol{K}_A q_A + \boldsymbol{q}_B^T \boldsymbol{K}_B \boldsymbol{q}_B) - (\boldsymbol{g}_A^T \boldsymbol{q}_A + \boldsymbol{g}_B^T \boldsymbol{q}_B) - \boldsymbol{g}_0^T (\boldsymbol{q}_r^A - \boldsymbol{q}_r^B) - \boldsymbol{\lambda}_r^T h \tag{4.48}$$

式中，$\boldsymbol{g}_0 = \boldsymbol{A}^T \boldsymbol{\lambda}_r$。

如果 $\boldsymbol{q}_{\mathrm{r}}^{A}$ 是 $\boldsymbol{q}_{A}$ 的一部分，$\boldsymbol{q}_{\mathrm{r}}^{B}$ 是 $\boldsymbol{q}_{B}$ 的一部分，即 $\Gamma_{\mathrm{C}}^{(A)}$ 或 $\Gamma_{\mathrm{C}}^{(B)}$ 与 A 或 B 中有限单元的边重合，在实际中往往是这样实施的，则(4.48)式可凝聚成关于 $\boldsymbol{q}_{\mathrm{r}}^{A}$ 和 $\boldsymbol{q}_{\mathrm{r}}^{B}$ 的表达式。通过恰当的有限元离散及结点编排，可使

$$\{q_A\}=\begin{Bmatrix}q_{\mathrm{c}}^{A}\\q_{\mathrm{r}}^{A}\end{Bmatrix},\{g_A\}=\begin{Bmatrix}g_{\mathrm{c}}^{A}\\g_{\mathrm{r}}^{A}\end{Bmatrix}\quad \text{和} \quad \{q_B\}=\begin{Bmatrix}q_{\mathrm{c}}^{B}\\q_{\mathrm{r}}^{B}\end{Bmatrix},\{g_B\}=\begin{Bmatrix}g_{\mathrm{c}}^{B}\\g_{\mathrm{r}}^{B}\end{Bmatrix} \tag{4.49}$$

同时 $\boldsymbol{K}_{A}$ 和 $\boldsymbol{K}_{B}$ 亦可写成相应的分块形式

$$[K_A]=\begin{bmatrix}K_{\mathrm{cc}}^{A} & K_{\mathrm{rc}}^{A}\\K_{\mathrm{rc}}^{A} & K_{\mathrm{rr}}^{A}\end{bmatrix}\quad \text{和} \quad [K_B]=\begin{bmatrix}K_{\mathrm{cc}}^{B} & K_{\mathrm{rc}}^{B}\\K_{\mathrm{rc}}^{B} & K_{\mathrm{rr}}^{B}\end{bmatrix} \tag{4.50}$$

式中，下标 r 表示接触部分自由度，c 代表非接触部分自由度(含内自由度和其他边界自由度)。经有限元静力凝聚，(4.48)式可变成仅由接触区结点位移 $\boldsymbol{q}_{\mathrm{r}}^{A}$、$\boldsymbol{q}_{\mathrm{r}}^{B}$ 表示的形式

$$\begin{aligned}\Phi^{*}=&\frac{1}{2}((\boldsymbol{q}_{\mathrm{r}}^{A})^{\mathrm{T}}\bar{\boldsymbol{K}}_{\mathrm{rr}}^{A}\boldsymbol{q}_{\mathrm{r}}^{A}+(\boldsymbol{q}_{\mathrm{r}}^{B})^{\mathrm{T}}\bar{\boldsymbol{K}}_{\mathrm{rr}}^{B}\boldsymbol{q}_{\mathrm{r}}^{B})\\&-((\boldsymbol{g}_{\mathrm{r}}^{A})^{\mathrm{T}}\boldsymbol{q}_{\mathrm{r}}^{A}+(\boldsymbol{g}_{\mathrm{r}}^{B})^{\mathrm{T}}\boldsymbol{q}_{\mathrm{r}}^{B})-\boldsymbol{\lambda}_{\mathrm{r}}^{\mathrm{T}}(\boldsymbol{A}(\boldsymbol{q}_{\mathrm{r}}^{A}-\boldsymbol{q}_{\mathrm{r}}^{B})+h)\end{aligned} \tag{4.51}$$

其中，刚度矩阵 $\bar{\boldsymbol{K}}_{\mathrm{rr}}^{A}$ 和 $\bar{\boldsymbol{K}}_{\mathrm{rr}}^{B}$ 分别为

$$\bar{\boldsymbol{K}}_{\mathrm{rr}}^{A}=\boldsymbol{K}_{\mathrm{rr}}^{A}-\boldsymbol{K}_{\mathrm{rc}}^{A}(\boldsymbol{K}_{\mathrm{cc}}^{A})^{-1}\boldsymbol{K}_{\mathrm{cr}}^{A} \tag{4.52}$$

和

$$\bar{\boldsymbol{K}}_{\mathrm{rr}}^{B}=\boldsymbol{K}_{\mathrm{rr}}^{B}-\boldsymbol{K}_{\mathrm{rc}}^{B}(\boldsymbol{K}_{\mathrm{cc}}^{B})^{-1}\boldsymbol{K}_{\mathrm{cr}}^{B} \tag{4.53}$$

等效载荷 $\bar{\boldsymbol{g}}_{\mathrm{r}}^{A}$ 及 $\bar{\boldsymbol{g}}_{\mathrm{r}}^{B}$ 分别为

$$\bar{\boldsymbol{g}}_{\mathrm{r}}^{A}=\boldsymbol{g}_{\mathrm{r}}^{A}-\boldsymbol{K}_{\mathrm{rc}}^{A}(\boldsymbol{K}_{\mathrm{cc}}^{A})^{-1}\boldsymbol{g}_{\mathrm{c}}^{A} \tag{4.54}$$

和

$$\bar{\boldsymbol{g}}_{\mathrm{r}}^{B}=\boldsymbol{g}_{\mathrm{r}}^{B}-\boldsymbol{K}_{\mathrm{rc}}^{B}(\boldsymbol{K}_{\mathrm{cc}}^{B})^{-1}\boldsymbol{g}_{\mathrm{c}}^{B} \tag{4.55}$$

接触问题的特征量是接触区的相对位移，而不是绝对位移，为用接触位移 $\Delta=\boldsymbol{q}_{\mathrm{r}}^{A}-\boldsymbol{q}_{\mathrm{r}}^{B}$ 表示泛函 Φ^{*}，还必须进行第二次凝聚。令 $\boldsymbol{\Lambda}=\boldsymbol{q}_{\mathrm{r}}^{A}+\boldsymbol{q}_{\mathrm{r}}^{B}$，于是将 $\boldsymbol{q}_{\mathrm{r}}^{A}=\dfrac{(\boldsymbol{\Lambda}+\Delta)}{2}$ 和 $\boldsymbol{q}_{\mathrm{r}}^{B}=\dfrac{(\Lambda-\Delta)}{2}$ 代入(4.51)式，可进一步凝聚成用 Δ 表示的下列形式：

$$\Phi^{*}=\frac{1}{2}\Delta^{\mathrm{T}}\boldsymbol{K}\Delta-\boldsymbol{P}^{\mathrm{T}}\Delta-\boldsymbol{\lambda}_{\mathrm{r}}^{\mathrm{T}}(\boldsymbol{A}\Delta+h) \tag{4.56}$$

其中

$$\boldsymbol{K}=\boldsymbol{K}_{1}-\boldsymbol{K}_{2}\boldsymbol{K}_{1}^{-1}\boldsymbol{K}_{2} \tag{4.57}$$

和

$$\boldsymbol{P}=\boldsymbol{P}_{\Delta}-\boldsymbol{K}_{2}\boldsymbol{K}_{1}^{-1}\boldsymbol{P}_{\boldsymbol{\Lambda}} \tag{4.58}$$

式中的 $\boldsymbol{K}_{1}$、$\boldsymbol{K}_{2}$、$\boldsymbol{P}_{\Delta}$、$\boldsymbol{P}_{\boldsymbol{\Lambda}}$ 分别定义为

$$\boldsymbol{K}_{1}=\frac{1}{4}(\bar{\boldsymbol{K}}_{\mathrm{rr}}^{A}+\bar{\boldsymbol{K}}_{\mathrm{rr}}^{B}) \tag{4.59}$$

$$\boldsymbol{K}_2 = \frac{1}{4}(\overline{\boldsymbol{K}}_{rr}^A - \overline{\boldsymbol{K}}_{rr}^B) \tag{4.60}$$

$$\boldsymbol{P}_{\Lambda} = \frac{1}{2}(\overline{\boldsymbol{g}}_r^A + \overline{\boldsymbol{g}}_r^B) \tag{4.61}$$

$$\boldsymbol{P}_{\Delta} = \frac{1}{2}(\overline{\boldsymbol{g}}_r^A - \overline{\boldsymbol{g}}_r^B) \tag{4.62}$$

式(4.57)与(4.58)中,已考虑 $\boldsymbol{K}_1$ 和 $\boldsymbol{K}_2$ 的对称性。

现在问题变成(4.56)式的极大极小问题,注意到 $\boldsymbol{\lambda}_r$ 为引入的非负拉氏乘子,因而,原问题可表述为下列的标准二次规划问题

$$\begin{aligned} &\min \quad \left(\frac{1}{2}\Delta^T \boldsymbol{K}\Delta - \boldsymbol{P}^T\Delta\right) \\ &\text{s.t.} \quad \boldsymbol{A}\Delta + h \geqslant \boldsymbol{0} \end{aligned} \tag{4.63}$$

其中,Δ 为待求的设计变量。

实际上,对(4.56)式关于 Δ 取变分,可得

$$\boldsymbol{K}\Delta - \boldsymbol{P} - \boldsymbol{A}^T\boldsymbol{\lambda}_r = \boldsymbol{0} \tag{4.64}$$

考虑到 $\boldsymbol{K}$ 的正定性,进而得到

$$\Delta = \boldsymbol{K}^{-1}(\boldsymbol{A}^T\boldsymbol{\lambda}_r + \boldsymbol{P}) \tag{4.65}$$

引入松弛变量

$$\boldsymbol{w} = \boldsymbol{A}\Delta + h \tag{4.66}$$

将(4.65)式代入,得

$$\begin{cases} \boldsymbol{w} = \tilde{a}\boldsymbol{\lambda}_r + \boldsymbol{q} \\ \boldsymbol{w}^T\boldsymbol{\lambda}_r = \boldsymbol{0} \\ w_i \geqslant \boldsymbol{0}, \boldsymbol{\lambda}_{ri} \geqslant \boldsymbol{0} \end{cases} \tag{4.67}$$

其中

$$\tilde{a} = \boldsymbol{A}\boldsymbol{K}^{-1}\boldsymbol{A}^T \tag{4.68}$$

$$\boldsymbol{q} = h + \boldsymbol{A}\boldsymbol{K}^{-1}\boldsymbol{P} \tag{4.69}$$

(4.67)式描述的是一个典型的线性互补问题(Linear Complementarity Problem),可以采用成熟的方法,如莱姆基(Lemke)法和格拉夫(Graves)主旋转法(参考附录 A),进行求解。

以上讨论针对的是两弹性体间的接触,很容易退化成弹性体与刚体间的接触。不妨设 B 物体是刚性的,于是 $\boldsymbol{q}_r^B = \boldsymbol{0}$,因而 Φ^* 不需进行第二次凝聚可直接写成(4.63)的形式,只是此时

$$\boldsymbol{K} = \overline{\boldsymbol{K}}_{rr}^A \tag{4.70}$$

$$\boldsymbol{P} = \overline{\boldsymbol{g}}_r^A \tag{4.71}$$

$$\Delta = \boldsymbol{q}_r^A \tag{4.72}$$

或者，注意到 B 为刚体时，$\bar{\boldsymbol{K}}_{\mathrm{rr}}^{B}\rightarrow\infty$，将 $\boldsymbol{K}_{1}^{-1}$ 进行泰勒展开，经过运算，不难从(4.57)与(4.58)两式退化得到(4.70)与(4.71)两式。

4.3.3 有刚体自由度的弹性接触问题

4.3.2 节从最小势能原理出发，系统介绍了处理接触问题的数学规划方法，为了突出标准方程的形成过程及二次规划方法的特点，讨论仅针对弹性无摩擦接触问题。另外，接触的两物体之一在将要接触的方向上往往存在刚体自由度，在接触问题中不能回避。刚体位移在接触问题中是待求量，它不像接触位移(相对位移)受到另一物体的限制，是一个自由变量，对其确定有助于认识和研究接触系统中的单个物体。本节讨论如何通过求解线性互补问题，同时求得刚体位移和接触状态。

考虑物体Ⅰ、Ⅱ接触，其中物体Ⅰ存在刚体位移 $\boldsymbol{q}$，但整个系统有足够的约束。基于弹性小变形假设，此时，离散后的总势能为

$$J=\frac{1}{2}\begin{Bmatrix}u_1^{\mathrm{e}}\\u_2\end{Bmatrix}^{\mathrm{T}}\begin{bmatrix}K_1 & 0\\0 & K_2\end{bmatrix}\begin{Bmatrix}u_1^{\mathrm{e}}\\u_2\end{Bmatrix}-\begin{Bmatrix}u_1^{\mathrm{e}}\\u_2\end{Bmatrix}^{\mathrm{T}}\begin{Bmatrix}F_1\\F_2\end{Bmatrix}+\boldsymbol{q}^{\mathrm{T}}\boldsymbol{B} \tag{4.73}$$

式中，$\boldsymbol{u}_1^{\mathrm{e}}$ 为去除刚体位移后物体Ⅰ的位移，$\boldsymbol{u}_2$ 为物体Ⅱ的位移；$\boldsymbol{q}^{\mathrm{T}}\boldsymbol{B}$ 为外力 $\boldsymbol{F}_1$ 在刚体位移 $\boldsymbol{q}$ 上做负功增加的势能，$\boldsymbol{B}$ 实际上是力 $\boldsymbol{F}_1$ 在广义位移 $\boldsymbol{q}$ 负方向上的分量；$\boldsymbol{K}_1$ 为处理刚体自由度后物体Ⅰ的刚度矩阵，也就是固定已选作刚体自由度的点而对刚度阵的处理。认为(4.73)已静凝聚到可能接触区 Γ_{c}^{A} 或 Γ_{c}^{B} 上(参考图 4.2)。

这样，最小势能原理可描述成下列数学问题：

$$\begin{cases}\text{find} \quad \boldsymbol{u}_1^{\mathrm{e}},\boldsymbol{u}_2,\boldsymbol{q} & \\ \min \quad J(\boldsymbol{u}_1^{\mathrm{e}},\boldsymbol{u}_2,\boldsymbol{q}) & (4.74\mathrm{a})\\ \text{s.t.} \quad \boldsymbol{A}^{\mathrm{T}}R=\boldsymbol{B},\ \text{and} & (4.74\mathrm{b})\\ \qquad \varepsilon=u_{1\mathrm{n}}^{\mathrm{e}}-u_{2\mathrm{n}}+\boldsymbol{g}_{\mathrm{n}}+\boldsymbol{A}_{\mathrm{n}}\boldsymbol{q}\geqslant\boldsymbol{0} & (4.74\mathrm{c})\end{cases}$$

其中，(4.74b)式为附加平衡方程，R 为待求的接触区结点接触力，该式中不显含设计变量；(4.74c)式为接触的单边约束条件，是结点意义上的，不像(4.47)式那样是积分意义上的弱形式，$u_{1\mathrm{n}}$ 和 $u_{2\mathrm{n}}$ 分别代表 u_1 和 u_2 在接触区公法线 $\boldsymbol{n}_{\mathrm{C}}$ 方向上的分量(参考图 4.2)，g_{n} 为初始法向间隙，$\boldsymbol{A}_{\mathrm{n}}\boldsymbol{q}$ 为刚体位移在公法线方向的分量；$\boldsymbol{A}$ 及 $\boldsymbol{A}_{\mathrm{n}}$ 为仿射矩阵，由刚体位移的种类及接触表面的形状决定。

对(4.74)式引入拉氏乘子 $\boldsymbol{\lambda}$，解除约束(4.74c)，得到广义拉格朗日函数

$$\begin{aligned}L(\boldsymbol{u}_1^{\mathrm{e}},\boldsymbol{u}_2,\boldsymbol{q},\boldsymbol{\lambda})=&\frac{1}{2}\begin{Bmatrix}u_1^{\mathrm{e}}\\u_2\end{Bmatrix}^{\mathrm{T}}\begin{bmatrix}K_1 & 0\\0 & K_2\end{bmatrix}\begin{Bmatrix}u_1^{\mathrm{e}}\\u_2\end{Bmatrix}-\begin{Bmatrix}u_1^{\mathrm{e}}\\u_2\end{Bmatrix}^{\mathrm{T}}\begin{Bmatrix}F_1\\F_2\end{Bmatrix}+\boldsymbol{q}^{\mathrm{T}}\boldsymbol{B}\\&-\begin{Bmatrix}u_1^{\mathrm{e}}\\u_2\end{Bmatrix}^{\mathrm{T}}\begin{Bmatrix}1\\-1\end{Bmatrix}\boldsymbol{\lambda}-\boldsymbol{\lambda}^{\mathrm{T}}\{\boldsymbol{g}_{\mathrm{n}}+\boldsymbol{A}_{\mathrm{n}}\boldsymbol{q}\}\end{aligned} \tag{4.75}$$

根据广义库-塔克最优条件，得

$$\frac{\partial L}{\partial q}=\boldsymbol{B}-\boldsymbol{A}_{\mathrm{n}}^{\mathrm{T}}\lambda=0 \tag{4.76}$$

$$\frac{\partial L}{\partial u_1^{\mathrm{e}}}=\boldsymbol{K}_1 u_1^{\mathrm{e}}-\boldsymbol{F}_1-\boldsymbol{R}_{\mathrm{n}}^{\mathrm{T}}\lambda=0 \tag{4.77}$$

$$\frac{\partial L}{\partial u_2}=\boldsymbol{K}_2 u_2-\boldsymbol{F}_2+\boldsymbol{R}_{\mathrm{n}}^{\mathrm{T}}\lambda=0 \tag{4.78}$$

$$\lambda\geqslant 0 \tag{4.79}$$

$$\frac{\partial L}{\partial \lambda}=-(\boldsymbol{R}_{\mathrm{n}}(u_1^{\mathrm{e}}-u_2)+\boldsymbol{g}_{\mathrm{n}}+\boldsymbol{A}_{\mathrm{n}}q)\leqslant 0 \tag{4.80}$$

上述各式引入了变换 $u_{1\mathrm{n}}^{\mathrm{e}}=\boldsymbol{R}_{\mathrm{n}}u_1^{\mathrm{e}}$ 和 $u_{2\mathrm{n}}=\boldsymbol{R}_{\mathrm{n}}u_2$，于是，$\boldsymbol{A}_{\mathrm{n}}=\boldsymbol{R}_{\mathrm{n}}\boldsymbol{A}$。由(4.76)和(4.74b)式可得 $\boldsymbol{A}_{\mathrm{n}}^{\mathrm{T}}\boldsymbol{\lambda}=\boldsymbol{A}^{\mathrm{T}}\boldsymbol{R}$，即 $\boldsymbol{\lambda}=\boldsymbol{R}_{\mathrm{n}}\boldsymbol{R}$，这就识别了拉氏乘子 $\boldsymbol{\lambda}$，它表示法向接触结点力，与上节 $\boldsymbol{\lambda}$ 表示的接触应力不同。

由(4.77)式得

$$u_1^{\mathrm{e}}=\boldsymbol{K}_1^{-1}\boldsymbol{F}_1+\boldsymbol{K}_1^{-1}\boldsymbol{R}_{\mathrm{n}}^{\mathrm{T}}\boldsymbol{\lambda} \tag{4.81}$$

由(4.78)式得

$$u_2=\boldsymbol{K}_2^{-1}\boldsymbol{F}_2-\boldsymbol{K}_2^{-1}\boldsymbol{R}_{\mathrm{n}}^{\mathrm{T}}\boldsymbol{\lambda} \tag{4.82}$$

将(4.81)与(4.82)代入(4.74c)中，得

$$\begin{aligned}\boldsymbol{\varepsilon}&=u_{1\mathrm{n}}^{\mathrm{e}}-u_{2\mathrm{n}}+\boldsymbol{g}_{\mathrm{n}}+\boldsymbol{A}_{\mathrm{n}}\boldsymbol{q}\\&=\boldsymbol{R}_{\mathrm{n}}(u_1^{\mathrm{e}}-u_2)+\boldsymbol{g}_{\mathrm{n}}+\boldsymbol{A}_{\mathrm{n}}\boldsymbol{q}\\&=\boldsymbol{R}_{\mathrm{n}}(\boldsymbol{K}_1^{-1}\boldsymbol{F}_1-\boldsymbol{K}_2^{-1}\boldsymbol{F}_2)+\boldsymbol{g}_{\mathrm{n}}+\boldsymbol{R}_{\mathrm{n}}(\boldsymbol{K}_1^{-1}-\boldsymbol{K}_2^{-1})\boldsymbol{R}_{\mathrm{n}}^{\mathrm{T}}\boldsymbol{\lambda}+\boldsymbol{A}_{\mathrm{n}}\boldsymbol{q}\end{aligned} \tag{4.83}$$

令 $\boldsymbol{C}=\boldsymbol{R}_{\mathrm{n}}(\boldsymbol{K}_1^{-1}F_1-\boldsymbol{K}_2^{-1}F_2)+\boldsymbol{g}_{\mathrm{n}}$，$\boldsymbol{F}=\boldsymbol{R}_{\mathrm{n}}(\boldsymbol{K}_1^{-1}-\boldsymbol{K}_2^{-1})\boldsymbol{R}_{\mathrm{n}}^{\mathrm{T}}$，最后得到

$$\boldsymbol{\varepsilon}=\boldsymbol{C}+\boldsymbol{F\lambda}+\boldsymbol{A}_{\mathrm{n}}\boldsymbol{q}\geqslant\boldsymbol{0}$$

这样，(4.74)式表示的问题可转化为

$$\begin{cases}\boldsymbol{C}+\boldsymbol{F\lambda}+\boldsymbol{A}_{\mathrm{n}}\boldsymbol{q}-\boldsymbol{\varepsilon}=0 & (4.84\mathrm{a})\\ \boldsymbol{A}_{\mathrm{n}}^{\mathrm{T}}\boldsymbol{\lambda}=\boldsymbol{B} & (4.84\mathrm{b})\\ \boldsymbol{\varepsilon}\geqslant\boldsymbol{0},\boldsymbol{\lambda}\geqslant\boldsymbol{0},\boldsymbol{\varepsilon}^{\mathrm{T}}\boldsymbol{\lambda}=\boldsymbol{0} & (4.84\mathrm{c})\end{cases}$$

由于自由变量 $\boldsymbol{q}$ 和等式(4.84b)的存在，这不是一个标准的线性互补问题。考虑到 $\boldsymbol{F}$ 的可逆性，由(4.84a)式可得

$$\boldsymbol{\lambda}=-\boldsymbol{F}^{-1}\boldsymbol{A}_{\mathrm{n}}\boldsymbol{q}-\boldsymbol{F}^{-1}\boldsymbol{C}+\boldsymbol{F}^{-1}\boldsymbol{\varepsilon} \tag{4.85}$$

将上式代入(4.84b)式，经整理，得

$$\boldsymbol{A}_{\mathrm{n}}^{\mathrm{T}}\boldsymbol{F}^{-1}\boldsymbol{A}_{\mathrm{n}}\boldsymbol{q}=\boldsymbol{A}_{\mathrm{n}}^{\mathrm{T}}\boldsymbol{F}^{-1}\boldsymbol{\varepsilon}-(\boldsymbol{A}_{\mathrm{n}}^{\mathrm{T}}\boldsymbol{F}^{-1}\boldsymbol{C}+\boldsymbol{B}) \tag{4.86}$$

记 $\boldsymbol{M}=\boldsymbol{A}_{\mathrm{n}}^{\mathrm{T}}\boldsymbol{F}^{-1}\boldsymbol{A}_{\mathrm{n}}$，很明显，$\boldsymbol{M}$ 可逆，于是得到

$$q=\boldsymbol{M}^{-1}\boldsymbol{A}_{\mathrm{n}}^{\mathrm{T}}\boldsymbol{F}^{-1}\varepsilon-\boldsymbol{M}^{-1}(\boldsymbol{A}_{\mathrm{n}}^{\mathrm{T}}\boldsymbol{F}^{-1}\boldsymbol{C}+\boldsymbol{B}) \tag{4.87}$$

将上式代回(4.85)式，变成

$$\boldsymbol{\lambda}=(\boldsymbol{F}^{-1}-\boldsymbol{F}^{-1}\boldsymbol{A}_{\mathrm{n}}\boldsymbol{M}^{-1}\boldsymbol{A}_{\mathrm{n}}^{\mathrm{T}}\boldsymbol{F}^{-1})\boldsymbol{\varepsilon}+((\boldsymbol{F}^{-1}\boldsymbol{A}_{\mathrm{n}}\boldsymbol{M}^{-1}\boldsymbol{A}_{\mathrm{n}}^{\mathrm{T}}\boldsymbol{F}^{-1}-\boldsymbol{F}^{-1})\boldsymbol{C}+\boldsymbol{F}^{-1}\boldsymbol{A}_{\mathrm{n}}\boldsymbol{M}^{-1}\boldsymbol{B}) \tag{4.88}$$

令 $\boldsymbol{M}_{12}=\boldsymbol{M}^{-1}\boldsymbol{A}_{\mathrm{n}}^{\mathrm{T}}\boldsymbol{F}^{-1}$，$\boldsymbol{M}_{22}=\boldsymbol{F}^{-1}-\boldsymbol{F}^{-1}\boldsymbol{A}_{\mathrm{n}}\boldsymbol{M}^{-1}\boldsymbol{A}_{\mathrm{n}}^{\mathrm{T}}\boldsymbol{F}^{-1}$，$\boldsymbol{b}_1=-\boldsymbol{M}^{-1}(\boldsymbol{A}_{\mathrm{n}}^{\mathrm{T}}\boldsymbol{F}^{-1}\boldsymbol{C}+\boldsymbol{B})$，$\boldsymbol{b}_2=-\boldsymbol{M}_{22}\boldsymbol{C}+\boldsymbol{F}^{-1}\boldsymbol{A}_{\mathrm{n}}\boldsymbol{M}^{-1}\boldsymbol{B}$，整理(4.87)与(4.88)两式，并注意到(4.84c)式，问题可化成下列形式：

$$\begin{cases}\boldsymbol{q}=\boldsymbol{M}_{12}\boldsymbol{\varepsilon}+\boldsymbol{b}_1 & (4.89\text{a})\\ \boldsymbol{\lambda}=\boldsymbol{M}_{22}\boldsymbol{\varepsilon}+\boldsymbol{b}_2 & (4.89\text{b})\\ \boldsymbol{\varepsilon}\geqslant\boldsymbol{0},\boldsymbol{\lambda}\geqslant\boldsymbol{0},\boldsymbol{\varepsilon}^{\mathrm{T}}\boldsymbol{\lambda}=0 & (4.89\text{c})\end{cases}$$

问题(4.89)可以通过先求解后两式表示的线性互补问题，再代回(4.89a)式求出刚体位移 $\boldsymbol{q}$。至此，问题已得到完满解答。但是，为了在同一层次上求出 $\boldsymbol{\lambda}$、$\boldsymbol{\varepsilon}$ 及 $\boldsymbol{q}$，再做如下讨论。

$\boldsymbol{q}$ 的力学意义是刚体位移，是自由变量，没有非负约束。若假定 $\boldsymbol{q}=\boldsymbol{\omega}-\boldsymbol{z}$，并使得 $\boldsymbol{\omega}$ 和 $\boldsymbol{z}$ 非负且互补，那么，对任一 $\boldsymbol{q}$ 值，只有唯一的一对 $\boldsymbol{\omega}$ 与 $\boldsymbol{z}$。这样，(4.89)式变成

$$\begin{cases}\boldsymbol{\omega}=\boldsymbol{z}+M_{12}\boldsymbol{\varepsilon}+b_1 & (4.90\text{a})\\ \boldsymbol{\lambda}=M_{22}\boldsymbol{\varepsilon}+b_2 & (4.90\text{b})\\ \boldsymbol{\omega}\geqslant\boldsymbol{0},z\geqslant\boldsymbol{0},\boldsymbol{\varepsilon}\geqslant\boldsymbol{0},\boldsymbol{\lambda}\geqslant\boldsymbol{0} & (4.90\text{c})\\ \boldsymbol{\omega}^{\mathrm{T}}\boldsymbol{z}=0,\boldsymbol{\varepsilon}^{\mathrm{T}}\boldsymbol{\lambda}=0 & (4.90\text{d})\end{cases}$$

考虑到 M_{22} 的正定性，整个系数矩阵也正定，得到下列标准线性互补问题

$$\begin{cases}\tilde{\boldsymbol{\omega}}=\widetilde{\boldsymbol{M}}\tilde{\boldsymbol{z}}+\tilde{\boldsymbol{b}}\\ \tilde{\boldsymbol{\omega}}\geqslant\boldsymbol{0},\tilde{\boldsymbol{z}}\geqslant\boldsymbol{0}\\ \tilde{\boldsymbol{\omega}}^{\mathrm{T}}\tilde{\boldsymbol{z}}=\boldsymbol{0}\end{cases} \tag{4.91}$$

其中

$$\tilde{\boldsymbol{\omega}}=\begin{Bmatrix}\omega\\ \lambda\end{Bmatrix},\quad \tilde{\boldsymbol{z}}=\begin{Bmatrix}z\\ \varepsilon\end{Bmatrix},\quad \widetilde{\boldsymbol{M}}=\begin{bmatrix}I & M_{12}\\ 0 & M_{22}\end{bmatrix},\quad \tilde{\boldsymbol{b}}=\begin{Bmatrix}b_1\\ b_2\end{Bmatrix} \tag{4.92}$$

(4.91)式与(4.67)式的区别是：后者中的 $\boldsymbol{a}$ 对称，前者中的 $\widetilde{\boldsymbol{M}}$ 不对称，但二者均满足利用 Lemke 法和 Graves 主旋转法(参考附录 A)求解的条件。

4.3.4 摩擦接触问题的数学规划法

接触问题分析中还需要考虑由于相对滑动或趋势产生的摩擦力。摩擦力是非保守力，它的相关因素很多，与其他物理或几何量的关系也错综复杂。本节将从次微分概念出发，建立广义摩擦定律，针对弹性小变形接触，导出一新型线性互补问题，并给出具体的求解步骤。

1. 接触问题中的摩擦定律

摩擦是一种复杂的物理现象，很多学者曾致力于这方面研究工作，产生了库仑摩擦定律等理论和模型。与采用数学规划方法处理摩擦接触问题相对应，本节介绍 Klarbring 等提出的广义摩擦定律。为此，首先介绍几个数学概念，作为预备知识。

定义 4.1　凸集。

设 $C\subset\mathbf{R}^n$，如果对于 $\forall x,y\in C$ 及 $0\leqslant\theta\leqslant 1$，有 $(1-\theta)x+\theta y\in C$，则称 C 是凸集。凸集的特点是，若包含两个不同点，则必定包含这两点之间的线段。

定义 4.2　凸函数。

设 $f(x)$ 是从 $\mathbf{R}^n$ 到 $[-\infty,+\infty]$ 的实值函数，则 $f(x)$ 是凸函数的充分必要条件是 $\forall x,y\in\mathbf{R}^n$ 及 $0<\theta<1$，有

$$f((1-\theta)x+\theta y)\leqslant(1-\theta)f(x)+\theta f(y) \tag{4.93}$$

凸函数的原始定义中用到了上方图概念，不便用来进行判断。以上充分必要条件是凸函数定义的等价条件。

定义 4.3　次微分(Sub-differentiation)。

设 $f(x)$ 是 $\mathbf{R}^n$ 上的凸函数。如果对 $\forall z$，若向量 $\boldsymbol{x}^*$ 满足

$$f(z)\geqslant f(x)+\langle\boldsymbol{x}^*,z-x\rangle \tag{4.94}$$

则称 $\boldsymbol{x}^*$ 是 $f(x)$ 的次梯度。$f(x)$ 在 x 处的次梯度 $\boldsymbol{x}^*$ 的全体称为 $f(x)$ 在 x 处的次微分，用 $\partial f(x)$ 表示。如果 $\partial f(x)\neq\varnothing$，则称 $f(x)$ 在 x 处是次可微的。其中 $\langle x,y\rangle$ 代表 x 与 y 的内积。

次微分是对微分概念的推广，例如大家熟知的函数 $f(x)=|x|$ 在 $x=0$ 处是不可微的，因而不处处可微，但是，根据次微分的定义，它却是处处次可微的，并且

$$\begin{cases}\partial f(x)=B, & x=0\\ \partial f(x)=x/|x|, & x\neq 0\end{cases} \tag{4.95}$$

其中，B 表示单位球。

定义 4.4　仿射变换(Affine Transformation)。

设 $M\subset\mathbf{R}^n$，如果对于 $\forall x,y\in M$ 及 $\theta\in\mathbf{R}$，均有 $(1-\theta)x+\theta y\in M$，则称 M 是 $\mathbf{R}^n$ 中的仿射集。显然，通过仿射集 M 中任意两点的直线仍然包含在 M 中。

如果由 $\mathbf{R}^n$ 中的仿射集 M 到 $\mathbf{R}^m$ 中的映射 T 保持仿射组合，即

$$T\left(\sum_{i=1}^{p}\theta_i x_i\right)=\sum_{i=1}^{p}\theta_i T(x_i) \tag{4.96}$$

其中，$\sum\limits_{i=1}^{p}\theta_i=1$，$\theta_i\in\mathbf{R}$，$i=1,\cdots,p$，则称 T 是仿射变换。如果 $m=1$，则 T 亦称为仿射函数。

可以证明，仿射变换将线段变为线段，平行线变为平行线，两平行线段长度之比在仿射变换后保持不变。并且，仿射变换是形如 $Tx=Ax+a$ 的映射 T，其中 A 是从 $\mathbf{R}^n$ 到 $\mathbf{R}^m$ 的线性变换，$a\in\mathbf{R}^m$。

定义 4.5 法线锥(Normal Cone)。

设 C 是 $\mathbf{R}^n$ 中的凸集，$\boldsymbol{x}^*\in\mathbf{R}^n$，如 $\boldsymbol{x}^*$ 不与 C 中任何以 a 为端点的线段成锐角，即 $\forall x\in C, a\in C$，有 $\langle x-a,\boldsymbol{x}^*\rangle\leqslant 0$，则称 $\boldsymbol{x}^*$ 是凸集 C 在点 a 的法线，在点 a 的法线矢量的全体所组成的集合称为 C 在点 a 的法线锥。

定义 4.6 指示函数(Indicator Function)。

设 C 是 $\mathbf{R}^n$ 中的凸集，定义在凸集 C 上的指示函数为

$$\delta(x|C)=\begin{cases}0, & x\in C\\ +\infty, & x\notin C\end{cases}\tag{4.97}$$

可以证明，因 C 是凸集，$\delta(x|C)$ 必是 $\mathbf{R}^n$ 中的凸函数。

若 C 是 $\mathbf{R}^n$ 中的非空凸集，则 $\delta(x|C)$ 是 C 在 x 的法线锥。事实上，设 $f(x)=\delta(x|C)$，由次微分定义，$\boldsymbol{x}^*\in\partial f(x)$ 等价于

$$\delta(z|C)\geqslant\delta(x|C)+\langle z-x,\boldsymbol{x}^*\rangle,\quad \forall z\tag{4.98}$$

上式表示，当 $x\in C$ 时，$\forall z\in C$，因 $\delta(z|C)=\delta(x|C)=0$，有 $\langle z-x,\boldsymbol{x}^*\rangle\leqslant 0$。参考定义 4.5，这正好是 C 在 x 处法线锥的定义。

有了以上预备知识，现在建立广义摩擦定律。

引入两个函数 $\varphi_1=P_{\mathrm{T}}+\mu P_{\mathrm{N}}$ 与 $\varphi_2=-P_{\mathrm{T}}+\mu P_{\mathrm{N}}$，$P_{\mathrm{T}}$ 与 P_{N} 分别是接触切向力与法向力，μ 为摩擦系数。经典的摩擦定律只要求 $\varphi_1\geqslant 0$ 和 $\varphi_2\geqslant 0$，以此来限制 P_{T} 与 P_{N}，进而求出切向滑动位移 w_{T} 与法向位移 w_{N}。但是，w_{T} 是否符合摩擦定律对于相对趋势方向的要求，即是否能满足

$$\operatorname{sgn}(w_{\mathrm{T}})=-\operatorname{sgn}(P_{\mathrm{T}})\tag{4.99}$$

经典摩擦定律是无法保证的，这就需要进行迭代修正，才能最终确定实际的接触状态是开式、粘合，还是滑动。

用 φ_1 和 φ_2 构造下列闭集(可以证明，也是凸集)

$$C(P_{\mathrm{T}})=\{P_{\mathrm{T}}\in\mathbf{R}\,|\,\varphi_\alpha(P_{\mathrm{T}},P_{\mathrm{N}})\geqslant 0,\alpha=1,2\}\tag{4.100}$$

并定义超势 $J(P_{\mathrm{T}};P_{\mathrm{N}})$ 为闭集 C 的指示函数，即

$$J(P_{\mathrm{T}};P_{\mathrm{N}})=\delta(P_{\mathrm{T}}|C)=\begin{cases}0, & P_{\mathrm{T}}\in C\\ +\infty, & P_{\mathrm{T}}\notin C\end{cases}\tag{4.101}$$

由定义 4.6，J 是凸函数。

Klarbring 等指出，切向滑动速率属于超势 J 对 P_{T} 的次微分，即

$$\dot{w}_{\mathrm{T}}\in\partial J(P_{\mathrm{T}};P_{\mathrm{N}})\tag{4.102}$$

考虑到 J 是指示函数及定义 4.4 中的结论，$\dot{w}_{\mathrm{T}}$ 也就属于闭集 $C(P_{\mathrm{N}})$ 的法线

锥。经简单推导,可得

$$
\begin{cases}
\dot{w}_{\mathrm{T}}=\dot{\lambda}_1\dfrac{\partial\varphi_1}{\partial P_{\mathrm{T}}}+\dot{\lambda}_2\dfrac{\partial\varphi_2}{\partial P_{\mathrm{T}}} & (4.103\mathrm{a})\\
\dot{\lambda}_1\geqslant 0,\dot{\lambda}_2\geqslant 0,\varphi_1\geqslant 0,\varphi_2\geqslant 0 & (4.103\mathrm{b})\\
\dot{\lambda}_1\varphi_1=0,\dot{\lambda}_2\varphi_2=0 & (4.103\mathrm{c})
\end{cases}
$$

若将(4.103a)式对时间积分,最后可得下列形式的摩擦定律

$$
\begin{cases}
w_{\mathrm{T}}=\lambda_1\dfrac{\partial\varphi_1}{\partial P_{\mathrm{T}}}+\lambda_2\dfrac{\partial\varphi_2}{\partial P_{\mathrm{T}}}+g_{\mathrm{T}} & (4.104\mathrm{a})\\
\dot{\lambda}_1\geqslant 0,\dot{\lambda}_2\geqslant 0,\varphi_1\geqslant 0,\varphi_2\geqslant 0 & (4.104\mathrm{b})\\
\dot{\lambda}_1\varphi_1=0,\dot{\lambda}_2\varphi_2=0 & (4.104\mathrm{c})
\end{cases}
$$

其中,g_{T} 为切向间隙,由初始条件确定。

以上讨论的是二维情形,三维情形可同法得到。

2. 摩擦接触问题的数学规划法

设 A、B 两物体在外力作用下发生接触,凝聚形式的有限元方程可表示为

$$
\begin{bmatrix} K_A & 0 \\ 0 & K_B \end{bmatrix}\begin{Bmatrix} u_A \\ u_B \end{Bmatrix}=\begin{Bmatrix} F_A^P \\ F_B^P \end{Bmatrix}+\begin{Bmatrix} F_A^C \\ F_B^C \end{Bmatrix} \tag{4.105}
$$

式中,$\boldsymbol{K}_A$ 与 $\boldsymbol{K}_B$ 分别为物体 A 与 B 的刚度矩阵,u_A 与 u_B 分别为物体 A 与 B 接触区结点上的位移,F_A^P 与 F_B^P 为外力等效载荷。F_A^C 与 F_B^C 为两物体彼此间的接触力。

假定物体 A 与 B 在接触区的结点一一匹配,那么

$$
\begin{Bmatrix} F_A^C \\ F_B^C \end{Bmatrix}=\begin{Bmatrix} I \\ -I \end{Bmatrix}F_A^C \tag{4.106}
$$

若记相对位移 $w=u_A-u_B$,则

$$
w=u_A-u_B=[I\quad -I]\begin{Bmatrix} u_A \\ u_B \end{Bmatrix} \tag{4.107}
$$

其中,上述公式中的 I 为单位阵,F_A^C 为物体 A 所受的等效接触结点力,并记 $P=F_A^C$。根据(4.107)式,可得

$$
\begin{Bmatrix} u_A \\ u_B \end{Bmatrix}=\begin{bmatrix} I & I \\ 0 & I \end{bmatrix}\begin{Bmatrix} w \\ u_B \end{Bmatrix} \tag{4.108}
$$

将(4.106)和(4.108)两式代入(4.105)式,整理后,得

$$
\begin{bmatrix} K_A & K_A \\ K_A & K_A+K_B \end{bmatrix}\begin{Bmatrix} w \\ u_B \end{Bmatrix}=\begin{Bmatrix} F_A^P \\ F_A^P+F_B^P \end{Bmatrix}+\begin{Bmatrix} P \\ 0 \end{Bmatrix} \tag{4.109}
$$

记 $\boldsymbol{E}=\boldsymbol{K}_A+\boldsymbol{K}_B$,由于 $\boldsymbol{K}_A$ 和 $\boldsymbol{K}_B$ 均正定,$\boldsymbol{E}$ 也正定,于是,从上式可得

$$\kappa w = R + P \tag{4.110}$$

其中，$\kappa=\boldsymbol{K}_A-\boldsymbol{K}_A\boldsymbol{E}^{-1}\boldsymbol{K}_A$，$R=F_A^P-\boldsymbol{K}_A\boldsymbol{E}^{-1}(F_A^P+F_B^P)$。

下面考虑接触条件：

法线方向满足单边接触条件

$$w_{\mathrm{N}}^i + g_{\mathrm{N}}^i \geqslant 0, \boldsymbol{P}_{\mathrm{N}}^i \geqslant 0, (\boldsymbol{P}_{\mathrm{N}}^i)^{\mathrm{T}}(w_{\mathrm{N}}^i + g_{\mathrm{N}}^i) = 0 \tag{4.111}$$

其中，w_{N}^i、$\boldsymbol{P}_{\mathrm{N}}^i$ 和 g_{N}^i 分别代表第 i 对接触结点的相对法向位移、接触结点力和初始法向间隙，上标 T 表示转置。

引入记号

$$\begin{aligned} \boldsymbol{w}_{\mathrm{N}} &= \{w_{\mathrm{N}}^1 \quad \cdots \quad w_{\mathrm{N}}^i \quad \cdots\}^{\mathrm{T}} \\ \boldsymbol{g}_{\mathrm{N}} &= \{g_{\mathrm{N}}^1 \quad \cdots \quad g_{\mathrm{N}}^i \quad \cdots\}^{\mathrm{T}} \\ \boldsymbol{P}_{\mathrm{N}} &= \{P_{\mathrm{N}}^1 \quad \cdots \quad P_{\mathrm{N}}^i \quad \cdots\}^{\mathrm{T}} \end{aligned} \tag{4.112}$$

对于整个接触区，(4.111)式可简写成

$$\boldsymbol{w}_{\mathrm{N}} + \boldsymbol{g}_{\mathrm{N}} \geqslant 0, \boldsymbol{P}_{\mathrm{N}} \geqslant 0, \boldsymbol{P}_{\mathrm{N}}^{\mathrm{T}}(\boldsymbol{w}_{\mathrm{N}} + \boldsymbol{g}_{\mathrm{N}}) = 0 \tag{4.113}$$

切线方向满足摩擦定律(4.104)式。考虑到 φ_1 和 φ_2 的表达式，并采用与(4.112)式相似的记号，(4.104)式可表示为如下更紧凑的形式：

$$\begin{cases} w_{\mathrm{T}} = G_{\mathrm{T}}\lambda + g_{\mathrm{T}} \\ \boldsymbol{\varphi} = G_{\mathrm{TN}}P_{\mathrm{TN}} \\ \boldsymbol{\varphi} \geqslant \boldsymbol{0}, \dot{\lambda} \geqslant 0, \boldsymbol{\varphi}^{\mathrm{T}}\dot{\lambda} = 0 \end{cases} \tag{4.114}$$

其中各记号的含义可经仔细推导而得，这里不再给出。

法向的接触条件(4.113)式和切向的摩擦定律(4.114)式，都是在局部坐标系中给出。控制方程(4.110)式在整体坐标系中描述，经坐标变换，并考虑到接触问题接触变量的特点，在一系列冗长的推导后，最终得出下列标准形式：

$$\begin{cases} \boldsymbol{\Phi} = q + pR(\tau) + M\boldsymbol{\Lambda} \\ \varepsilon_{\mathrm{N}} \geqslant 0, \boldsymbol{P}_{\mathrm{N}} \geqslant \boldsymbol{0}, \dot{\lambda} \geqslant 0, \boldsymbol{\varphi} \geqslant \boldsymbol{0} \\ \boldsymbol{P}_{\mathrm{N}}^{\mathrm{T}}\varepsilon_{\mathrm{N}} = \boldsymbol{0}, \boldsymbol{\varphi}^{\mathrm{T}}\dot{\lambda} = \boldsymbol{0} \end{cases} \tag{4.115}$$

其中

$$\boldsymbol{\Phi} = \begin{Bmatrix} \varphi \\ P_{\mathrm{N}} \end{Bmatrix}, \boldsymbol{\Lambda} = \begin{Bmatrix} \lambda \\ w_{\mathrm{N}} \end{Bmatrix} \tag{4.116}$$

(4.115)式表示的线性互补问题含有参数 τ，并且非负及互补性条件中涉及对参数 τ 的微分(即 $\dot{\lambda}$)，因而是一个含参数的混合型线性互补问题。这类问题不能直接使用附录 A 介绍的方法，可采用根据 Kaneko 方法推广的算法，详见附录 B。

思考题

1. 举出生活与工程实际中常见的接触现象，并分析它们的接触类型。

2. 举出生活与工程实际中利用和避免摩擦的例子，并加以详细分析。

3. 根据(4.5)和(4.6)两式，推导(4.7)和(4.8)两式。

4. 证明：若 B 物体为刚体，则(4.56)式的凝聚刚度矩阵 $\boldsymbol{K}$ 退化为 A 物体的刚度矩阵 $\bar{\boldsymbol{K}}_{rr}^{A}$。

5. 举出实际接触问题中可能存在刚体位移的实例，并说明对其中刚体位移进行专门处理的必要性。

6. 分析 Klarbring 广义摩擦定律与 Coulomb 摩擦定律的联系与区别。

参考文献

彼莱奇科，廖荣锦，默然伯安，2002. 连续体和结构的非线性有限元[M]. 庄茁，译. 北京：清华大学出版社.

程耿东，1983. 工程结构优化设计基础[M]. 北京：水利电力出版社.

何君毅，林祥都，1994. 工程结构非线性问题的数值解法[M]. 北京：国防工业出版社.

李录贤，1994. 非线性粘弹性应力应变和接触问题分析 [D]. 西安：西安交通大学.

李润方，龚剑霞，1991. 接触问题的数值方法及其在机械设计中的应用[M]. 重庆：重庆大学出版社.

王勖成，邵敏，1997. 有限单元法基本原理和数值方法[M]. 北京：清华大学出版社.

钟万勰，张洪武，吴承伟，1997. 参变量变分原理及其在工程中的应用[M]. 北京：科学出版社.

KANEKO I，1978. A parametric linear complementarity problem involving derivatives[J]. Mathematical Programming，15：146 - 154.

KLARBRING A，1986a. A mathematical programming approach to three－dimensonal contact problems with friction[J]. Computer Methods in Applied Mechanics and Eingeering，58：175 - 200.

KLARBRING A，1986b. General contact boundary conditions and the analysis of frictional systems[J]. International Journal of Solids and Structures, 22(12)：1377 - 1398.

KLARBRING A, BJORKMAN G，1988. A mathematical programming approach to contact problems with friction and varying contact surface[J]. Computers & Structures, 30(5): 1185 - 1198.

延伸材料

一、接触问题及其特征*

弹性力学中将研究两接触物体受压力后产生局部应力和变形的问题统称为接触问题，轴承、凸轮机构、齿轮、硬度计、轧钢机的轧辊、桥梁支座和刚性压头等在使用中都有接触问题。接触问题曾是应用数学力学家面临的一大难题。在过去一百多年的研究中，产生了一系列有效的数学方法。

材料在接触区的变形受到各个方面的限制，因而处于三向应力状态。接触应力具有明显的局部性质，而且总是随着离开接触区距离的增大而迅速衰减，一般在接触表面中心的压应力最大。

德国学者 H. R. Hertz 于 1881 年用数学及弹性力学方法导出了接触问题的一个公式。他随后所作的实验表明，理论计算值与实测值相差不到 1%。在推导公式中他作了如下假设：①接触区应力不超过弹性极限；②接触面尺寸和物体接触点的曲率半径相比甚小，可将接触点附近物体近似地看作是二次抛物面；③沿接触面分布的压力垂直于接触面。

如果不考虑出现在接触体之间的摩擦力，接触问题就可大为简化。在计算机械零件所遇到的接触问题中，有很多场合可略去摩擦力。在互相接触的零件之间加一层油膜，摩擦力就可明显下降；如果一个零件对另一零件运动的速度不太大，则可忽略流体的动力效应。

解决接触问题依据三个方面的基本关系。①变形方面，原为点接触的物体，受力后接触表面为椭圆形或圆形；原为线接触的物体，受力后接触表面为矩形。此外，两接触物体的变形符合变形连续条件。②物理方面，材料处于弹性阶段，且接触表面上的压应力和接触物体的应变呈线性关系。③静力平衡方面，接触表面压应力合力应等于外载荷。根据这些基本关系可推导出各种接触问题的公式。

接触应力同载荷呈非线性关系是接触问题的重要特征之一。计算表明，最大接触压应力同载荷的立方根（或平方根）成正比，这是因为随着载荷的增加，接触面积也增大，其结果使接触面上的最大压应力的增长比载荷的增长慢。接触问题的另一特征是应力与材料的弹性模量和泊松比有关，这是因为接触面积的大小由接

* 来源于百度百科，略有改动。

触物体的弹性变形决定。

影响接触应力的因素很多，主要有：①由于接触点附近较大应力使得材料进入塑性状态而引起的残余应力；②两接触面相对滑动时摩擦引起的热应力；③影响热应力及切向载荷，以及产生动压油膜而影响接触应力的润滑效应；④接触面的几何形状偏差等。

在静载荷或缓慢移动载荷作用下，材料的接触强度（即抵抗接触载荷的能力）取决于表层材料的塑性变形。载荷缓慢移动要比完全静止更为有利，这是因为载荷完全静止不动时，会在较软的物体上压出凹坑，而缓慢移动只使较软的物体表面产生均匀的塑性变形，因而一般不改变物体的宏观几何形状。

目前解决弹性体接触问题的主要方法是有限元法，运用有限元方法，可计算各种形状、材料和载荷下的接触问题，并且所得结果精度较高。系统的理论研究接触问题，需用复变函数和积分变换等数学工具。

二、数学规划及整数规划*

数学规划（Mathematical Programming）是应用数学学科的一个重要分支，该术语最早出现于 20 世纪 40 年代末，由美国哈佛大学的 Robert Dorfman 首先使用，其初始含义具有相当的包容性。数学规划学科的内容十分丰富，包括许多研究分支，如：线性规划、非线性规划、多目标规划、动态规划、参数规划、组合优化和整数规划、随机规划、模糊规划、非光滑优化、多层规划、全局优化、变分不等式和互补问题等。数学规划广泛应用于各领域，特别是金融领域。

整数规划（Integer Programming）是一类要求问题中的全部或部分变量为整数的数学规划。

一般认为非线性的整数规划可分成非线性部分和整数部分，因此常常把整数规划作为线性规划的特殊部分。在线性规划问题中，有些最优解可能是分数或小数，但对于某些具体问题，常要求解答必须是整数。例如，所求解是机器的台数，工作的人数或装货的车数等。为了满足整数的要求，初看起来似乎只要把已得的非整数解舍入化整就可以了。实际上化整后的数未必是可行解和最优解，所以应该有特殊的方法来求解整数规划。在整数规划中，如果所有变量都限制为整数，则称为纯整数规划；如果仅部分变量限制为整数，则称为混合整数规划。整数规划的一种特殊情形是 0－1 规划，它的变量仅限于 0 或 1。

从广泛的意义上说，整数规划与组合最优化两者是一致的，都是在有限个可供选择的方案中，寻找满足一定标准的最好方案。许多典型问题可反映整数规划的

* 来源于搜狗百科，略有改动。

广泛背景。例如，背袋（或装载）问题、固定费用问题、和睦探险队问题（组合学的对集问题）、有效探险队问题（组合学的覆盖问题）、送货问题等。因此，整数规划的应用范围也极其广泛，它不仅在工业和工程设计及科学研究方面有许多应用，而且在计算机设计、系统可靠性、编码和经济分析等方面也得到应用。

整数规划是 1958 年由戈莫里（R. E. Gomory）提出割平面法之后独立形成的一个分支，目前已发展了很多方法来解决各种问题。求解整数规划最典型的做法是逐步生成多个相关问题，称为原问题的衍生问题。每个衍生问题又伴随一个比它更易求解的松弛问题（衍生问题又称为松弛问题的源问题）。通过松弛问题的解来确定它的源问题的归宿，即源问题应被舍弃、还是再生成一个或多个替代本身的衍生问题。再选择一个尚未被舍弃的或替代的原问题的衍生问题，重复以上步骤直至不再剩有未解决的衍生问题为止。目前比较成功又流行的方法是分支定界法和割平面法，都是在上述框架下形成的方法。但对特殊问题还有一些特殊方法，例如求解指派问题用匈牙利方法就比较方便。

0－1 规划在整数规划中占有重要地位，一方面由于许多实际问题（例如指派问题、选地问题、送货问题）都可归结为此类规划，另一方面任何有界变量的整数规划都与 0－1 规划等价，多种非线性规划问题也可通过 0－1 规划方法表示成整数规划问题，所以不少学者仍致力于该方向的研究。

第5章　新型有限元方法简介

5.1　引言

有限元方法的理论基础是变分原理，单元和结点是有限元方法的两个最基本要素。有限元方法的核心是以所求场变量在结点上的值做为待定参数（自由度），在单元上进行插值逼近，并因此具有诸多卓越的性能，如良好的系统方程性态（即对称性、稀疏性和带状性）、稳定的收敛性、适用于任意复杂的区域和边界条件以及非线性问题等。相对于其他数值方法而言，有限元方法在理论和实施步骤上都已日臻完善，并诞生了许许多多有限元商用软件，为许多领域大型复杂结构分析提供了重要手段，因此，有限元方法的每一点发展，都具有深远的意义。

有限元法在单元内部一般采用整体坐标（例如二维的三角形单元或三维的四面体单元）或局部坐标（例如二维的四边形单元或三维的六面体单元）的多项式插值，插值精度通过进一步细化网格（h 型），或在单元的边、内部增加结点（p 型），或二者的结合来得到进一步提高。另外，多项式函数在描述不连续特性上不足，要求有限元方法的网格必须能够描述区域的几何特征、材料变化等，只有足够细的网格才能给出所期望的精度。因而，有限元方法在应用中还有一些实际困难，如含有成百上千个微小夹杂、空洞和/或裂纹的复杂内部结构问题，又如含有凹角等不光滑边界的区域问题。如何利用有限元法高效高精度地解决诸如此类问题，不仅仅是一个削减网格剖分工作量问题，实质上需要思维方式的变革。近年来有限元方法的重大发展，其出发点都是克服常规有限元在这方面的缺陷。本章介绍近年来发展起来的新型有限元方法，主要是扩展有限元方法和广义有限元方法，其他如数值流形方法等，另文再详细讨论。

5.2　扩展有限元方法（XFEM）*

固体力学中存在两类典型的不连续问题，一类是因材料特性突变引起的弱不连续问题，这类问题以双材料问题和夹杂问题为代表，其复杂性由物理界面处的应

* 本节内容曾在《力学进展》(2005,35(1):5－20)上发表，略有改动。

变不连续性引起;另一类是因物体内部几何突变引起的强不连续问题,这类问题以裂纹问题为代表,其复杂性由几何界面处的位移不连续性和端部的奇异性引起。物体内部物理界面的脱粘或起裂,是上述两类问题的混合,也属于这里所讨论的范围。另外,在复杂流体、复杂传热、物质微结构演化等复杂问题中,也存在许多不连续力学问题。

数值方法,如有限元、边界元、无单元法等,一直是处理不连续问题的主要途径。有限元法具有其他数值方法无可比拟的优点,即适用于任意几何形状和边界条件、材料和几何非线性问题、各向异性问题,易于编程实现等,因而成为数值分析裂纹等不连续问题的主要手段。这方面的研究很多,无法一一列举,这里只介绍与我们所讨论主题直接相关的一些成果。

常规有限元法(CFEM)采用连续函数作为形状(插值)函数,要求在单元内部形状函数连续且材料性能不能跳跃,在处理像裂纹这样的强不连续(位移不连续)问题时,必须将裂纹面设置为单元的边、裂尖设置为单元的结点、在裂尖附近的高应力区需要令人难以接受的高网格密度,同时在模拟裂纹生长时还需要对网格进行重新剖分,处理问题效率极低,有时甚至无能为力。在处理多裂纹问题时,其求解规模之大、网格剖分之难是不可想象的,使问题变得更加复杂。处理夹杂问题时,要求单元的边必须位于夹杂与基体的界面处,即使对于网格自动化程度很高的二维问题已不容易,更何况拓扑结构更复杂的三维问题。

1999 年,美国西北大学 Belytschko 教授研究组,以解决不连续问题为着眼点,在有限元框架基础上,提出扩展有限元思想,对常规有限元法在求解裂纹问题时所遇到的困难进行了有效解决。2000 年,他们正式使用扩展有限元法(XFEM)这一术语。XFEM 是求解不连续力学问题的一种数值方法,它在标准有限元框架内研究问题,保留了 CFEM 的所有优点,但并不需要对结构内部存在的几何或物理界面进行网格剖分。XFEM 与 CFEM 的最根本区别在于所使用的网格与结构内部的几何或物理界面无关,从而克服了在诸如裂纹尖端等高应力和变形集中区进行高密度网格剖分所带来的困难,当模拟裂纹扩展时也无需对网格进行重新剖分。例如在处理裂纹问题时,XFEM 包括以下三方面内容:第一,不考虑结构的任何内部细节(例如材料特性的变化和/或内部几何的跳跃),按照结构的几何外形尺寸生成有限元网格;第二,采用其他方法(如水平集法)确定裂纹的实际位置,跟踪裂纹的生长;第三,借助于对所研究问题解的已有知识(不必知道封闭形式解),改进影响区内单元的形状函数,以反映裂纹的存在和生长。由于改进的形状函数在单元内部具有“单位分解”特性,扩展有限单元的刚度矩阵具有与常规有限单元相同的优点,即对称、稀疏且带状。

可见,单位分解概念保证了 XFEM 的收敛,基于此,XFEM 的逼近空间中增加了与问题相关的特定函数；水平集法是 XFEM 中确定内部界面位置和跟踪其生长的常用数值技术，任何内部界面可用它的零水平集函数表示。本章拟在 5.2.1 节和 5.2.2 节对单位分解法和水平集法分别进行简要介绍；在 5.2.3 节和 5.2.4 节重点介绍 XFEM 的基本思想、实施步骤和若干应用实例，5.2.5 节对 XFEM 的未来发展进行了展望。关于单位分解法，在 7.4 节介绍无网格法时还会提到。

5.2.1　单位分解法(PUM)

1996 年 Melenk 和 Babuska 及 Duarte 和 Oden 先后提出了单位分解法(PUM)，其基本思想是任意函数 $\psi(x)$ 都可以用域内一组局部函数 $N_I(x)\psi(x)$ 表示，即

$$\psi(x) = \sum_I (N_I(x)\psi(x)) \tag{5.1}$$

其中，$N_I(x)$ 为有限单元形状函数，它形成一个单位分解

$$\sum_I N_I(x) = 1 \tag{5.2}$$

基于此，可以对有限元形状函数根据需要进行改进。

1997 年，Babuska 和 Melenk 证明了 PUM 的收敛性并将之应用于求解高波数亥姆霍兹(Helmholtz)方程。PUM 容许在相容的试函数空间中增加用户定义的局部特性，因而对 CFEM 无法求得或求解代价太大的问题，可体现出 PUM 的独特优势，譬如对不确定系数方程(如在模拟复合材料、细观结构材料及刚化等问题时)和高波数 Helmholtz 方程等的求解。PUM 从变分方程出发，改进问题所涉及的试函数(形状函数)空间，其特征为：①PUM 容许在试函数空间中包含对微分方程的先验知识；②利用 PUM 能很容易地构造出任何期望的试函数空间，因而可以获得适用于高阶微分方程变分形式的试函数空间，如不同的板壳模型等。

对于试函数空间，其性能的判断标准是能否很好地局部逼近精确解。在 CFEM 中，局部逼近是通过(映射)多项式实现的，其精度依赖于多项式的局部逼近特性，对于不确定系数方程或高度振荡解问题，多项式的逼近特性很差。Babuska 等研究表明，恰当的非多项式试函数能够获得更佳的收敛性，而依赖于多项式逼近的 CFEM 性能较差。对像 Helmholtz 方程这类高度振荡函数的逼近也有类似结论，Melenk 研究表明，用平面波逼近具有相同振荡行为的解更有效。另一个使用非多项式逼近空间的重要例子是无界域问题，如拉普拉斯(Laplace)方程和 Helmholtz 方程，在无限远处对精确解展开，建立基于这些展开的试函数空间，PUM 为此提供了理论框架。

下面简要介绍 PUM 的基本原理，详细可参阅有关文献。给定重叠分片 $\{\Omega_i\}$，它构成区域 D 的覆盖。令 $\{\varphi_i\}$ 为定义在覆盖上的单位分解。在每一片上，用函数空间 V_i 反映局部逼近，那么，总体试函数空间 V 由 $V=\sum_i \varphi_i V_i$ 给出。空间 V_i 上的

局部逼近既可通过分片变小(h型)实现,也可通过 V_i 的良好特性(p型)实现。这样,总体空间 V 既继承了局部空间 V_i 的逼近特性,也继承了单位分解(以及空间 V_i)的光滑性,总体空间 V 可通过恰当选取单位分解使本身协调,并通过使用足够光滑的单位分解很容易地构造出更光滑的试函数空间,这一点对板壳模型尤为重要。

在 PUM 实施过程中需要注意三方面问题:

- PUM 中形状函数的积分;
- 寻求 PUM 空间的基,控制 PUM 所产生的刚度矩阵的条件数;
- 强制边界条件的施加。

5.2.2 水平集法(LSM)

水平集法(LSM)是一种跟踪界面移动的数值技术,它将界面的变化表示成比界面高一维的水平集曲线。例如,$\mathbf{R}^2$ 中移动界面 $\Gamma(t)\subset\mathbf{R}^2$ 可表示成

$$\Gamma(t) = \{\boldsymbol{x} \in \mathbf{R}^2 : \phi(\boldsymbol{x},t) = 0\} \tag{5.3}$$

其中,函数 $\phi(\boldsymbol{x},t)$ 称为水平集函数。

1. LSM 对裂纹的描述

水平集函数常取下列符号距离函数,即

$$\varphi(\boldsymbol{x},t) = \pm \min_{\boldsymbol{x}_\Gamma \in \Gamma(t)} \| \boldsymbol{x} - \boldsymbol{x}_\Gamma \| \tag{5.4}$$

如果 $\boldsymbol{x}$ 位于 $\Gamma(t)$ 所定义的裂纹上方(见图 5.1),那么(5.4)式前面的符号取正,否则取负。

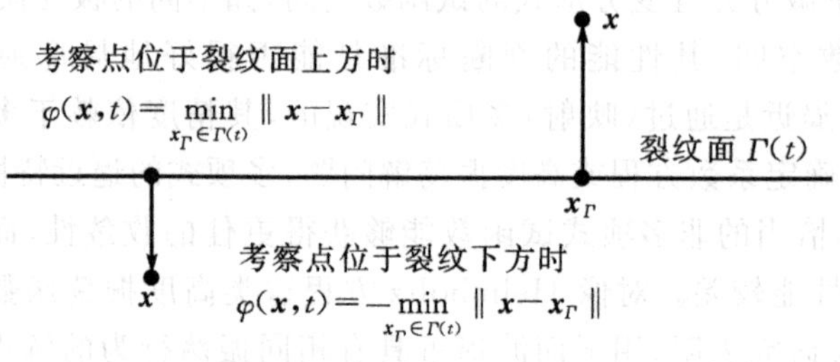

图 5.1 裂纹面及考察点处的水平集函数

裂纹扩展可由 φ 的演化方程得到

$$\varphi_t + F \| \nabla\varphi \| = 0 \tag{5.5a}$$

$$\varphi(\boldsymbol{x},0) \text{ 给定} \tag{5.5b}$$

其中,$F(\boldsymbol{x},t)$ 是界面上点 $x\in\Gamma(t)$ 在界面外法线方向的速度。该法的优点是可以在固定的 Euler 网格上进行计算,能很自然地处理界面拓扑变化,易用来求解高维

问题。

2. LSM 对空洞和夹杂的描述

当界面静止时，仅利用水平集理论就可表示界面。对于圆形空洞（见图 5.2）

$$\varphi(\boldsymbol{x},0)=\min_{i=1,2,\cdots,n_{\mathrm{c}}}\{\|\boldsymbol{x}-\boldsymbol{x}_{\mathrm{c}}^{i}\|-r_{\mathrm{c}}^{i}\} \tag{5.6}$$

其中，n_{c} 为圆形空洞数目；$\boldsymbol{x}_{\mathrm{c}}^{i}$ 和 r_{c}^{i} 分别为第 i 个空洞的中心和半径；Ω_{c}^{i} 为第 i 个空洞所占区域。

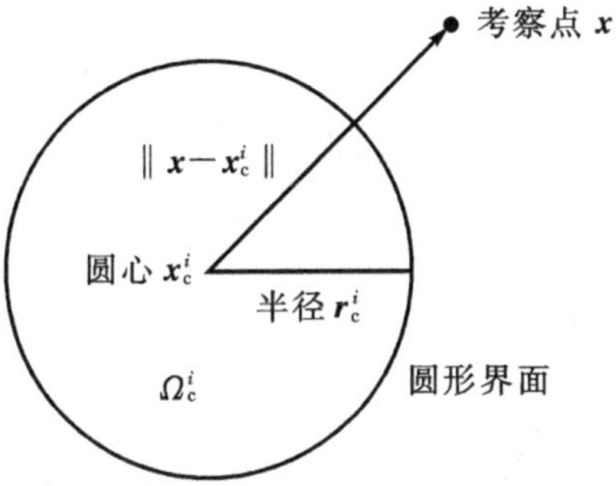

图 5.2　第 i 个圆形界面与考察点处的水平集函数

对于椭圆形空洞（见图 5.3），若半长轴和半短轴分别为 a 和 b，两个焦点坐标分别为 $\boldsymbol{e}_1=(e_{1x},e_{1y})$ 和 $\boldsymbol{e}_2=(e_{2x},e_{2y})$，则椭圆空洞的水平集函数为

$$\varphi(\boldsymbol{x},0)=\min_{i=1,2,\cdots,n_{\mathrm{e}}}\{(\|\boldsymbol{x}-\boldsymbol{e}_1^{i}\|+\|\boldsymbol{x}-\boldsymbol{e}_2^{i}\|)/2-a^{i}\} \tag{5.7}$$

其中，n_{e} 为椭圆形空洞数目；$\boldsymbol{e}_1^{i}$、$\boldsymbol{e}_2^{i}$ 和 a^{i} 分别为第 i 个椭圆的两个焦点坐标和半长轴；Ω_{e}^{i} 为第 i 个椭圆所占区域。

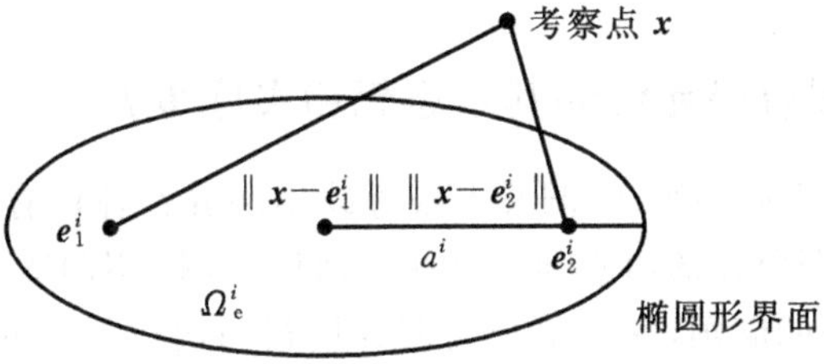

图 5.3　第 i 个椭圆形界面与考察点处的水平集函数

对于一般多边形空洞（见图 5.4），它的界面 $\Gamma_p=\bigcup_{i=1}^{p}I_i$ 不能用一个方程来描述，而由 p 段 $I_1=[x_1,x_2]$，$I_2=[x_2,x_3]$，…，$I_p=[x_p,x_1]$ 组成。多边形界面的水平集函数由下式给出

$$\varphi(\boldsymbol{x},0) = \| \boldsymbol{x} - \boldsymbol{x}_{\min} \| \operatorname{sgn}((\boldsymbol{x} - \boldsymbol{x}_{\min}) \cdot \boldsymbol{n}_{\min}) \tag{5.8a}$$

$$\operatorname{sgn}(\zeta) = \begin{cases} 1, & \text{当 } \zeta \geqslant 0 \\ -1, & \text{当 } \zeta < 0 \end{cases} \tag{5.8b}$$

$$\| \boldsymbol{x} - \boldsymbol{x}_{\min} \| = \min_{i=1,2,\cdots,p} \| \boldsymbol{x} - \boldsymbol{x}_i \| \tag{5.8c}$$

其中，$\boldsymbol{x}_{\min}$称为 $\boldsymbol{x}$ 在界面 Γ_p 上的正交投影，若 $\boldsymbol{x}$ 的投影不在 Γ_p 上，则 $\boldsymbol{x}_{\min}$取 Γ_p 上距 $\boldsymbol{x}$ 最近的顶点；$\boldsymbol{n}_{\min}$为 $\boldsymbol{x}_{\min}$处界面的外法向，如果 $\boldsymbol{x}_{\min}$处法向不能唯一定义，那么当$(\boldsymbol{x}-\boldsymbol{x}_{\min})$落在法线锥(见图 5.4)内时符号函数为正，否则为负。

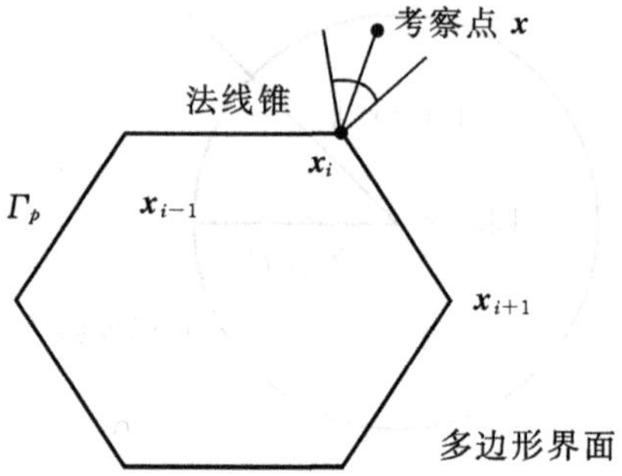

图 5.4 多边形界面与考察点处的水平集函数

对于由参数曲线形式给出的更一般界面，符号距离函数可通过快速推进法(FMM)计算得到，即求解下列方程

$$\| \nabla \varphi \| = \frac{1}{G(\boldsymbol{x})} \tag{5.9}$$

其中，$G: \mathbf{R}^2 \rightarrow \mathbf{R}$ 给定。如果在(5.9)式中取 $G(\boldsymbol{x})=1$，就可以得到界面的符号距离函数。

5.2.3 扩展有限元法的基本思想和实施步骤

在 CFEM 中，诸如裂纹、空洞及夹杂等缺陷和异性体的存在必须在网格生成过程中予以考虑，即单元的边必须与这些几何体协调。XFEM 就是解决这些不连续给网格剖分带来的麻烦，它不需要有限元网格与内边界之间保持协调。XFEM 将建模分成两个部分：一是在忽略内边界情况下对区域进行网格剖分；二是在单元形状函数中增加与内边界有关的附加函数，改进有限元逼近空间。

对于静态界面的几何描述可采用上节介绍的零水平集函数 $\varphi \equiv \varphi(\boldsymbol{x},0)=0$ 表示。借助于 $\varphi(\boldsymbol{x},t)$，先将物理界面描述成一个离散的函数表达式，再采用固定点集 $\boldsymbol{x}_I$(结点)上的几何自由度得到 φ，从而确定界面位置。每个有限元结点与一个水平集函数的几何自由度相关，因而，区域内任一点 $\boldsymbol{x}$ 处的 φ 可用有限元形状函数

插值计算，即

$$\varphi(\boldsymbol{x}) = \sum_{I} N_I(\boldsymbol{x})\varphi_I \tag{5.10}$$

其中，求和是对考察点 $\boldsymbol{x}$ 所在单元的所有结点进行；$N_I(\boldsymbol{x})$是前述提及的 CFEM 的形状函数；φ_I 为水平集函数的结点值，即结点几何自由度，可由上节讲到的水平集函数计算得到。根据(5.10)式，对于双线性四边形单元，可用分段双线性函数近似表示内边界；而在线性三角形单元内，则用线性函数近似表示。

下面分别以空洞、夹杂(弱不连续问题的代表)和裂纹(强不连续问题的代表)为例，介绍 XFEM 的基本原理和实施步骤，这两类问题在具体处理细节上有所不同。

1. 空洞和夹杂问题

考察区域 $\Omega \subset \mathbf{R}^2$，它被分割成有限个单元，共有 m 个结点，$K=(n_1, n_2, \cdots, n_m)$ 表示这些结点的集合，并设 $\Omega_g \subset \Omega$ 为空洞或夹杂所占区域。依照 PUM，XFEM 的位移逼近为下列形式：

$$\boldsymbol{u}^h(\boldsymbol{x}) = \sum_{\substack{I \\ n_I \in K}} N_I(\boldsymbol{x})\boldsymbol{u}_I + \sum_{\substack{J \\ n_J \in K^g}} N_J(\boldsymbol{x})\psi(\boldsymbol{x})\boldsymbol{a}_J \quad (\boldsymbol{u}_I, \boldsymbol{a}_J \in \mathbf{R}^2) \tag{5.11}$$

结点集 K^g 定义为(见图 5.5)

$$K^g = \{n_J : n_J \in K, \omega_J \cap \partial\Omega_g \neq \varnothing\} \tag{5.12}$$

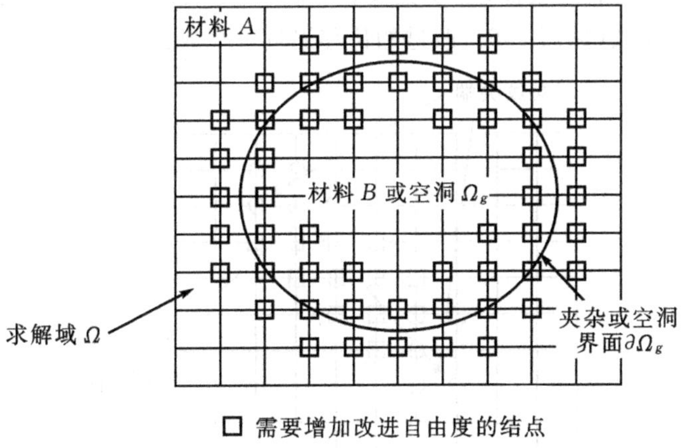

图 5.5　夹杂或空洞存在时需增加改进自由度的结点集 K^g

其中，$\omega_J = \mathrm{supp}(n_J)$为结点形状函数 $\phi_J(\boldsymbol{x})$的支集，即以 n_J 为顶点的所有单元的并集。$\boldsymbol{a}_J$ 为结点附加自由度，$\psi(\boldsymbol{x})$是与界面水平集函数有关的改进函数，对于空洞或夹杂问题，可以取

$$\psi(\varphi)=|\varphi| \tag{5.13}$$

$\boldsymbol{a}_J$ 单独不具有明确的物理含义，乘积 $\psi(\varphi)\boldsymbol{a}_J$ 一起对 $\boldsymbol{u}_J$ 产生影响，因而 $\psi(\varphi)$ 的选取有一定的自由。$\psi(\varphi)$ 在 $\varphi=0$（即界面）处法向导数不连续，存在弱不连续性。

2. 裂纹问题

借助于单位分解概念，XFEM 通过改进常规有限元的位移逼近，考虑了裂纹的存在，裂纹面和裂尖所在单元的结点将增加附加自由度，在这些单元上的积分则采用单元分解技术进行。下面结合裂纹问题，分别介绍改进结点的选取准则、改进函数的确定、数值积分所需的单元分解。

(1)改进结点的选取。

符合单位分解概念的向量函数 $\boldsymbol{u}$ 的逼近具有下列形式

$$\boldsymbol{u}^h(\boldsymbol{x})=\sum_{I=1}^{N}N_I(\boldsymbol{x})\Big(\sum_{\alpha=1}^{M}\psi_\alpha(\boldsymbol{x})\boldsymbol{a}_I^\alpha\Big) \tag{5.14}$$

其中，N_I 为有限元形状函数，ψ_α 为改进函数。根据(5.14)式，有限元空间($\psi_1\equiv1$；其他 $\psi_\alpha\equiv0$)将是改进空间的子空间。

设二维笛卡儿(Cartesian)坐标用 $\boldsymbol{x}\equiv(x,y)$表示，考虑包含一面力为零的内部裂纹的物体 $\Omega\subset\mathbf{R}^2$(对于面力不为零的黏着裂纹，该处的推导需稍作修改)。对于单个裂纹，令 Γ_c 为裂纹表面，Λ_c 为裂尖，整体裂纹可表示为 $\bar{\Gamma}_c=\Gamma_c\cup\Lambda_c$。

对于二维裂纹(见图 5.6)，改进的位移逼近可写成：

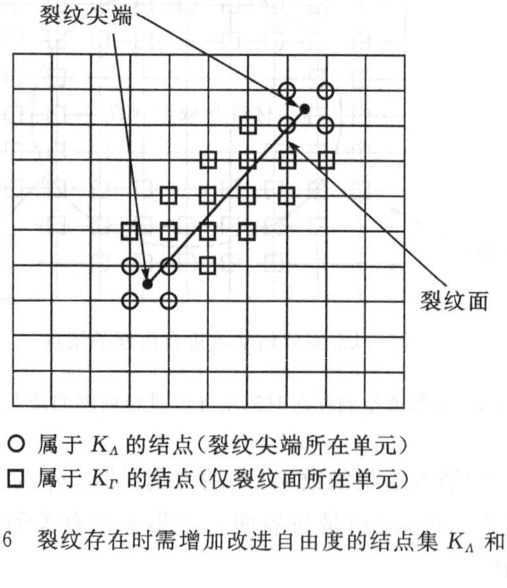

图 5.6 裂纹存在时需增加改进自由度的结点集 K_Λ 和 K_Γ

$$\boldsymbol{u}^h(\boldsymbol{x}) = \sum_{I\in K} N_I(\boldsymbol{x})\Big(\boldsymbol{u}_I + \underbrace{H(\boldsymbol{x})\boldsymbol{a}_I}_{I\in K_\Gamma} + \underbrace{\sum_{\alpha=1}^{4}\psi_\alpha(\boldsymbol{x})\boldsymbol{c}_I^\alpha}_{I\in K_\Lambda}\Big) \tag{5.15}$$

其中，$\boldsymbol{u}_I$ 是结点位移向量的连续部分（即与 CFEM 相同的部分），$\boldsymbol{a}_I$ 是与赫维赛德(Heaviside)函数（强不连续）相关的结点改进自由度，$\boldsymbol{c}_I^\alpha$ 是与弹性渐近裂尖函数有关的结点改进自由度。在上述方程中，K 是网格中所有结点的集合，K_Γ 是被裂纹面 Γ_c 切割的单元内结点的集合，K_Λ 是裂尖 Λ_c 所在单元内结点的集合，其数学表达式为

$$K_\Lambda = \{n_k : n_k \in K, \bar{\omega}_k \cap \Lambda_c \neq \varnothing\} \tag{5.16a}$$

$$K_\Gamma = \{n_J : n_J \in K, \bar{\omega}_J \cap \Gamma_c \neq \varnothing ; n_J \notin K_\Lambda\} \tag{5.16b}$$

且 $K_\Gamma \cap K_\Lambda = \varnothing$，也就是说，一个结点不能同时属于这两个集合，否则优先属于 K_Λ。对于 K_Γ 中的任意结点，形函数支集被裂纹完全分割成不相交的两块（否则就存在裂尖，而不属于 K_Γ），对于其中的某结点 n_I，如果两块中其中之一比另一块小很多，那么，所采用的 Heaviside 函数在整个支集上几乎是一个常数，这将导致刚度矩阵的病态，对于这一情形，将从 K_Λ 中去掉结点 n_I。

(2)改进函数。

对裂纹问题，涉及两个改进函数。

广义 Heaviside 函数 $H(\boldsymbol{x})$：对于裂纹表面（Γ_c 为改进域），采用广义 Heaviside 函数 $H(\boldsymbol{x})$并参考(5.15)式予以模拟。在裂纹的上方 $H(\boldsymbol{x})$取 1，在裂纹的下方 $H(\boldsymbol{x})$取 −1，即

$$H(\boldsymbol{x}) = \begin{cases} 1, & \text{当}(\boldsymbol{x} - \boldsymbol{x}^*)\cdot\boldsymbol{n} \geqslant 0 \\ -1, & \text{其他} \end{cases} \tag{5.17}$$

其中，$\boldsymbol{x}$ 是所考察的点，$\boldsymbol{x}^*$ 为离 $\boldsymbol{x}$ 最近的裂纹面上的点，$\boldsymbol{n}$ 是 $\boldsymbol{x}^*$ 处裂纹的单位外法向矢量。

裂尖函数 $\psi_\alpha(\boldsymbol{x})$：为了模拟裂纹尖端，提高裂尖场的计算精度，裂尖函数应包含二维渐近裂尖位移场的径向和环向性态，做法是引入裂尖函数，目的有二：

- 如果裂纹在某个单元内部中止，那么，利用 Heaviside 函数改进裂尖单元将不准确，因为这样做，裂尖就被模拟成好像延伸到了单元的边上。裂尖函数就是用来保证裂纹精确地中止在裂尖位置；
- 使用线弹性（或两种材料）渐近裂尖场作为改进函数是恰当的，一方面由于它具有正确的裂尖性态，另一方面它的使用可在相对粗糙的有限元网格获得较好的精度。

对各向同性弹性体，裂尖函数为

$$(\Phi_\alpha(\boldsymbol{x}), \alpha = 1-4) = \sqrt{r}\left(\sin\frac{\theta}{2}, \cos\frac{\theta}{2}, \sin\theta\sin\frac{\theta}{2}, \sin\theta\cos\frac{\theta}{2}\right) \tag{5.18}$$

其中,r 和 θ 为局部裂尖场坐标系统中的极坐标。(5.18)式的特点是右端第一个函数在横穿裂纹时不连续,这是非常重要的。

裂尖函数并不局限于各向同性介质中的裂纹。考察双材料介质含有一个垂直于界面的裂纹,裂纹中止在界面上,许多研究者已对该问题的近尖渐近场进行了研究,两种材料间的弹性不匹配可用 Dundurs 参数 β_1 和 β_2 来描述

$$\beta_1 = \frac{\mu_1(k_2+1)-\mu_2(k_1+1)}{\mu_1(k_2+1)+\mu_2(k_1+1)},\quad \beta_2 = \frac{\mu_1(k_2-1)-\mu_2(k_1-1)}{\mu_1(k_2-1)+\mu_2(k_1-1)} \tag{5.19a}$$

$$k_i = \begin{cases} \dfrac{3-\nu_i}{1+\nu_i} & (\text{平面应力}) \\ 3-4\nu_i & (\text{平面应变}) \end{cases} \tag{5.19b}$$

其中,μ_i 和 ν_i 分别为材料 $i(i=1,2)$的剪切模量和泊松比。

这种双材料平面应变裂纹尖端的渐近位移场为

$$u_i(r,\theta) = r^{1-\lambda}(a_i\sin\lambda\theta + b_i\cos\lambda\theta + c_i\sin(\lambda-2)\theta + d_i\cos(\lambda-2)\theta) \tag{5.20}$$

其中,$\lambda(0<\lambda<1)$是应力奇异性指数,它是 Dundurs 参数的函数,由下列超越方程的根给出

$$\cos(\lambda\pi) - 2\frac{\beta_1-\beta_2}{1-\beta_2}(1-\lambda)^2 + \frac{\beta_1-\beta_2^2}{1-\beta_2^2} = 0 \tag{5.21}$$

对于匹配情形($\beta_1=\beta_2=0$),即均匀线性弹性材料,应力强度退化至经典 $1/\sqrt{r}$应力奇异性($\lambda=1/2$)。当材料 2 比材料 1 坚硬时($\beta_1<0$),奇异性较弱($\lambda<1/2$);如果材料 2 比材料 1 柔软时($\beta_1>0$),奇异性较强($\lambda>1/2$)。

对双材料裂纹问题,裂尖改进函数为

$$(\psi_\alpha(x),\alpha = 1\sim 4) = r^{1-\lambda}(\sin\lambda\theta,\cos\lambda\theta,\sin(\lambda-2)\theta,\cos(\lambda-2)\theta) \tag{5.22a}$$

它可以展开成(5.20)式表示的渐近裂尖位移场,其中第一个和第三个函数在横穿裂纹($\theta=\pm\pi$)时不连续。

(5.22)式表示的空间可以用下述基代替

$$(\psi_\alpha(x),\alpha = 1\sim 4) = r^{1-\lambda}(\sin\lambda\theta,\cos\lambda\theta,\sin\theta\sin((1-\lambda)\theta),\sin\theta\cos((1-\lambda)\theta)) \tag{5.22b}$$

这样展开的空间,仅第一个函数在横穿裂纹($\theta=\pm\pi$)时不连续,第二、三、四个函数在整个域内都是连续的,且当 $\lambda=1/2$ 时(5.22b)式即退化成(5.18)式。

(3)单元分解与网格重构。

如果裂纹与单元相交,单元将被子划分成三角形(以二维为例),使子单元的边与裂纹几何重合,以提高单元的积分精度,这个过程称为单元分解。一个共有的错误概念认为"这个过程是不必要的;即使真正有必要,本质上也是进行了网格重构"。下面分析单元分解与网格重构的区别。

对边值问题，微分形式的控制方程乘以检验函数 $\delta\boldsymbol{u}\in H_0^1(\Omega)$ 积分后得到

$$\int_\Omega (\nabla\cdot\sigma)\cdot\delta\boldsymbol{u}\,\mathrm{d}\Omega+\int_\Omega \boldsymbol{b}\cdot\delta\boldsymbol{u}\,\mathrm{d}\Omega=0 \tag{5.23}$$

其中，$\boldsymbol{b}$ 是单位体积力，σ 是 Cauchy 应力，δ 是一阶变分算子，$H_0^1(\Omega)$ 是具有导数平方可积并在强制边界上为零的奈伯列夫(Sobolev)函数空间，Ω 为不包含裂纹的开集。上述方程经分部积分后变为

$$\int_\Omega \nabla\cdot(\sigma\cdot\delta\boldsymbol{u})\,\mathrm{d}\Omega-\int_\Omega \sigma:(\nabla\delta\boldsymbol{u})\,\mathrm{d}\Omega+\int_\Omega \boldsymbol{b}\cdot\delta\boldsymbol{u}\,\mathrm{d}\Omega=0 \tag{5.24}$$

在 Ω 内使用散度定理并考虑 σ 的对称性，我们有

$$\int_{\Gamma_t\cup\Gamma_u}\boldsymbol{t}\cdot\delta\boldsymbol{u}\,\mathrm{d}\Gamma+\int_{\Gamma_c^+\cup\Gamma_c^-}\boldsymbol{t}\cdot\delta\boldsymbol{u}\,\mathrm{d}\Gamma-\int_\Omega \boldsymbol{\sigma}:\delta\boldsymbol{\varepsilon}\,\mathrm{d}\Omega+\int_\Omega \boldsymbol{b}\cdot\delta\boldsymbol{u}\,\mathrm{d}\Omega=0 \tag{5.25}$$

其中，$\varepsilon=\frac{1}{2}(\nabla\boldsymbol{u}+\boldsymbol{u}\nabla)$ 表示位移梯度的对称部分，即小变形时的应变张量。由于在 Γ_t 上 $\boldsymbol{t}=\boldsymbol{\sigma}\cdot\boldsymbol{n}=\bar{\boldsymbol{t}}$(给定面力)，在 $\Gamma_c^\pm$ 上 $\boldsymbol{t}=0$(无面力裂纹面)，在强制边界 Γ_u 上检验函数为零，进一步得到连续问题的弱形式(虚功原理)为

$$\int_\Omega \sigma:\delta\varepsilon\,\mathrm{d}\Omega=\int_{\Gamma_t}\bar{\boldsymbol{t}}\cdot\delta\boldsymbol{u}\,\mathrm{d}\Gamma+\int_\Omega \boldsymbol{b}\cdot\delta\boldsymbol{u}\,\mathrm{d}\Omega,\ \forall\,\delta\boldsymbol{u}\in H_0^1(\Omega) \tag{5.26}$$

上述推导中，使用了散度定理，它不容许 $\boldsymbol{u}$ 在积分区域(单元上)出现不连续性和奇异性，因而裂纹表面必须是积分域的边界。换句话说，在有限元(离散)问题弱表达式中，区域 Ω 必须被分成不重叠的子域(单元 Ω_e)，且这些子域必须满足与连续问题相同的协调条件，才能保证边界问题的强形式(微分形式)与弱形式(积分形式)之间等价。

这样，我们可以得到结论，离散弱形式需要单元边与裂纹几何一致，如果这一必要条件没有满足，那么，强形式与弱形式间的等价性就会丧失。忽略这一事实，而对被裂纹分割的单元不进行分解，那么会带来数值上的误差、甚至错误。对于裂纹的模拟，XFEM 用不连续 Heaviside 函数 $H(\boldsymbol{u})$和近尖渐近场 $\psi_\alpha(\boldsymbol{u})$对 CFEM 进行了改进，(5.15)式提供了 XFEM 中位移逼近的一般形式，(5.17)和(5.18)式给出了各向同性介质的改进函数。从(5.26)式可知，在离散逼近的双线性形式中，被积函数中将包含基函数导数的乘积，而改进基函数的导数在横穿裂纹时不连续，因此，对这些单元若不进行子剖分，就会涉及到不连续函数的积分。众所周知，单纯型上多维数值积分要求奇异性和不连续性位于积分域的边上、奇异性点位于单纯型的顶点，如果单纯型内部出现不连续性，使用 Gauss 求积法则得到的积分很不精确。为了说明这一点，考察定义在 $\Omega=(-1/2,1)$上的不连续(阶跃)函数

$$f_1(x)=\begin{cases}-0.5, & -0.5\leqslant x\leqslant 0\\ 1, & 0<x\leqslant 1\end{cases} \tag{5.27a}$$

和分片连续函数

$$f_2(x)=\begin{cases}0, & -0.5\leqslant x\leqslant 0\\ x, & 0< x\leqslant 1\end{cases} \tag{5.27b}$$

定义积分 $I(f)$ 为

$$I(f):=\int_\Omega f(x)\mathrm{d}x \tag{5.28}$$

并考虑 Gauss 求积公式 $Q(f)$ 为

$$I(f)\cong Q(f):=\mathscr{P}\sum_{k=1}^{n_g} w_k f(\zeta_k) \tag{5.29}$$

其中，$x=x(\zeta)$是用 $\zeta\in(-1,1)$做参考坐标的线性映射，f 分别取 $f_1(x)$或 $f_2(x)$；此外，雅可比(Jacobian)值 $\mathscr{P}=\mathrm{d}x/\mathrm{d}\zeta=3/4$；$w_k$ 和 ζ_k 分别为 n_g 阶 Gauss 积分法则的权值及 Gauss 点的坐标。对于该阶跃函数，其积分精确值为 $I(f)=3/4$，对于分片的线性函数积分精确值为 $I(f)=1/2$。表 5.1 中给出了不同 n_g 值时 Gauss 求积得到的结果，很明显，对这些函数的积分，直接利用 Gauss 求积法则效率很低。但是，若将区域分成 $\Omega=\Omega_1\cup\Omega_2=(-1/2,0)\cup(0,1)$，然后分别使用(5.29)式，就会获得精确解。

表 5.1 不连续(阶跃)函数和分片连续函数的数值积分

$f(x)$	Gauss 点数	$Q(f)$	$I(f)$
$f_1(x)$	1	1.5000	0.75
	2	0.3750	
	5	0.6950	
	7	0.6101	
	10	0.7075	
$f_2(x)$	1	0.3750	0.5
	2	0.5123	
	5	0.5066	
	7	0.4996	
	10	0.5015	

基于上述讨论，裂纹几何必须与用于数值积分的单纯型的边重合。对于简单多边形这容易实现，但对任意多边形上的求积虽然有些最新进展，尚未发展成熟。凸形或非凸形子域的三角形分解是一件简单事情，然后在三角形上使用熟知的求积法则，实际上，这确是一条好途径：恰当选取积分点位置和权值，实现任意多边形

上的数值积分。因此，这纯粹是一个计算技巧问题，并未涉及新的理论，只分解那些被裂纹分割的单元，从而获得足够精确的数值积分。

与单元分解技术不同，网格重构的核心是增加逼近基函数数目、扩充离散空间，通过对奇异性附近网格的加密（因为在奇异性周围变形梯度很大），改善逼近能力。网格重构要求基函数的导数在单元上不能太大，然而，形状不好的单元（例如一内角接近 π 的三角形单元）对有限元方法的精度和收敛性会产生很大影响，因而，这一均匀性条件一般通过强制约束单元形状得以满足。因此，XFEM 中使用的单元分解与网格重构具有如下几点不同：

- 在 XFEM 中，单元分解的目的是进行数值积分，在离散空间中并不引入额外自由度；
- 由于基函数（常规有限元及改进基函数）与结点相关联，它们维系在整体单元层面而非分解的子三角形上，因而 XFEM 对分解所得的单元形状没有限制；
- 将被裂纹切割的单元再分成三角形（在二维中）或四面体（在三维中）的工作在计算几何中相对简单。

3. 扩展有限元方法离散方程的建立

下面以裂纹问题为例，推导 XFEM 的离散方程。

根据(5.26)式，对线性静力学问题，离散弱形式为：

$$\int_{\Omega^h} \boldsymbol{\sigma} : \delta\boldsymbol{\varepsilon}^h \mathrm{d}\Omega = \int_{\Omega^h} \boldsymbol{b} \cdot \delta\boldsymbol{u}^h \mathrm{d}\Omega + \int_{\partial\Omega_t^h} \bar{\boldsymbol{t}} \cdot \delta\boldsymbol{u}^h \mathrm{d}\Gamma \quad \forall\, \delta\boldsymbol{u}^h \in U_0^h \tag{5.30}$$

其中，$\boldsymbol{u}^h \in U^h$，$\delta\boldsymbol{u}^h \in U_0^h$ 分别为 XFEM 的试函数和检验函数。线弹性本构关系为 $\boldsymbol{\sigma} = \boldsymbol{D} : \boldsymbol{\varepsilon}$，其中 $\boldsymbol{D}$ 是各向同性线弹性材料的本构矩阵（平面应力或平面应变）。有限元区域为 $\Omega^h = \bigcup_{e=1}^{m} \Omega_e^h$，其中 Ω_e^h 为某个单元或单元的子划分，裂纹沿着这些单元或子划分的边。从弱形式出发，Belytschko 和 Black 证明不连续离散逼近在裂纹表面满足面力自由条件。

将 XFEM 的试函数和检验函数代入上述方程，并利用结点变分的任意性，可得离散线性方程组为

$$\boldsymbol{\Pi d} = \boldsymbol{f} \tag{5.31}$$

其中，$\boldsymbol{d}$ 是结点未知向量，$\boldsymbol{\Pi}$ 和 $\boldsymbol{f}$ 分别为总体刚度矩阵和外力向量。$\boldsymbol{\Pi}$ 和 $\boldsymbol{f}$ 先逐个单元计算，再按通常步骤进行组装。单元层次上的 $\boldsymbol{\Pi}$ 和 $\boldsymbol{f}$ 分别为

$$\boldsymbol{\Pi}_{ij}^{\mathrm{e}} = \begin{bmatrix} \Pi_{ij}^{uu} & \Pi_{ij}^{ua} & \Pi_{ij}^{uc} \\ \Pi_{ij}^{au} & \Pi_{ij}^{aa} & \Pi_{ij}^{ac} \\ \Pi_{ij}^{cu} & \Pi_{ij}^{ca} & \Pi_{ij}^{cc} \end{bmatrix} \tag{5.32a}$$

$$\boldsymbol{f}_i^{\mathrm{e}} = \{\{\boldsymbol{f}_i^u\}^{\mathrm{T}}\{\boldsymbol{f}_i^a\}^{\mathrm{T}}\{\boldsymbol{f}_i^c\}^{\mathrm{T}}\}^{\mathrm{T}} \tag{5.32b}$$

其中，(5.32)式中的子矩阵和子向量分别为

$$\boldsymbol{\Pi}_{ij}^{rs} = \int_{\Omega_e^h} (\boldsymbol{B}_i^r)^{\mathrm{T}} \boldsymbol{D} \boldsymbol{B}_j^s \mathrm{d}\Omega \quad (r,s = u,a,c) \tag{5.33a}$$

$$\boldsymbol{f}_i^u = \int_{\partial\Omega_t^h \cap \partial\Omega_e^h} N_i \bar{\boldsymbol{t}} \mathrm{d}\Gamma + \int_{\Omega_e^h} N_i \boldsymbol{b} \mathrm{d}\Omega \tag{5.33b}$$

$$\boldsymbol{f}_i^a = \int_{\partial\Omega_t^h \cap \partial\Omega_e^h} N_i H \bar{\boldsymbol{t}} \mathrm{d}\Gamma + \int_{\Omega_e^h} N_i H \boldsymbol{b} \mathrm{d}\Omega \tag{5.33c}$$

$$\boldsymbol{f}_i^{c^\alpha} = \int_{\partial\Omega_t^h \cap \partial\Omega_e^h} N_i \Phi_\alpha \bar{\boldsymbol{t}} \mathrm{d}\Gamma + \int_{\Omega_e^h} N_i \Phi_\alpha \boldsymbol{b} \mathrm{d}\Omega \quad (\alpha = 1 \sim 4) \tag{5.33d}$$

在上述公式中，N_i 是标准有限元形状函数，它定义在单元结点上($i=1,n_e$)，其中 n_e 是有限单元的结点数目。二维弹性问题中每个结点的自由度数目 $n_d=2$，集合 K_Γ 中的结点在每一个空间维上具有一个改进自由度，而集合 K_Λ 中的结点在每一个空间维上具有四个改进自由度。关于结点集 K_Γ 及 K_Λ，参考(5.16)式的定义。

在(5.33)式中 $\boldsymbol{B}_i^u$、$\boldsymbol{B}_i^a$ 和 $\boldsymbol{B}_i^c$ 分别为形状函数导数矩阵，它们由下式给出

$$\boldsymbol{B}_i^u = \begin{bmatrix} N_{i,x} & 0 \\ 0 & N_{i,y} \\ N_{i,y} & N_{i,x} \end{bmatrix} \tag{5.34a}$$

$$\boldsymbol{B}_i^a = \begin{bmatrix} (N_i H)_{,x} & 0 \\ 0 & (N_i H)_{,y} \\ (N_i H)_{,y} & (N_i H)_{,x} \end{bmatrix} \tag{5.34b}$$

$$\boldsymbol{B}_i^c = \begin{bmatrix} B_i^{c^1} & B_i^{c^2} & B_i^{c^3} & B_i^{c^4} \end{bmatrix} \tag{5.34c}$$

$$\boldsymbol{B}_i^{c^\alpha} = \begin{bmatrix} (N_i\Phi_\alpha)_{,x} & 0 \\ 0 & (N_i\Phi_\alpha)_{,y} \\ (N_i\Phi_\alpha)_{,y} & (N_i\Phi_\alpha)_{,x} \end{bmatrix} \quad (\alpha = 1 \sim 4) \tag{5.34d}$$

至此，建立了用 XFEM 求解裂纹问题的方程系统。对于夹杂或空洞问题，由于改进函数相对较简单，可同法导得。

5.2.4 扩展有限元方法的若干应用

自从 2000 年正式提出 XFEM 术语以来，该法已广泛用于解决固体、复杂流体、复杂传热、相变等领域的许多不连续问题。从固体力学角度，这些工作大体上可分为在计算断裂力学中的应用、在空洞和夹杂问题中的应用，以及其他非固体力学问题中的应用。下面予以简要介绍。

1. XFEM 在计算断裂力学中的应用

可以说目前 XFEM 的研究和应用，大多数集中在裂纹问题。Karihaloo 和

Xiao对该法在静态和扩展裂纹问题中的应用做了评述，Sukumar等和Huang等系统地阐述了用XFEM求解裂纹问题的每一个细节。

Sukumar等用XFEM对任意材料细观结构准静态裂纹扩展问题进行了模拟，细观结构在规则网格上进行计算，并提出了一种新的约束Delaunay三角化算法构筑细观结构的初始有限元网格。Nagashima等采用XFEM研究了双材料界面裂纹问题的应力强度因子的计算。Sukumar等将XFEM用于三维裂纹问题研究，采用单位分解概念，在CFEM的逼近中增加不连续函数和二维裂纹的裂尖渐近场，以解决裂纹存在问题。Stolarska等把LSM和XFEM结合起来研究裂纹扩展问题，LSM用于表示裂纹面和裂尖位置，XFEM用于计算应力和位移，以确定裂纹扩展率。Daux等利用XFEM研究了任意源自空洞的分支和交叉裂纹，根据不连续几何特征的相互作用，对逼近空间进行了改进。Moes等利用XFEM研究了非共面三维裂纹扩展问题，其中不但使用Heaviside阶跃函数表征裂纹，而且引入了分支函数表征裂纹波前以改善方法的精度。结合FMM，Sukumar等用XFEM研究了三维疲劳裂纹扩展问题，数值结果与理论相吻合。随后，他们又用相同方法、算法对多个共面裂纹进行模拟，不需用户干预及网格重构，就可实现对裂纹合并及疲劳扩展的模拟。Dolbow等利用XFEM研究了带有摩擦接触裂纹面的裂纹扩展问题，并将得出的数值结果与解析解或实验结果做了比较。Chessa等通过扩展应变法改善了扩展有限元自由度和标准有限元自由度混合出现时单元的性能。Dolbow等利用XFEM求解了板的断裂问题，为了得到混合型应力强度因子，他们在Mindlin-Reissner框架内提出了一种恰当形式的相互作用积分。Dolbow和Gosz用XFEM研究了功能梯度材料中的混合型应力强度因子，对互能积分的计算发现，在任何情形下，XFEM均能给出非常满意的结果。Dolbow和Nadeau将XFEM应用于具有复杂细观结构的材料断裂有效特性分析中，降低了细观结构分析时对网格重构的要求。

基于Dugdale和Barenblatt对粘着裂纹的理论研究，Wells和Slugs首先利用XFEM求解黏着裂纹问题，但他们将裂纹端部限制在单元的边上。Moes和Belytschko在三角形单元上利用XFEM模拟黏着裂纹，如果某单元被裂纹完全分割，则用阶跃函数改进；如果裂尖位于单元内部，就用分支函数改进。Zi和Belytschko提出了一种新的XFEM法，仅用一种改进函数就可处理包括裂纹端部的整个裂纹，该法已用于分析线性三结点三角形单元和二次六结点三角形单元。

由于具有较高收敛性、很少出现自锁且能模拟曲线边界，Stazi等用高阶（含二阶）扩展有限单元研究了曲线裂纹问题，并用例题进行了验证和比较。Iarve利用特殊种类的单位分解，即用B-样条基函数代替Heaviside阶跃函数，可以在扩展有限单元上直接进行标准Gauss求积，在单元上积分时不再需进行子分解。Mariani

和 Perego 在 XFEM 中引入高阶位移不连续性，研究了准脆性材料中准静态黏着裂纹的传播，其有效性通过 I 型和混合型裂纹问题的数值试验给出了评定。

XFEM 还被用于数值求解与薄膜有关的裂纹问题：Huang 等提出了一个基础为黏性层的弹性薄膜内槽型裂纹的二维模型，并用 XFEM 在相对粗糙网格上计算位移场和应力强度因子；他们还利用 XFEM 求解了具有任意奇异性的不连续问题——弹性薄膜/弹性基础结构中的裂纹问题，奇异性是由于两种材料弹性不匹配参数决定的，他们证明 XFEM 在粗糙网格上非常有效。Liang 等通过引入一个搭接模型，以使 XFEM 在粗糙网格上能处理弹性薄膜/弹性基础结构中的多裂纹演化问题；他们还提出了一个能近似三维断裂过程的二维搭接模型，利用 XFEM 在相对粗糙且不变的网格上模拟移动裂纹。

2. XFEM 在空洞和夹杂类问题中的应用

Moes 等利用 XFEM 进行细观结构的多尺度分析，他们认为，虽然计算中网格不需与物理表面一致，但仍需要细到足以捕捉这些表面的几何特征；Sukumar 等在 XFEM 中采用水平集描述空洞和夹杂，研究了二维线弹性静力学问题。Patzak 和 Jirasek 将 XFEM 应用于非局部连续损伤力学中，通过引入能准确捕捉局部化应变概貌的特殊形状函数，在非常粗糙的网格上改进标准的位移逼近。Zhang 等采用增量扩展有限元法，求解了黏弹性材料中含弹性夹杂问题，其中引入了缩减积分技术处理高泊松比的近不可压问题。

3. XFEM 在其他问题中的应用

XFEM 还被用于固体力学以外的不连续问题。借助于 XFEM，并通过定义径向基函数作为隐式界面，Belytschko 等处理了结构化有限元网格中的内部特征，例如，材料界面、滑动界面和裂纹。Chessa 等利用三角形单元的 XFEM 研究了多维相变(Stefan)问题，模拟了相界面和单元内温度梯度的不连续性，并用实例展示了该法的精度和有效性。Ji 等则利用 XFEM，通过杂交数值方法在固定网格上模拟剧烈变化相界面的演化。Wagner 等用 XFEM 模拟粒子在流体中的运动。Chessa 和 Telytschko 将 XFEM 用于两相不相融和的流体问题中，使得这种界面跟踪法共有界面捕捉法的许多优点。基于 XFEM，Wagner 等发展了一种数值模拟流体中粒子悬浮问题的方法：对于一个粒子的流动采用 Stokes 流体解进行改进；对于两个粒子间的流动，采用润滑理论解进行改进。Merle 等将 XFEM 应用于具有移动热源和相边界的热问题中，该法能捕捉热源附近和材料界面处的高度局部化解和瞬态解。

5.2.5 扩展有限元方法研究展望

XFEM 的理论表明，它与 CFEM 一样具有很强的适用性，可用于数值求解任意不连续问题，却不需要在不连续处进行网格剖分或重构。该法自提出以来，很快得到了重视，取得了大量成果，但以下方面的工作仍有待开展。

1. XFEM 自身的研究

扩展有限元中的单元大多是简单的线性单元（三结点三角形单元和四结点四边形单元），有少量对六结点三角形单元的研究，但对于最常用的八结点等参数元，扩展有限元的研究尚未见报道，这部分应该是最具研究价值和应用前景的。对其中所涉及的 LSM 和不连续处的积分技术，以及改进单元与常规单元间的协调问题，也需一并进行深入研究。对于三维问题，相应地需研究二十结点等参数单元的扩展有限元法。

2. XFEM 在非均匀介质中的应用

诸如功能梯度材料、岩石等非均匀材料中的裂纹等缺陷力学的数值分析，特别是其中的裂纹扩展问题分析，难度相当大。利用 XFEM 适用于任何不连续问题的优势，从细观力学角度可以很方便地研究这类材料的力学特性，通过更简单的途径解决其中存在裂纹、空洞等缺陷时的力学响应。该法也可直接应用于多相材料组成的复合材料问题研究中。

3. XFEM 在非线性固体力学问题中的应用

非线性固体力学问题大体上分为三种，即材料非线性、几何非线性和边界非线性问题，下面分别予以讨论。

对于弱不连续问题，XFEM 可以直接用于非线性材料中。对于强不连续问题，如果获得了解析解的基本成分，在对 XFEM 改进函数做相应改变后，该法仍可用来有效地解决非线性材料问题。

XFEM 降低了 CFEM 在处理不连续问题时对网格的过分要求，同时表明它在解决其他种类问题时，与 CFEM 存在同样的缺陷，几何非线性问题就是其中最典型的一种，特别当变形特别大时。对于几何非线性问题，由于单元的剧烈变形，原有（初始）单元的插值精度严重恶化，XFEM 的插值精度也就随之降低。对于这类问题的 CFEM，可以通过采用与单元形状无关的形状函数予以解决，但对于相应的 XFEM，无疑需要进一步的研究。

以接触为代表的边界非线性问题实际上与裂纹问题是相伴出现的，在复杂应力状态下，裂纹因表面张开而表现为断裂力学问题，也可能因闭合而表现为接触力学问题，只是接触问题还有其他的表现形式，如两个物体间的接触等。关于 XFEM 在这方面的应用，有些学者已做了一些研究，但仅局限于黏着裂纹。裂纹面在复杂应力作用下是张开还是闭合，严格地说属于一个优化问题，如何借助于 XFEM，在较粗糙的网格上解决这类问题，也是计算力学中的一个难点。

4. XFEM 在其他问题中的应用

XFEM 还有望用于解决流体、相变、传热等领域的复杂不连续问题，以及诸如岩石与流体、风沙动力学、生物流固耦合等复杂多相介质的流固耦合分析中。

5.3 广义有限元方法(GFEM)*

广义有限元方法的思想曾零零星星地出现过，但只有单位分解方法出现以后，才开始了对广义有限元方法的系统研究，并有研究者开始审视以前这方面的工作。

在理论上，广义有限元方法是单位分解方法和常规有限元方法的混合产物，它包括两个主要步骤：一是采用与区域无关的网格，二是引入特定的局部逼近函数构造单元的形状函数。

5.3.1 广义有限单元形状函数的构造

1. 广义有限元单元形状函数构造的基本思路

以一维线性有限单元为例，介绍从单位分解法到广义有限元方法的基本思想。

研究定义在区域 $\Omega \subset \mathbf{R}$ 上的场函数 u。构造开集

$$\mathscr{T}_N = \bigcup_{\alpha=1}^{N} \omega_\alpha \tag{5.35}$$

使得 Ω 的闭集被这 N 个分别以点 x_α 为“中心”的支集 ω_α 覆盖，即

$$\bar{\Omega} \subset \mathscr{T}_N \tag{5.36}$$

这里的“中心”未必一定是单元的几何中心，也未必位于单元的内部。

设 χ_α 为定义在支集 ω_α 上的局部逼近函数空间，u 在 ω_α 上的一个局部逼近 u_α^i 为它的元素。假定 u_α^i 在某种意义上能很好地逼近 u，则多个局部逼近的组合就可给出 u 的整体逼近 u_{hp}，并将使 u_{hp} 与 u 之间的差在给定范数下以局部误差 $|u-u_\alpha|$ 为界。在单位分解法中，整体逼近的建立，通过定义在支集 ω_α 上的函数 φ_α 予以实现。函数 $\varphi_\alpha(x)$ 具有下列特性：

$$\varphi_\alpha(x) \in C_0^s(\omega_\alpha), \quad s \geqslant 0, 1 \leqslant \alpha \leqslant N \tag{5.37}$$

$$\sum_\alpha \varphi_\alpha(x) = 1, \quad \forall x \in \Omega \tag{5.38}$$

由于(5.38)式，函数 φ_α 称为开集 $\mathscr{T}_N$ 上的单位分解。

在有限元类单位分解中，支集 ω_α 就是共有一个顶点结点 x_α 的有限单元的并集。此时，广义有限元方法的实现在思想上与常规的有限元方法相同，主要区别在

---

* 本节内容曾在《应用力学学报》(2009,26(1):96－108)上发表，略有改动。

于下面将要阐述的形状函数的形式。广义有限元方法采用有限单元的结点支集上的单位分解，因而，它可使用常规有限元法中已发展成熟的程序结构等。

图 5.7 表示一维的广义有限元离散。单位分解函数 φ_α 就是通常的有限元形状函数，即以结点 x_α 为“中心”的经典“帽子函数”，因而，支集 ω_α 就是单元 $\tau_{\alpha-1}$ 与 τ_α 的并集，或者说，单元 τ_α 是支集 ω_α 和 $\omega_{\alpha+1}$ 的交集，并以两个支集的“中心”x_α 和 $x_{\alpha+1}$ 为结点。现在考察拥有结点 x_α 和 $x_{\alpha+1}$ 的单元 τ_α，假定支集 ω_α 和 $\omega_{\alpha+1}$ 上的局部逼近均为 $\{u_1, u_2\}$（即局部逼近的基，广义有限元方法的基并未限定必须为单项式），那么单元 τ_α 上的形状函数可由下列方式构造

$$S_{\tau_\alpha} = \varphi_\beta \times \{1, u_1, u_2\} = \{\varphi_\beta, \varphi_\beta u_1, \varphi_\beta u_2\}, \beta = \alpha, \alpha + 1 \tag{5.39}$$

其显式表达式为

$$S_{\tau_\alpha} = \{\varphi_\alpha, \varphi_{\alpha+1}, \varphi_\alpha u_1, \varphi_{\alpha+1} u_1, \varphi_\alpha u_2, \varphi_{\alpha+1} u_2\} \tag{5.40}$$

也就是说，通过 Lagrange 型有限元形状函数与局部逼近 u_1 和 u_2 的积就可构造广义有限单元的形状函数，加入单位 1 的原因将在本节之 2 中解释，这样，单元 τ_α 共有 2×3=6 个形状函数，每个结点 3 个。当然，可以增加 u_1、u_2 的数目，进一步拓展空间 S_{τ_α} 的维数。

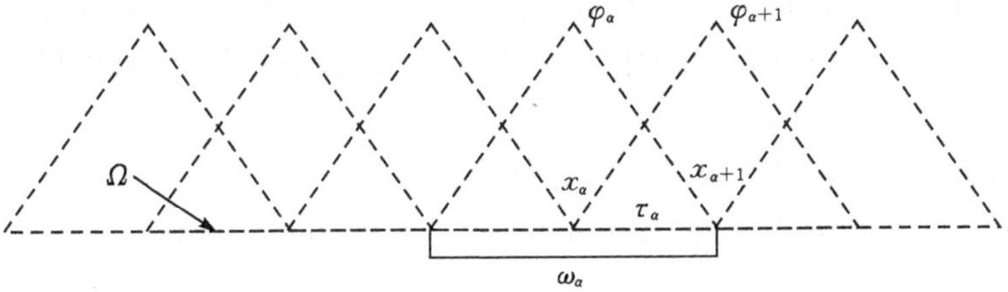

图 5.7　一维广义有限元的单位分解

利用有限元形状函数所具有的单位分解特性，可以很容易地证明：式(5.40)所定义的形状函数的组合能“再生”局部逼近 u_1 和 u_2，即

$$1 \times (\varphi_\alpha u_1) + 1 \times (\varphi_{\alpha+1} u_1) = u_1(\varphi_\alpha + \varphi_{\alpha+1}) = u_1 \tag{5.41a}$$

$$1 \times (\varphi_\alpha u_2) + 1 \times (\varphi_{\alpha+1} u_2) = u_2(\varphi_\alpha + \varphi_{\alpha+1}) = u_2 \tag{5.41b}$$

换句话说，$u_1, u_2 \in \mathrm{span}\{S_{\tau_\alpha}\}$。

单位分解法的基本思想就是：一方面使用单位分解函数将局部逼近空间粘连在一起构造形状函数，另一方面通过线性组合再生支集 ω_α 上的局部逼近。广义有限元方法形状函数的这种逼近特性将在本节之 3 中详细讨论。

2. 广义有限元方法的形状函数及误差估计

考虑 n 维框架，仍然采用 1 中的记号和关系式。设 $\chi_\alpha(\omega_\alpha) = \mathrm{span}\{L_{i\alpha}\}_{i \in \mathscr{I}(\alpha)}$ 为定义在 ω_α 上的局部空间，其中 $\mathscr{I}(\alpha)$ 为指标集，$L_{i\alpha}$ 表示像 1 中 u_1 和 u_2 那样的局部

逼近函数。假定具有单位分解特性的有限元形状函数 φ_α 具有线性插值特性，并且

$$\mathscr{P}_{p-1}(\omega_\alpha) \subset \mathscr{X}_\alpha(\omega_\alpha), \alpha = 1, \cdots, N \tag{5.42}$$

其中 $\mathscr{P}_{p-1}$ 表示次数低于或等于 $p-1$ 的多项式空间，那么，p 次有限元的形状函数定义为

$$\mathscr{F}_N^p = \{\phi_i^\alpha = \varphi_\alpha L_{i\alpha}, \quad \alpha = 1, \cdots, N, i \in \mathscr{I}(\alpha)\} \tag{5.43}$$

注意，局部空间 $\mathscr{X}_\alpha$ 的选取有相当大的自由。$\mathscr{X}_\alpha$ 的基可直接选取能很好逼近光滑函数的多项式函数，此时，广义有限元方法在本质上与常规有限元方法相同。对每一个 α，由于基函数 $\{L_{i\alpha}\}_{i\in\mathscr{I}(\alpha)}(\alpha=1,\cdots,N)$ 的数目（即 $\mathscr{I}(\alpha)$ 的元素个数）可以不同，因而，广义有限元网格的每个顶点可选取不同的多项式阶数，并能实现广义有限元与常规有限元间的无缝连接。逼近还可以是各向异性的，例如，不同方向具有不同的多项式阶数。在广义有限元方法框架内，不再需要常规 p 型有限元方法中的边结点、内部结点等概念。

在很多情况下，边值问题的解不是一个光滑函数。对于这些情形，像常规有限元方法一样利用多项式构造逼近空间并不是最优，除非对网格进行精心设计，否则可能导致对解 u 的低劣逼近。在广义有限元方法中，可以使用任何对解的已有知识，以选取较好的局部空间 $\mathscr{X}_\alpha$。例如，可以求解在部分区域具有点或线奇异性的边值问题，然后使用这样的局部空间 $\mathscr{X}_\alpha$ 构造广义有限元的形状函数以反映这些奇异性，比多项式函数更有效。

下面简单介绍广义有限元方法的误差估计。

假定 Ω 划分成有限单元、形成单位分解，它们满足二维或三维问题中通常的假设。记

$$h_\alpha = \mathrm{diam}(\omega_\alpha) \tag{5.44a}$$

$$h = \max_{\alpha=1,\cdots,N}(h_\alpha) \tag{5.44b}$$

及

$$X^{hp} = \mathrm{span}\{\phi_i^\alpha\}, \alpha = 1, \cdots, N, i \in \mathscr{I}(\alpha) \tag{5.44c}$$

其中，广义有限单元的形状函数 ϕ_i^α 已在公式(5.43)中定义。此外，为了使广义有限元能够退化成常规有限元，需要单位函数 1 总属于局部逼近函数空间，即

$$1 \in \mathscr{X}_\alpha(\omega_\alpha), \alpha = 1, \cdots, N \tag{5.45}$$

根据局部逼近特征，存在一个与 α, h, p, u 有关的正数 $\mathscr{E}$，使得

$$\| u - u_\alpha \|_{E(\Omega\cap\omega_\alpha)} \leqslant \mathscr{E}(\alpha, h, p, u), \alpha = 1, \cdots, N \tag{5.46}$$

那么，可以证明，$\exists\, u_{hp} \in X^{hp}$，使得

$$\| u - u_{hp} \|_{E(\Omega)} \leqslant C\Big(\sum_{\alpha=1}^{N(h)} \mathscr{E}(\alpha, h, p, u)\Big)^{1/2} \tag{5.47}$$

其中，C 是一个与 h, p, u 等无关的常数。

3. 广义有限单元形状函数实例分析及性质

本节以二维三角形单元为例，对广义有限单元的形状函数进行实例分析，并说明存在于广义有限单元形状函数中的线性相关性。

对于三角形单元，利用线性三角形单元的形状函数与线性单项式的乘积，二次广义三角形有限单元的形状函数可构造为

$$\varphi_\alpha \times \{1,\xi,\eta\},\alpha = 1,\cdots,N \tag{5.48}$$

其中，φ_α 为常规三角形有限元的线性形状函数（即面积坐标）。$\xi=(x-x_\alpha)/h_\alpha$，$\eta=(y-y_\alpha)/h_\alpha$，$\boldsymbol{x}_\alpha=(x_\alpha,y_\alpha)$是结点 α 的坐标。如此构造可使舍入误差最小。

根据上节中的记号，有

$$\mathcal{X}_\alpha(\omega_\alpha) = \mathrm{span}\{L_{i\alpha}\} = \mathrm{span}\{1,\xi,\eta\},\alpha = 1,\cdots,N \tag{5.49}$$

现考察具有 x_1,x_2,x_3 三个结点的三角形单元 τ。由式(5.48)，该单元的广义有限元二次形状函数为

$$S_\tau = \varphi_\alpha \times \{1,\xi,\eta\},\alpha = 1,2,3 \tag{5.50}$$

因而，每一个二次的三角形单元具有 $3\times3=9$ 个形状函数，而不再是常规有限单元中的 6 个（分别对应于 6 个基函数：$1,x,y,xy,x^2,y^2$）。应该注意的是，所有形状函数都定义在单元的顶点上，犹如一个线性单元，没有引入边、面或内部结点自由度等概念，这与常规高阶二维有限单元的做法不同。而且，高阶形状函数的支集与线性形状函数$\{\varphi_1,\varphi_2,\varphi_3\}$的支集相同，这对刚度矩阵保持其优异的结构特性具有重要意义。

具有“再生”三次多项式的广义三角形形状函数可通过下列方式构造：

如局部空间 $\mathcal{X}_\alpha$ 使用基函数

$$\mathcal{X}_\alpha = \mathrm{span}\{1,\xi\eta,\xi^2,\eta^2\},\alpha = 1,2,3 \tag{5.51}$$

其中，$\xi=(x-x_\alpha)/h_\alpha$，$\eta=(y-y_\alpha)/h_\alpha$，那么，具有 x_1,x_2,x_3 结点的单元 τ 的形状函数为

$$\overline{S}_\tau = \varphi_\alpha \times \{1,\xi\eta,\xi^2,\eta^2\},\alpha = 1,2,3 \tag{5.52}$$

如式(5.51)，$\mathcal{X}_\alpha$ 的基函数选取时去除了 ξ,η 的成分，一方面由于它们本身可由单位分解函数 $\varphi_\alpha(\alpha=1,2,3)$再生得到；另一方面，它们在再生二次多项式时的作用也由于局部逼近函数的二次特性不再需要。然而，这些做法并不足以避免形状函数的线性相关性，因为三次形状函数的基只有 10 个（即 $1,x,y,xy,x^2,y^2,x^2y,xy^2,x^3,y^3$），而形状函数的数目仍然有 $3\times4=12$。具体分析如下。

定理 5.1　令 S_τ 和 $\overline{S}_\tau$ 正如上述(5.50)及(5.52)两式所定义，那么

① $\mathrm{span}\{S_\tau\}=\mathrm{span}\{1,x,y,xy,x^2,y^2\}=\mathscr{P}_2$

② $\mathrm{span}\{\overline{S}_\tau\}=\mathrm{span}\{1,x,y,xy,x^2,y^2,x^2y,xy^2,x^3,y^3\}=\mathscr{P}_3$

证明 为了符号简单，将 x_α 中的 $L_{i\alpha}$ 写成其等价形式 $\{1,x,y\}$，因而

$$S_\tau = \varphi_\alpha \times \{1,x,y\},\alpha = 1,2,3 \tag{5.53}$$

由于 φ_α 为线性三角形单元的形状函数，那么，存在常数 a_α^x, a_α^y，使得 $\forall x \in \tau$，满足

$$\sum_{\alpha=1}^{3} \varphi_\alpha = 1 \tag{5.54}$$

$$\sum_{\alpha=1}^{3} \varphi_\alpha a_\alpha^x = x \tag{5.55}$$

$$\sum_{\alpha=1}^{3} \varphi_\alpha a_\alpha^y = y \tag{5.56}$$

因此，$\{1,x,y\} \in S_\tau$。

根据(5.54)～(5.56)式，很容易得到

$$\sum_{\alpha=1}^{3} a_\alpha^x(\varphi_\alpha x) = x\sum_{\alpha=1}^{3} a_\alpha^x \varphi_\alpha = x^2 \tag{5.57}$$

$$\sum_{\alpha=1}^{3} a_\alpha^y(\varphi_\alpha x) = x\sum_{\alpha=1}^{3} a_\alpha^y \varphi_\alpha = xy \tag{5.58}$$

相似地，对于 y^2 项，可得到相应的形式。因此

$$\mathscr{P}_2 \subset \mathrm{span}\{S_\alpha\} \tag{5.59}$$

下面再证明 S_τ 是一个线性相关的集合，而且它的缺秩为 3。

利用式(5.54)表示的函数 φ_α 的单位分解特性，有

$$\sum_{\alpha=1}^{3} (\varphi_\alpha x) = x\sum_{\alpha=1}^{3} \varphi_\alpha = x \tag{5.60}$$

考虑到式(5.55)与上式，得到

$$\sum_{\alpha=1}^{3} (\varphi_\alpha x) - \sum_{\alpha=1}^{3} \varphi_\alpha a_\alpha^x = 0 \tag{5.61}$$

对 y 亦有相似的关系式，说明 x,y 分别有两种构造方法，即参与构造它们的形状函数是线性相关的。因此，$\mathrm{span}\{S_\tau\}$的基的维数应该小于或等于 $9-2=7$。

此外，还有

$$\sum_{\alpha=1}^{3} a_\alpha^x(\varphi_\alpha y) = y\sum_{\alpha=1}^{3} a_\alpha^x \varphi_\alpha = yx \tag{5.62}$$

考虑到式(5.58)及上式，得到

$$\sum_{\alpha=1}^{3} a_\alpha^x(\varphi_\alpha y) - \sum_{\alpha=1}^{3} a_\alpha^y(\varphi_\alpha x) = 0 \tag{5.63}$$

说明 xy 也有两种构造方法，即参与构造 xy 的形状函数亦是线性相关的。因此，$\mathrm{span}\{S_\tau\}$的基的维数应该小于或等于 $7-1=6$。这样，定理的第①部分得证。第

②部分可同法得证。

上述定理说明，二次和三次广义有限元形状函数中总存在线性相关性。

5.3.2 广义有限元方法的基本思想

1. 广义有限元方法的基本思想

以二维问题为例，常规有限元方法一般将所研究的区域划分成三角形或四边形单元组成的网格，并且在划分网格时就考虑了区域的边界及其内部的所有细节（见图 5.8(a)），对于具有复杂内部结构（如含有成百上千个夹杂或空洞）的问题，网格的剖分就变得非常困难，即使勉强能够实现，也显得非常笨拙。广义有限元方法则绕过所有的内部细节进行单元剖分，生成被内部结构切割的网格。图 5.8 给出了两种方法在网格剖分上的比较，很明显，广义有限元方法具有更强的灵活性。

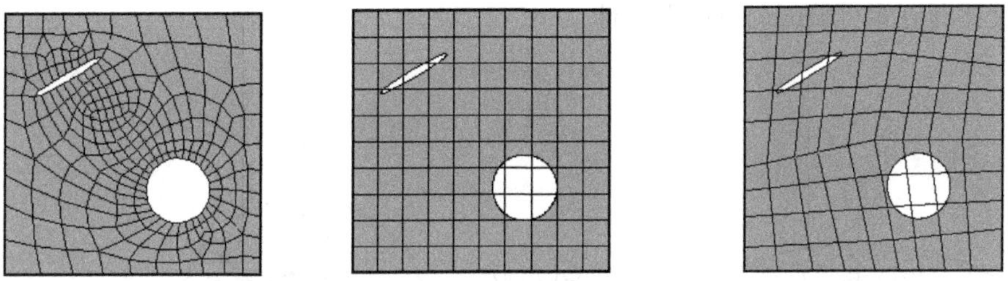

(a)常规有限元网格　(b)规则的正方形广义有限元网格　(c)一般四边形广义有限元网格

图 5.8　常规有限元网格和广义有限元网格

与灵活的网格剖分对应的是对区域内部具体细节的考虑和处理，这是通过广义有限单元形状函数强大的可构造性、特别是在以单元顶点（角结点）为“中心”的支集上引入针对特定问题的局部逼近加以实现的。实际上，对含有凹角或裂纹等奇异性的问题，常规有限元插值函数的逼近精度和效率都很低，也需要进行改进。

根据单位分解方法，广义有限单元上的场变量可插值为

$$u_{\text{GFEM}} = \sum_{k=1}^{N} \varphi_k \Big(\sum_{j \in \mathcal{K}(\alpha)} a_j^{(k)} \psi_j^{(k)} \Big) + \sum_{k=1}^{N_{\text{FEM}}} b_k \tilde{\varphi}_k \tag{5.64}$$

其中，第一项是仅与单元顶点（或称为外自由度）有关的插值；第二项包括由于边结点和内部自由度的存在而产生的高阶插值部分，是将高阶常规有限元拓展至广义有限元时残留的部分；N_{FEM}是单元边界自由度和内部自由度的总数；φ_k 和 $\tilde{\varphi}_k$ 都是常规的有限元插值函数，对于四边形单元，通常以母单元上的局部坐标(ξ,η)表示。

(5.64)式中的 $\psi_j^{(k)}$ 就是广义有限元方法在顶点 k 处具有特色的局部逼近函数，通常以实际单元上的整体坐标(x,y)表示，函数形式则根据具体问题而定，将

在本节之 2 中详细讨论。应当注意，$\psi_j^{(k)}$ 中必须总是包含常数 1，而且，当 $\psi_j^{(k)}$ 仅包含常数 1 时，(5.64)式将退化成常规有限元法的插值形式。

2. 广义有限元方法中特殊逼近函数的获取及应用

1)广义有限元方法中特殊逼近函数的获取

广义有限元方法所引入的局部逼近函数根据所研究问题的微分方程类型、几何形状以及边界条件等而不同。例如，对于含 m 个椭圆形空洞的二维 Laplace 问题，其控制方程为

$$\Delta u = 0, \quad 在\ \Omega\ 上 \tag{5.65}$$

如图 5.9 所示，第 m 个空洞的区域为 Ω_m。边界为 $\Gamma_m = \partial\Omega_m$，其上作用诺伊曼(Neumann)边界条件

$$\nabla u \cdot \boldsymbol{n}|_{\Gamma_m} = g \tag{5.66}$$

或齐次狄利克雷(Dirichlet)边界条件

$$u|_{\Gamma_m} = 0 \tag{5.67}$$

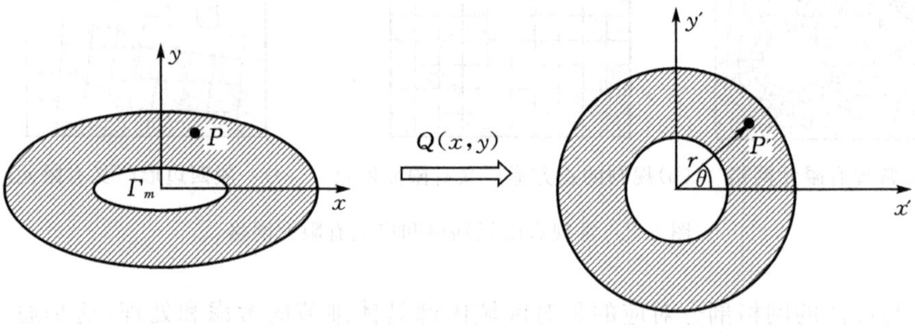

图 5.9 椭圆形空洞及其保角映射(映射将用于获得(5.68a)式的局部逼近函数)

因而，第 m 个空洞对应的第 $j=2l+1$ 个局部逼近函数为

$$\begin{cases} \psi_{1,m}^{(k)} = a_m \ln r_m \\ \psi_{2l,m}^{(k)} = \mathrm{Re}(z_m^l + b_m z_m^{-l}) \\ \psi_{2l+1,m}^{(k)} = \mathrm{Im}(z_m^l + c_m z_m^{-l}) \end{cases} \tag{5.68a}$$

其中，$z_m = r_m e^{i\theta_m}$，$i=\sqrt{-1}$为虚数单位；(r_m, θ_m)为与第 m 个空洞相关联的极坐标。(5.68a)式是含椭圆形空洞问题的解析解，常数 a_m、b_m 和 c_m 根据(5.66)或(5.67)式的边界条件确定。

对于无空洞情形，(5.68a)式简化为

$$\begin{cases}\psi_1^{(k)} = 1 \\ \psi_{2l}^{(k)} = \mathrm{Re}(z_m^l) \\ \psi_{2l+1}^{(k)} = \mathrm{Im}(z_m^l)\end{cases} \tag{5.68b}$$

同法可获取其他类型的特殊逼近函数，一些具体实例可参考有关文献。

从以上获取特殊逼近函数的步骤可以看出，广义有限元方法的特殊函数取自于规定问题封闭解的各项，有时还包含根据边界条件确定的系数。

若特殊函数的解析形式无法获取，广义有限元方法还允许引入数值式函数。

应该注意到，由于 $\psi_j^{(i)}$ 的形式及其个数并不是按照基函数的条件予以选取，(5.64)式中的各个形状函数 $\varphi_i\psi_j^{(i)}$ 之间并不是相互独立的。对于多项式情形，已在 5.3.1 节之 3 中进行了示例分析；对于由复杂局部逼近函数构造的形状函数，其线性相关性较复杂，对刚度矩阵的零模态数目计算表明，它们之间确实存在线性相关性，因而必须采取恰当途径给予解决，具体参阅 5.3.3 节之 1。

2)广义有限元方法中特定局部逼近函数的应用范围

广义有限元方法中的局部逼近函数直接取自于规定问题(例如 1)中提到的椭圆形空洞问题)的封闭解，用它改善插值逼近函数时必须选择恰当的应用区域。例如，在含多个空洞情形下，首先将空洞附近的网格进行足够细化，以使每个单元结点的支集不会同时包含两种或以上的特殊逼近函数。每种特殊逼近函数的使用区域按照下述分层方式确定：

第 0 层：指支集包含空洞边界的单元顶点；

第 1 层：指支集包含第 0 层顶点的单元顶点；

第 2 层：指支集包含第 1 层顶点的单元顶点。

特殊逼近函数应用的上述 3 层顶点示意性地表示在图 5.10 中。针对具体问题的理论分析表明，同时对第 0 层和第 1 层顶点引入特殊逼近函数，可以显著提高

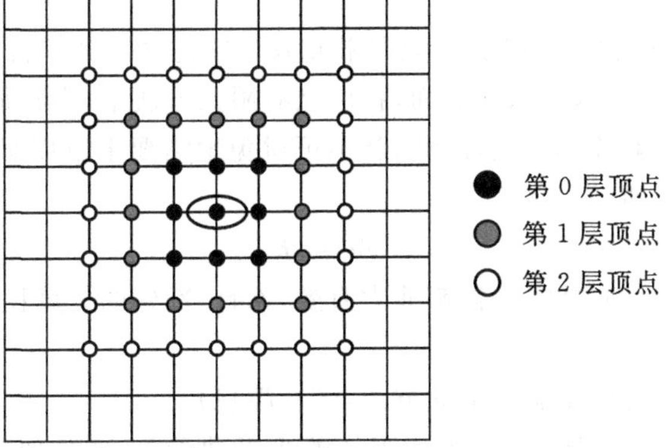

图 5.10　椭圆形空洞及特殊函数应用的 3 层顶点

求解精度。

5.3.3 广义有限元方法的实施策略

1. 广义有限元方法中系统方程线性相关性处理策略

正如 5.3.1 节 3 和 5.3.2 节 2 中所提及的，由于局部逼近函数的线性相关性，GFEM 可能导致刚度矩阵的奇异性。例如对于(5.68b)式表示的调和函数，通过计算刚度矩阵的零特征值数目，Strouboulis 等分析了不同($n\times n$)网格和多项式阶数 p 时刚度矩阵的缺秩特性，并列于表 5.2。实际上，缺秩特性是一个独立于物理现象的整数运算问题，An 等通过仔细剖析与 GFEM 非常相似但理论上更具特色的数值流形方法(NMM)，对该问题进行了较为系统的理论研究。

表 5.2 广义有限元方法刚度矩阵零特性分析实例(p 阶简谐多项式插值，$n\times n$ 正方形网格)

单元数	顶点数	零特征数/总自由度数				
n^2	$(n+1)^2$	$p=1$	$p=2$	$p=3$	$p=4$	$p=5$
1	4	5/12	9/20	12/28	14/36	16/44
4	9	7/27	13/45	16/63	18/81	20/99
16	25	11/75	21/125	24/175	26/225	28/275
64	81	19/243	37/405	40/567	42/729	44/891
256	289	35/867	69/1445	72/2023	74/2601	76/3179*
1024	1089	67/3267	133/5445	136/7623	138/9801	140/11979
4096	4225	131/12675	261/21125	264/29575	266/38025	268/46475
16384	16641	259/49923	517/83205	520/116487	522/149769	524/183051

* 作者总结了后三列数据之间的规律，认为原来的 28611 有误，应为 3179。

对于相同的 Laplace 问题，常规有限元方法仅包含一个零特征值，而且通过固定一个或更多的点可以消除。然而，在广义有限元方法中，零特征值的个数虽然可以预估，但事先一般并不知道，因此，就不可避免地需要求解以半正定矩阵 $\boldsymbol{A}$ 为系数的线性方程组，即

$$\boldsymbol{A}\boldsymbol{c}=\boldsymbol{b} \tag{5.69}$$

为此发展了两种方法，它们都非常有效，而且，额外的计算耗时可以忽略，现介绍如下。

①摄动方法(可以试验一下此方法，较有趣!!)

令 $\boldsymbol{A}_\varepsilon=\boldsymbol{A}+\varepsilon\boldsymbol{I}$，其中 ε 是一个大于 0 的小摄动参数，例如取为 10^{-10}，$\boldsymbol{I}$ 为单位矩阵。这样，$\boldsymbol{A}_\varepsilon$ 就是正定的，因而也是非奇异的。$\boldsymbol{c}$ 可按下列步骤予以计算：

Step 0,赋初值

$$i=0,\boldsymbol{c}_0=\boldsymbol{A}_\varepsilon^{-1}\boldsymbol{b},\boldsymbol{r}_0=\boldsymbol{b}-\boldsymbol{A}c_0,i=i+1;$$

Step 1,计算

$$\boldsymbol{z}_i=\boldsymbol{A}_\varepsilon^{-1}\boldsymbol{r}_{i-1},\boldsymbol{c}_i=\boldsymbol{c}_0+\sum_{j=1}^{i}\boldsymbol{z}_j;$$

Step 2,判断

$|\boldsymbol{z}_i^{\mathrm{T}}\boldsymbol{A}\boldsymbol{z}_i|/\boldsymbol{c}_i^{\mathrm{T}}\boldsymbol{A}\boldsymbol{c}_i$ 满足设定的容差吗？若满足,停止;若不满足,继续;

Step 3,更新初值

$$v_i=\boldsymbol{A}\boldsymbol{z}_i,\boldsymbol{r}_{i+1}=\boldsymbol{r}_0-\sum_{j=1}^{i}\boldsymbol{v}_i,i=i+1;$$

Step 4,进行迭代

转至 Step 1。

最后求得的 $\boldsymbol{c}_i$ 就是待求的 $\boldsymbol{c}$。

②Gauss 消去法

利用 Duff 等提出的稀疏对称不定系统的多波前直接 Gauss 消去法,可以计算出 $\boldsymbol{c}$。该法已形成 Harwell 子程序库。

2. 广义有限元方法中的数值积分技术

对于多数种类的单位分解方法,数值积分的准确性是困扰研究人员的最主要问题之一,它直接决定着整个数值方法的计算精度。常规有限元方法的插值逼近是逐单元地以映射多项式形式进行构造,相应的单元积分在单元上通过一定阶数的 Gauss 求积加以实现。但是,基于两方面原因,在广义有限元法中不宜直接使用 Gauss 求积法则:一是刚度矩阵和载荷向量的计算需要在复杂几何形状上进行积分(例如对于单元被空洞分割的情形);二是积分所涉及的特殊逼近函数或导数常常不光滑或具有奇异性。

为了保证数值积分的精度,Strouboulis 等通过自适应地细化各个(子)单元,经历了从嵌入式子划分方法到快速细化方法的发展过程,很好地解决了数值积分问题,这是 GFEM 方面取得的特色性研究进展之一。

以空洞问题为例,令 τ 为至少被一个空洞横穿的单元,若求积分

$$I[f]=\int_\tau f\,\mathrm{d}\tau \tag{5.70}$$

的值,将采用如下快速细化求积方法。

快速细化求积方法中初始单元的划分中止准则:如图 5.11 所示,对于空洞或外边界,求解域(即阴影部分)总在图中箭头所指边界方向的左侧;对于裂纹,两侧都为求解域。

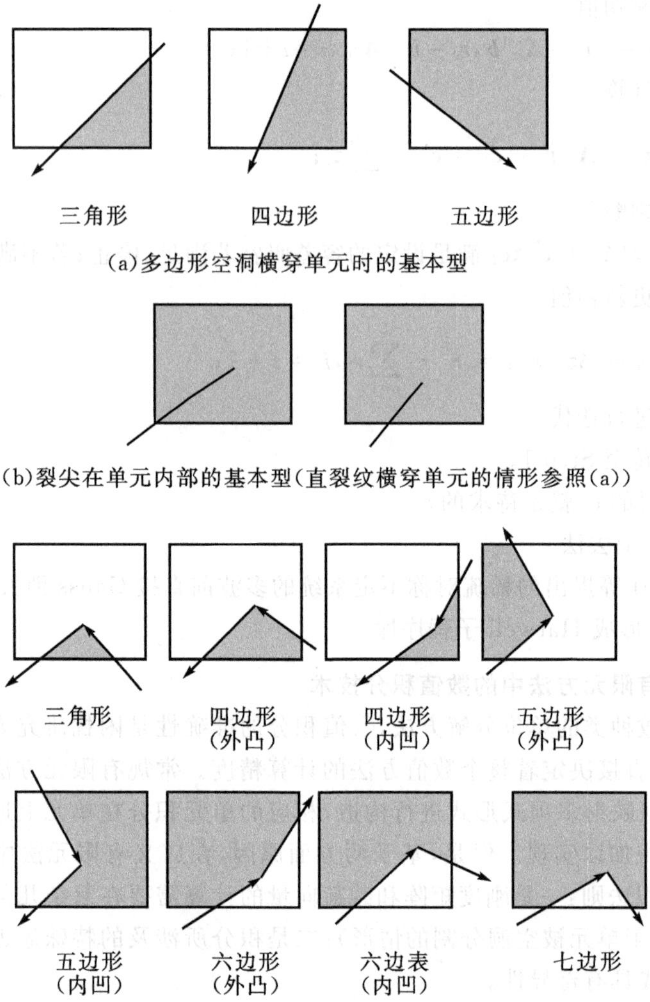

图 5.11 快速细化求积方法

Step 0,开始

令 $n=1$ 为单元当前的零级子单元数,$\tau_k(k=1\sim n)$为该级子单元。

Step 1,零级子单元划分

对被空洞横穿的零级子单元进行划分,使生成的一级子单元,或者全部位于求解域内部、或者全部位于求解域外部、或者满足图 5.11 所示的单元划分中止准则。

Step 2，一级子单元划分

对满足中止条件的一级子单元，按图 5.12 所示的划分策略生成二级子单元。

Step 3，初始估计

- 对于被空洞横穿的零级子单元 τ_k，使用母单元上的 7 阶内嵌法则，按二级子单元积分、相加得到一级子单元的积分，或直接在一级子单元进行积分，然后将一级子单元的积分相加，获得整个零级子单元上的积分 I_{τ_k} 和误差 E_{τ_k}。
- 对于其他零级子单元 τ_k，使用母单元上的 7 阶内嵌法则以及外推法，得到积分 I_{τ_k} 和误差 E_{τ_k}。
- 计算总积分 $I = \sum I_{\tau_k}$ 和总误差 $E = \sum E_{\tau_k}$。

Step 4，判断与控制

do while $\dfrac{E}{|I|_2} > \varepsilon_{\text{rel}}$（设定的容差）

- 在所有单元中寻找最大误差 $E_{\max} = \max_k(E_{\tau_k})$。
- 如果取得 $E_{\max}$ 的零级子单元含有一级、二级子单元，先将其删除；将该单元划分成 4 个新的单元；置零级子单元的数目 $n-1+4 \to n$。
- 重复 Step1～Step3，重新计算总积分 I 和误差 E。

end do

上述算法主要针对单元内空洞边界为多边形的情形。若单元内的空洞边界为曲线，则借助于混合函数法。

对于裂纹和凹角周围使用奇异函数进行逼近的情形，则需采用特殊的求积技术。例如，对于如图 5.13 所示的 L 形区域，Γ_D 是齐次 Dirichlet 边界条件，Γ_N 上及其他剩余边界是 Neumann 边界条件，网格剖分成均匀的正方形单元。其精确解为

$$u_0 = r^{1/3}\sin(\theta/3) \tag{5.71}$$

因而，GFEM 的插值函数可表示为

$$\psi^{(A)} = (r^{1/3}\sin(\theta/3))\varphi_A \tag{5.72}$$

其中，φ_A 是顶点 A 处的帽子函数。

考虑到有限元刚度矩阵与插值函数的关系，必须对含有 $r^{-4/3}$ 项的强奇异被积函数进行积分。DECUHR 算法是计算这类积分的有效途径之一，可在非均匀的单元子划分上进行，与其他自适应方法相比，计算次数更少。

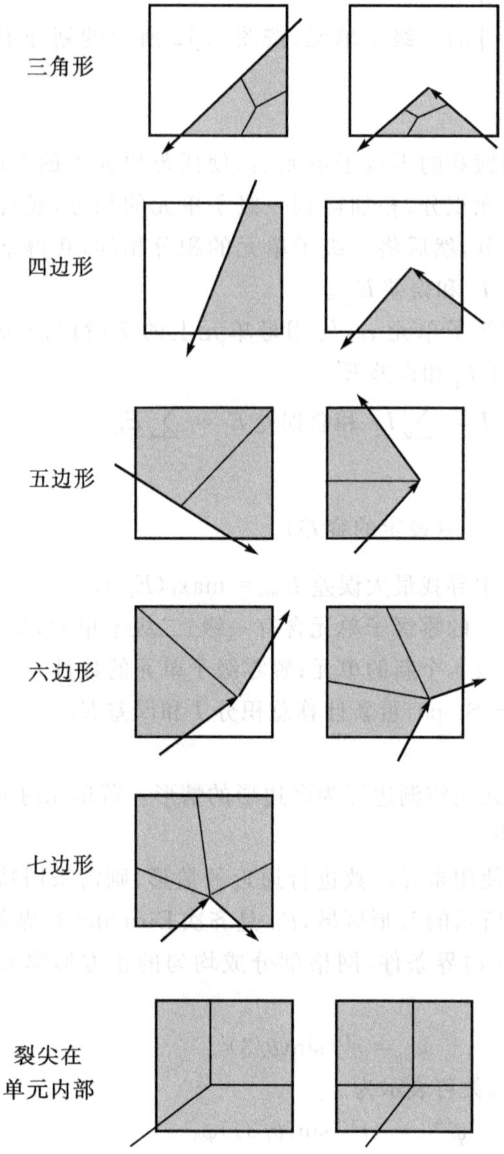

图 5.12　快速细化方法中单元 $\omega_k^{\Gamma,\mathrm{cell}}$ 的再剖分策略

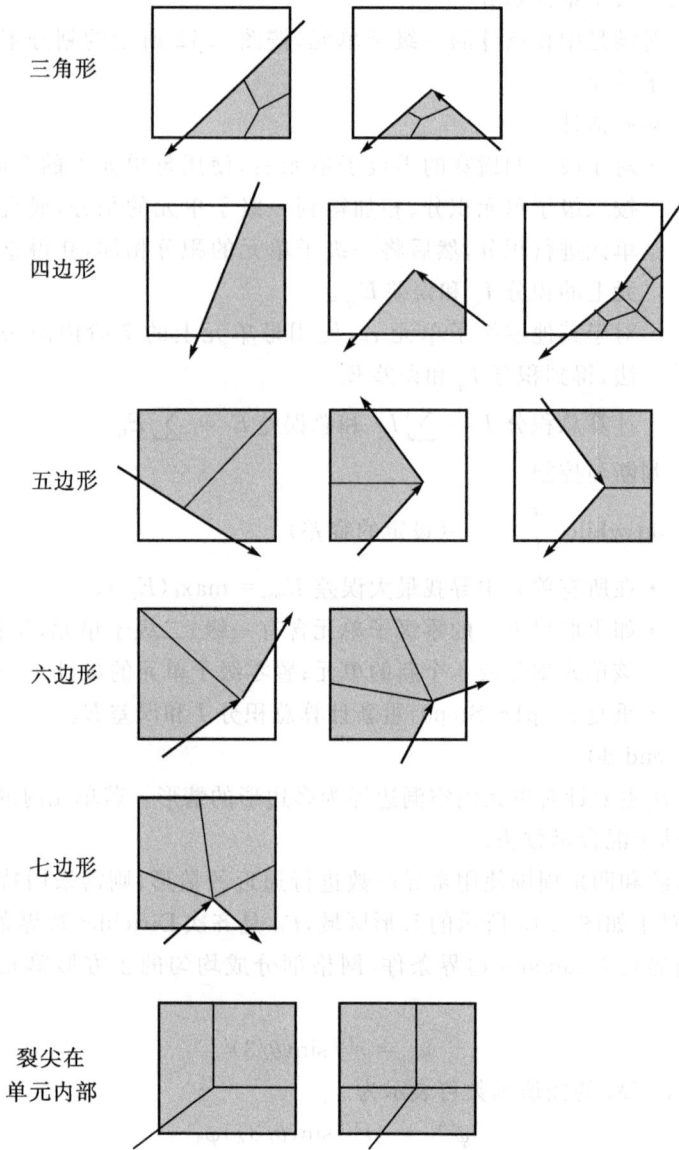

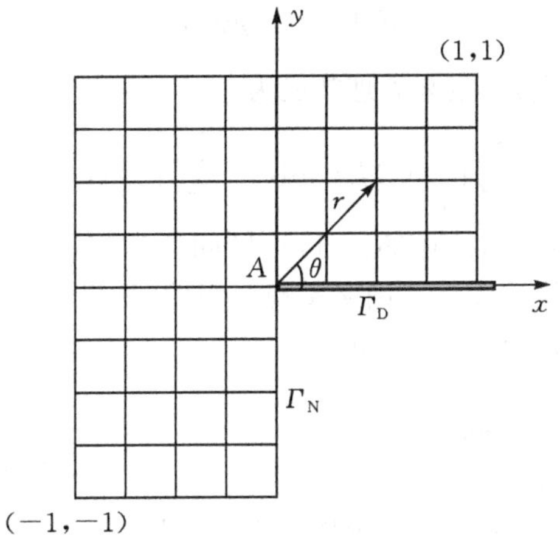

图 5.13　L 形区域及 GFEM 网格剖分
(48 个正方形单元)：(r,θ)为原点位于 A 点的极坐标

3. 广义有限元方法中边界条件的处理

由于广义有限元方法网格划分的灵活性，插值逼近网格有可能覆盖求解域的边界，因而，必须研究对 Dirichlet 边界条件或 Neumann 边界条件的处理。

如果 Dirichlet 边界横穿某结点的支集，则对该结点施加相应的 Dirichlet 边界条件。这样施加边界条件，解的收敛性是可以保证的，但若在逼近函数中引入满足 Dirichlet 边界条件的特殊函数，如角点或棱边函数(见图 5.14)，可以大大提高求解精度。

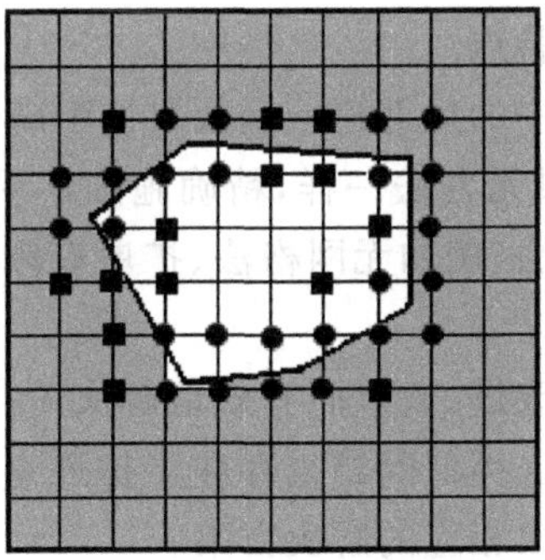

图 5.14　Dirichlet 边界条件的处理：在●处可以引入角点特殊函数；在■处可以引入棱边特殊函数

Newmann 边界条件式(5.66)，将以边界积分形式出现在载荷向量中，即

$$F_k|_\tau = \int_{\partial\tau} g\phi_k \mathrm{d}\Gamma \tag{5.73}$$

上述边界积分分成 n_{seg} 段来处理就成为

$$F_k|_\tau = \sum_{j=1}^{n_{\mathrm{seg}}}\int_{s_j} g(s)\phi_k(s)\mathrm{d}s = \sum_{j=1}^{n_{\mathrm{seg}}}\int_{s_j} g(t)\phi_k(t)\frac{\mathrm{d}s}{\mathrm{d}t}\mathrm{d}t \tag{5.74}$$

其中,t 为定义在母线段 s 上、值在[－1,1]区间的参数(见图 5.15)。数值积分将利用恰当阶的分片一维 Gauss 法则来实现。当然,如果被积函数是高度震荡函数或具有奇异性,还需采用自适应求积。

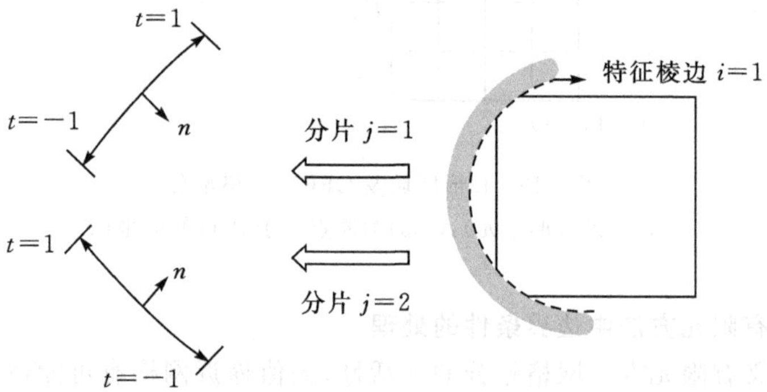

图 5.15　横穿单元的 Neumann 边界条件及处理方式

5.3.4　广义有限元法的特点及与扩展有限元法和数值流形方法的异同

1. 广义有限元方法的特点

由于广义有限元方法中的局部逼近函数取自于满足边界条件的规定问题的封闭解,因而它能像常规有限元方法一样,精确施加本质(Dirichlet)边界条件,这正是困扰其他类单位分解方法(例如无网格法、扩展有限元方法以及数值流形方法)的一个主要问题。

通过对线性求解器的改进,简单而有效地解决了广义有限元方法中系统方程组所固有的线性相关问题。类似问题也存在于扩展有限元方法和数值流形(有限覆盖)方法中,但却没有提出相应的解决方案。

广义有限元方法可以对复杂局部逼近函数的数值积分精度实现自适应的控制,以使它们不影响形状函数的插值精度。其他类单位分解方法,例如无网格法和扩展有限元方法,对该问题的研究则不够深入。

2. 广义有限元方法与扩展有限元方法的异同

扩展有限元法与广义有限元法都是常规有限元法的延伸，它们之间具有相似之处。

(1)相同或相近的网格剖分思想。两种方法在划分用于插值逼近的有限元网格时，都不考虑区域的内部结构细节，允许空洞、夹杂或裂纹等内边界横穿单元。并且，广义有限元法的网格还允许区域的外部轮廓横穿单元，这一思想大大增强了有限元方法网格剖分的灵活性。

(2)相同的理论基础。广义有限元法和扩展有限元法均根据基于单元的单位分解方法发展而来，在单元上对场变量进行局部插值逼近。由于二者均源于与常规有限元方法相同的插值逼近理论，因而它们保持了常规有限元方法的优良性能。

(3)处理结构细节的思想相同。这两种方法都寻求在插值函数中引入特殊函数(从而增加单元自由度)的思想来考虑真实结构中存在的各种细节，并发展了与之对应的算法和策略(如数值积分技术等)。

(4)相同或相近的单元分解思想。由于形状函数中引入了特定的局部逼近函数，广义有限元法和扩展有限元法在进行数值积分时都采用了单元分解思想。以二维问题为例，广义有限元法常常将单元子划分成四边形单元，扩展有限元法将单元子划分成三角形单元，但这种为了数值积分所进行的单元分解，完全不同于常规有限元法中的网格细化，不会增加问题的总自由度数或扩大问题的求解规模。

但是，它们之间有两个主要区别：

(1)两种单元结点处自由度的物理涵义不同。在引入局部逼近函数的同时，广义有限元方法在结点处引入了广义自由度，其物理意义可解释为以该结点为“中心”的支集上的局部逼近函数(封闭解的各项)的权重；扩展有限元法的附加自由度可解释为结点处增强基函数的权重，是对结点常规结点自由度的补充和扩展。例如对于空洞问题，当采用常规有限元网格时，扩展有限元的附加自由度会自动消失(或通过去除附加自由度或置附加自由度为零实现)，很自然地退化成常规有限元方法。但广义有限元方法必须改变局部逼近函数，首先在广义自由度上反映这种变化，才能最终退化为常规有限元方法。

(2)形状函数的特性不同。虽然这两种方法在形状函数中都引入了针对具体问题的局部逼近函数(对于广义有限元法)或增强函数(对于扩展有限元法)，但它们的特性有着本质差异，这是两种方法的最根本区别所在。以空洞问题为例，扩展有限元方法以对常规自由度的扩展为特征，着眼于内部几何或材料发生变化时表现出的最基本性质，利用整体坐标表示的符号距离函数表征界面两侧位移梯度(应变)所出现的跳跃，因而，扩展有限元方法的增强函数具有插值基函数的特征，也不随空洞的形状和边界条件而发生变化。对同样问题，广义有限元法中的局部逼近函数是规定问题封闭解的各项，并不具有插值基函数的特性；而且，形式因结构细节、载荷和边界条件而不同。

另外，这两种方法所采用的数值积分技术也不同。由于广义有限元法的形状函数通常不再是母单元坐标的多项式函数，被积函数在单元上常常是不光滑的、不连续的、甚至是奇异的，因而必须发展相应的数值积分技术。扩展有限元法则通过扩展单元内部的单元分解（例如二维问题，将单元子划分成三角形和四边形），采用高阶 Gauss 求积进行数值积分，更深入的研究尚未见报道。已有研究表明，广义有限元的数值积分精度与求解精度关联，并且，为了获得更高的积分精度，发展了新的快速细化自适应数值积分技术，或者建议采用 DECUHR 等自适应方法等，进行数值积分。

应该提及的是，广义有限元方法具有相对较严谨的数学基础，其误差可根据局部逼近函数的误差事先估计；而对扩展有限元方法，这方面的工作难度较大，研究进展也相对较少。

3. 广义有限元方法与数值流形方法的异同

1991 年和 1992 年，石根华先后撰文，提出了数值流形方法（NMM）。1997 年，裴觉民翻译出版了有关数值流形方法的专著。1998 年 Chen 等建立了高阶数值流形方法的公式。2003 年，Terada 等将数值流形方法发展成为有限覆盖方法（FCM）。这类方法在处理不连续问题及大变形问题时具有独特优势，目前在岩土工程中得到了深入研究和广泛应用。

数值流形方法采用数学域和物理域两个概念开始对方法的描述。所谓数学域就是指与物理无关的数学函数的定义区域；物理域则是物理量的定义区域 Ω，可根据内部的物理或边界特征划分成不同的几个区域 Ω_i。数学域由部分或全部重叠的有限分片相并而成，这些分片称为数学覆盖；利用数值流形方法描述问题时，数学域（即数学覆盖的并集）不需与物理域一致，但必须完全覆盖物理域。将数学覆盖 M_I 与物理域 Ω_i 的公共区域称为物理覆盖，记做 $P_I^{[\alpha]}$。基于此，Terada 等又将满足协调性和完备性（又称再生性条件）的物理覆盖称为有限覆盖。

在数学覆盖 M_I 上定义权函数 $w_I(x)$，并满足

$$\begin{cases} w_I(x) \neq 0, & x \in M_I \\ w_I(x) = 0, & x \notin M_I \end{cases} \tag{5.75}$$

以及在整个数学域上

$$\sum_{I=1}^{N_M} w_I(x) = 1 \tag{5.76}$$

其中 N_M 为数学覆盖的总数目。(5.75)式表明权函数 $w_I(x)$ 是 M_I 上的支函数，

(5.76)式就是逼近连续性要求的单位分解。

在物理覆盖 $P_I^{[\alpha]}$ 上定义覆盖函数 $u_I^{[\alpha]}$，这样，整体位移函数由下式逼近

$$u(x) \simeq u^h(x) = \sum_{I=1}^{N_M} \sum_{i=1}^{n_I} w_I(x) u_I^{[\alpha]} \tag{5.77}$$

其中，n_I 是与数学覆盖 M_I 相关联的物理覆盖的数目。$\alpha=\alpha(I,i)$是 I 与 i 的函数，描述数学覆盖 M_I 与物理域 Ω_i 的共有情况。

在有限覆盖方法中仿照有限元方法还定义了诸如"单元"和"结点"等几何要素。从网格剖分角度，若数学覆盖与物理覆盖重合，有限覆盖方法就退化为常规有限元方法；再者，若数学覆盖选为有限元结点的支集，则二者完全相同，即就是，"单元"是物理覆盖（或结点支集）的公共区域，"结点"是数学覆盖（或结点支集）的"星"。

广义有限元方法的网格与实际的物理域也可以不相同，犹如数值流形方法的数学域与物理域之不同。但是二者仍有较大区别。

(1)出发点不同：广义有限元方法，一方面通过采用规则的网格，克服因具有复杂内外结构问题造成网格剖分上的困难；另一方面，加入规定问题的封闭解，既易于边界条件的处理，又提高了求解精度。数值流形方法则针对岩土工程中块体结构之间存在的不连续性和大变形问题，通过在物理覆盖上设置待定函数，予以有效解决。两种方法各有特色。

(2)核心问题不同：由于研究的对象不同，这两种方法所面临的核心问题也不相同。广义有限元方法必须获得对应问题的解析解；数值流形方法则必须很好解决物理覆盖间的接触问题。应该说，两种方法都对各自的核心问题提出了较好的处理策略。

另外，这两种方法都面临数值积分和线性相关性两个主要问题。

由于数学域与物理域的不同，即使采用规则形状的数学覆盖，也可能遇到在不规则单元上的数值积分。数值流形方法将复杂形状化成单纯型予以处理，广义有限元方法则采用自适应方法保证积分的精度。但对于常规有限元方法，数值积分只需采用标准的高斯积分就可解决，是个相对简单和成熟的问题。

为了提高逼近精度，数值流形方法常采用高阶覆盖函数；在广义有限元方法中，则通过引入广义自由度对结点自由度进行高阶插值。实际上，这两种做法中的插值基函数均具有线性相关性。正如前述，广义有限元方法对基函数相关性导致的系统矩阵的缺秩问题进行了详细研究；在数值流形方法中，初期的工作、甚至对高阶数值流形方法的专门研究中，也没触及这一重要问题，可喜的是，目前该问题逐步得到重视，并建议采用广义有限元方法中的处理策略。

5.3.5 广义有限元方法的应用及发展展望

1. 广义有限元方法的应用

广义有限元方法的研究目标就是以有限元方法为基础，高效、高精度地解决复杂实际问题，因而在方法本身研究和发展的同时，广义有限元方法已在不同领域得到了应用。

Plaks 等利用广义有限元方法模拟了磁纳米颗粒的自组装问题，使复杂问题数值模拟的困难，从网格剖分和防止扭曲转移到了数值积分上。Simone 等利用广义有限元方法，对多晶体分析中的晶体颗粒边界进行了明晰的处理。认为晶粒边界和交汇点是位移不连续发生、发展的轨迹，从而将插值函数的单位分解特性嵌入到有限元方法中，因而，有限单元的网格不需要与多晶的拓扑一致。该法与 Sukumar 等处理同类问题的扩展有限元方法比较，只在构造局部逼近函数的原理上有区别，却更容易处理分支和交叉裂纹问题。Strouboulis 等借助于广义有限元方法，通过在顶点处的插值逼近中引入平面波函数，分析了高波数($\leqslant 64$)的 Helmholtz 方程。Pereira 等根据与求解方法及有限元离散无关的序列映射，利用广义有限元方法，提出了从环路积分法(CIM)、截断函数法(CFM)和 J 积分法中提取应力强度因子的实施方案。结果表明，这三种求解应力强度因子方法的收敛速度均快于广义有限元解的能量范数误差，而且 CIM 和 CFM 比 J 积分法更好。Barros 等在广义有限元方法基础上，采用平衡单元残差法，定义了整体和局部的误差预估算子，并以平面弹性问题为例，展示了预估算子的有效性；在此基础上，他们将广义有限元方法延伸至处理由于累积损伤产生的材料非线性问题，并因此提出了一个特定的 p 型自适应策略。Duarte 等利用广义有限元方法进行了三维动态裂纹扩展模拟，不需对网格做任何重构。广义有限元形状函数中的单位分解函数，综合不连续的 Shepard 单位分解和有限元的单位分解(称之为 FE-Shepard PU)特性而构造，以发挥各自在裂纹几何建模和数值积分方面的优点；局部逼近函数可以是多项式函数或用户定义的函数，均能有效近似裂纹前沿的奇异场。当裂纹扩展时，只需修改沿裂纹表面的单位分解函数，并不需要对网格连续重构或对不同网格上解之间映射。数值算例展示了该法在动态裂纹扩展模拟时的主要特征和计算效率。

2. 广义有限元方法的发展展望

准确地说，广义有限元方法是一种数值求解思想。广义有限元方法的形状函数由具有单位分解特性的函数和对具体问题的局部逼近函数相乘而构造，只与问题的物理本质和几何特征有关，均独立于所采用的网格，因而可以采用非常简单直观、相对粗糙的规则单元和网格，以利于进行数值积分。

但是,由于在简单问题上难以很好展示其优势,广义有限元方法的有效性一般首先通过严格的数学证明给出,因而涉及的都是某个具体给定问题、并针对特定的边界条件,较难被广大工程技术人员当做一种普适的数值方法而接受。展望广义有限元方法的未来发展,尚有诸多议题等待开展。举例如下:

(a)广义有限元方法和扩展有限元方法分别为不同学派所提出,应各取二者之长。广义有限元方法将局部逼近网格(背景网格)与求解域分离,实现了有限元方法与单位分解方法间的巧妙结合,可以解决复杂内部结构问题和不规则外部边界问题。这些特点,极有可能促进扩展有限元方法的发展或二者之间的结合。

(b)广义有限元方法严格的数学理论,是对有限元理论的重大发展,基于此,有望创造出新类型的有限单元,并对过去有限元方法的体系进行重新梳理。

(c)复杂形状函数插值精度的判断。对于多项式插值,广义有限元方法通过再生性研究,可以预估形状函数的插值精度。但是,广义有限元方法和扩展有限元方法在形状函数中都引入了复杂的函数形式,对新的形状函数的插值精度,有待进一步研究。

(d)广义有限元方法形状函数的线性相关性,说明了形状函数构造的不唯一性。这种不唯一性对数值计算结果的影响需要研究,以更加明确。

(e)通用的广义有限元方法的框架有待搭建。为此,需要开展相关研究,以建立完善的局部逼近函数库,提出数值积分、线性相关性处理以及边界条件处理策略选取准则等。

(f)借鉴数值流形(有限覆盖)方法处理单元接触的问题,发展广义有限元方法,以应用于诸如块体结构等具有较大变形的复杂结构问题,发挥两种方法的各自优势。

思考题

1. 分析常规有限元方法在处理内部含有夹杂问题及裂纹问题时所采用有限元网格的特征,并解释其原因。

2. 以具体函数(例如 x^2)为例,解释单位分解特性(5.1)式的含义。

3. 参考图 5.4,试将多边形界面的水平集函数(5.8)式退化至椭圆(或圆)形界面的水平集函数,并与(5.7)式或(5.6)式进行比较。

4. 解释(5.11)式中针对空洞或夹杂问题的扩展有限元逼近函数中待求参数 $\boldsymbol{u}_I$ 和 $\boldsymbol{a}_I$ 的物理意义。在什么条件下,$\boldsymbol{u}_I=\boldsymbol{u}(\boldsymbol{x}_I)$成立?

5. 解释(5.15)式中针对裂纹问题的扩展有限元逼近函数中待求参数 $\boldsymbol{u}_I$、$\boldsymbol{a}_I$ 和 $\boldsymbol{c}_I^\alpha$ 的物理意义。

6. 举出其他不连续问题的实例，并提出用扩展有限元方法处理的具体方案。

7. 证明：若广义有限元方法的每个单元具有相同的局部逼近，则根据局部逼近、经单位分解函数构造的形状函数具有比局部逼近函数高一阶的整体插值精度。

8. 仿照 5.3.1 节定理中①的证明方法，证明定理中的②，即证明下列两个函数空间等价：

$$\text{span}\{\bar{S}_\tau\} = \text{span}\{1, x, y, xy, x^2, y^2, x^2y, xy^2, x^3, y^3\} = \mathscr{P}_3$$

9. 分析广义有限元方法的局部逼近基函数中包含常数 1 的必要性？试用实例加以说明。

10. 以单空洞问题为例，比较广义有限元方法与扩展有限元方法的异同。

参考文献

李录贤，王铁军，2005. 扩展有限元及其应用[J]. 力学进展，35(1)：5－20.

李录贤，2009. 广义有限元方法研究进展[J]. 应用力学学报，26(1)：96－108.

梁国平，何江衡，1995. 广义有限元方法——一类新的逼近空间[J]. 力学进展，25(4)：562－565.

栾茂田，田荣，杨庆，2000. 广义结点有限元法[J]. 计算力学学报，17(2)：192－200.

栾茂田，田荣，杨庆，2002. 平面广义四结点等参元 GQ4 及其性能探讨[J]. 力学学报，34(4)：578－584.

彭自强，李小凯，葛修润，2004. 广义有限元法对动态裂纹扩展的数值模拟[J]. 岩土力学与工程学报，23(18)：3132－3137.

邵国建，刘体锋，2002. 广义有限元及其应用[J]. 河海大学学报(自然科学版)，30(4)：28－31.

石根华，1997. 数值流形方法与非连续变形分析[M]. 裴觉民，译. 北京：清华大学出版社.

田荣，栾茂田，杨庆，2000. 高阶形式广义结点有限元法及其应用[J]. 大连理工大学学报，40(4)：492－495.

张振宇，董兴平，2004. 弹塑性力学问题的广义有限元法[J]. 盐城工学院学报(自然科学版)，17(4)：19－21.

BABUSKA I, CALOZ G, OSBORN J, 1994. Special finite element methods for a class of second order elliptic problems with rough coefficients[J]. SIAM Journal on Numerical Analysis, 31: 945－981.

BABUSKA I, MELENK J M, 1997. The partition of unity method[J]. International Journal for Numerical Method in Engineering, 40: 727－758.

BABUSHKA I, OSBORN J E, 1983. Generalized finite element methods: their performance and their relation to mixed methods[J]. SIAM Journal of Numerical Analysis, 20(3): 510 - 535.

BARENBLATT G I, 1962. The mathematical theory of equilibrium of cracks in brittle fracture[J]. Advances in Applied Mechanics, 7: 55 - 129.

BARROS F B, PROENCA S P B, DE BARCELLOS C S, 2004a. On error estimator and p-adaptivity in the generalized finite element method[J]. International Journal for Numerical Methods in Engineering, 60(14): 2373 - 2398.

BARROS F B, PROENCA S P B, DE BARCELLOS C S, 2004b. Generalized finite element method in structural nonlinear analysis-a p-adaptive strategy[J]. Computational Mechanics, 33(2): 95 - 107.

BARTH T J, SETHIAN J A, 1998. Numerical schemes for the Hamilton-Jacobi and level set equations on triangulated domain[J]. Journal of Computational Physics, 145: 1 - 40.

BELYTSCHKO T, BLACK T, 1999. Elastic crack growth in finite elements with minimal remeshing[J]. International Journal for Numerical Methods in Engineering, 45: 601 - 620.

BELYTSCHKO T, PARIMI C, MOES N, et al, 2003. Structured extended finite element methods for solids defined by implicit surfaces[J]. International Journal for Numerical Methods in Engineering, 56: 609 - 635.

CHEN G, OHNISHI Y, ITO T, 1998. Development of higher-order manifold method[J]. International Journal for Numerical Methods in Engineering, 43: 685 - 712.

CHESSA J, BELYTSCHKO T, 2003. An extended finite element method for two-phase fluids[J]. ASME Journal of Applied Mechanics, 70: 10 - 17.

CHESSA J, SMOLINSKI P, BRLYTSCHKO T, 2002. The extended finite element method (XFEM) for solidification problems[J]. International Journal for Numerical Methods in Engineering, 53: 1959 - 1977.

CHESSA J, WANG H, BELYTSCHKO T, 2003. On the construction of blending elements for local partition of unity enriched finite elements[J]. International Journal for Numerical Method in Engineering, 57: 1015 - 1038.

CHOPP D L, 2001. Some improvements of the fast marching method[J]. SIAM Journal on Scientific Computing, 23: 230 - 244.

CHOPP D L, SUKUMAR N, 2003. Fatigue crack propagation of multiple coplanar cracks with the coupled extended finite element/fast marching method[J]. International Journal of Engineering Science,41:845 - 869.

DAUX C,MOES N,DOLBOW J,et al,2000. Arbitrary branched and intersecting cracks with the extended finite element method[J]. International Journal for Numerical Methods in Engineering,48:1741 - 1760.

DOLBOW J, BELYTSCHKO T, 1999. Numerical integration of the Galerkin weak form in meshfree methods[J]. Computational Mechanics,23:219 - 230.

DOLBOW J,GOSZ M,2002. On the computation of mixed-mode stress intensity factors in functionally graded materials[J]. International Journal of Solids and Structures,39:2557 - 2574.

DOLBOW J,MOES N,BELYTSCHKO T,2000a. Modeling fracture in Mindlin-Reissner plates with the extended finite element method[J]. International Journal of Solids and Structures,37:7161 - 7183.

DOLBOW J,MOES N,BELYTSCHKO T,2000b. Discontinuous enrichment in finite elements with a partition of unity method[J]. Finite Elements in Analysis and Design,36:235 - 260.

DOLBOW J, MOES N, BELYTSCHKO T, 2001. An extended finite element method for modeling crack growth with frictional contact[J]. Computer Methods in Applied Mechanics and Engineering,190:6825 - 6846.

DOLBOW J,NADEAU J C,2002. On the use of effective properties for the fracture analysis of microstructured materials[J]. Engineering Fracture Mechanics, 69:1607 - 1634.

DUARTE C A,BABUSKA I, ODEN J T,2000. Generalized finite element methods for three-dimensional structural mechanics problems [J]. Computer & Structures,77:215 - 232.

DUARTE C A,HAMZEH O N,LISZKA T J,et al,2000. A generalized finite element method for the simulation of three-dimensional dynamic crack propagation[J]. Computer Methods in Applied Mechanics and Engineering, 190, 15 - 17:2227 - 2262.

DUARTE C A,ODEN J T,1996. An H-P adaptive method using clouds[J]. Computer methods in Applied Mechanics and Engineering,139:237 - 262.

DUFF I S,REID J K,1983. The multifrontal solution of indefinite sparse symmetric linear systems[J]. ACM Mathematical Software,9:302 - 325.

DUGDALE D S,1960. Yielding of steel of sheets containing slits[J]. Journal of

Mechanics and Solids, 8: 100 - 108.

ESPELID T O, GENZ A, 1994. DECUHR: An algorithm for automatic integration of singular functions over a hyperrectangular region [J]. Numerical Algorithms, 8: 201 - 220.

FLEMING M, CHU Y A, MORAN B, et al, 1997. Enriched element-free Galerkin methods for crack tip fields[J]. International Journal for Numerical Methods in Engineering, 40: 1483 - 1504.

GRAVOUIL A, MOES N, BELYTSCHKO T, 2002. Non-planar 3D crack growth by the extended finite element and level sets-Part II: Level set update[J]. International Journal for Numerical Methods in Engineering, 53: 2569 - 2586.

HUANG R, PREVOST J H, HUANG Z Y, et al, 2003. Channel-cracking of thin films with the extended finite element method[J]. Engineering Fracture Mechanics, 70: 2513 - 2526.

HUANG R, PREVOST J H, SUO Z, 2002. Loss of constraint on fracture in thin film structures due to creep[J]. Acta Materialia, 50: 4137 - 4148.

HUANG R, SUKUMAR N, PREVOST J H, 2003. Modeling quasi-static crack growth with the extended finite element method Part II: Numerical applications [J]. International Journal of Solids and Structures, 40: 7539 - 7552.

IARVE E V, 2003. Mesh independent modeling of cracks by using higher order shape functions[J]. International Journal for Numerical Methods in Engineering, 56: 869 - 882.

JI H, CHOPP D, DOLBOW J E, 2002. A hybrid extended finite element/level set method for modeling phase transformations[J]. International Journal for Numerical Methods in Engineering, 54: 1209 - 1233.

JI H, DOLBOW J, 2004. On strategies for enforcing interfacial constraints and evaluating jump conditions with the extended finite element method[J]. International Journal for Numerical Methods in Engineering, 61: 2508 - 2535.

KANSA E J, 1990a. Multiquadrics-a scattered data approximation scheme with applications to computational fluid-dynamics-I surface approximations and partial derivative estimates[J]. Computational Mathematics Application, 19: 127 - 145.

KANSA E J, 1990b. Multiquadrics-a scattered data approximation scheme with applications to computational fluid-dynamics-II solutions to parabolic, hyperbolic partial differential equations[J]. Computational Mathematics Application,

19:147 - 161.

KARIHALOO B L,XIAO Q Z,2003. Modeling of stationary and growing cracks in FE framework without remeshing:a state-of-the-art review[J]. Computers & Structures,81:119 - 129.

KRONGAUZ Y, BELYTSCHKO T, 1996. Enforcement of essential boundary conditions in meshless approximations using finite elements [J]. Computer Methods in Applied Mechanics and Engineering,131:133 - 142.

LI L X,HAN X P,XU S Q,2004. Study on the degeneration of quadrilateral element to triangular element[J]. Communications in Numerical Methods in Engineering,20:671 - 679.

LI L X, KUNIMATSU S, HAN X P, et al, 2004. The analysis of interpolation precision of quadrilateral elements[J]. Finite elements in Analysis and Design, 41:91 - 108.

LIANG J, HUANG R, PREVOST J H, et al, 2003a. Evolving crack patterns in thin film with the extended finite element method[J]. International Journal of Solids and Structures,40:2343 - 2354.

LIANG J,HUANG R,PREVOST J H,et al,2003b. Thin film cracking modulated by underlayer creep[J]. Experimental Mechanics,43:269 - 279.

LIU W K, JUN S, LI S, et al, 1995. Reproducing kernel particle methods for structural dynamics[J]. International Journal for Numerical Methods in Engineering,38:1655 - 1679

LISZKA T,ORKISZ J,1980. The finite difference method at arbitrary irregular grids and its application in applied mechanics[J]. Computers & Structures,11: 83 - 95.

MA G W,AN X M,ZHANG H H,et al,2009. Modeling complex crack problems using the numerical manifold method[J]. International Journal of Fracture, 156:21 - 35.

MARIANI S,PEREGO U,2003. Extended finite element method for quasi-brittle fracture[J]. International Journal for Numerical Methods in Engineering,58: 103 - 126.

MELENK J M,1995. On generalized finite element method[D]. City of College Park:University of Maryland.

MELENK J M,BUBSKA I,1996. The partition of the unity finite element method:basic theory and applications[J]. Computer Methods in Applied Mechanics and Engineering,139:289 - 314.

MERLE R,DOLBOW J,2002. Solving thermal and phase change problems with the eXtended finite element method[J]. Computational Mechanics, 28: 339 - 350.

MOES N,BECHET E,TOURBIER M,2006. Imposing Dirichlet boundary conditions in the extended finite element method[J]. International Journal for Numerical Methods in Engineering,67:1641 - 1669.

MOES N,BELYTSCHKO T,2002. Extended finite element method for cohesive crack growth[J]. Engineering Fracture Mechanics,69:813 - 833.

MOES N, DOLBOW J, BELYTSCHKO T, 2002. A finite element method for crack growth without remeshing[J]. International Journal for Numerical Methods in Engineering,46:131 - 150.

MOES N,GRAVOUIL A,BELYTSCHKO T,2002. Non-planar 3D crack growth by the extended finite element and level sets-Part I: Mechanical model[J]. International Journal for Numerical Methods in Engineering,53:2549 - 2568.

MONAGHAN J J, 1988. An introduction to SPH [J]. Computational Physics Communications,48:89 - 96.

MOUSAVI S E,XIAO H,SUKUMAR N,2010. Generalized Gaussian quadrature rules on arbitrary polygons[J]. International Journal for Numerical Methods in Engineering,82:99 - 113.

NAGASHIMA T,OMOTO Y,TANI S,2003. Stress intensity factor analysis of interface cracks using X-FEM[J]. International Journal for Numerical Methods in Engineering,56:1151 - 1173.

OSHER S. SETHIAN J A, 1988. Fronts propagating with curvature-dependent speed: Algorithms based on Hamilton-Jacobi formulations[J]. Journal of Computational Physics,79:12 - 49.

PATZAK B,JIRASEK M,2003. Process zone resolution by extended finite elements[J]. Engineering Fracture Mechanics,70:957 - 977.

PEREIRA J P,DUARTE C A,2003. Extraction of stress intensity factors from generalized finite element solutions[J]. Engineering Analysis with Boundary Elements,29(4):397 - 413.

PLAKS A, TSUKERMAN I, FRIEDMAN G, et al, 2003. Generalized finite-element method for magnetized nanoparticles[J]. IEEE Transactions on Magnetics,39(3):1436 - 1439.

RASHID M M, GULLETT P M, 2000. On a finite element method with variable element topology[J]. Computers Methods in Applied Mechanics and Engineering, 190: 1509 - 1527.

SETHIAN J A, 1999. Level Set Methods and Fast Marching Methods: Evolving Interfaces in Computational Geometry, Fluid Mechanics, Computer Version, and Materials Science[M]. Cambridge, UK: Cambridge University Press.

SHI G, 1991. Manifold method of material analysis[C]// Trans. 9th Army Conf. on Applied Mathematics and Computing. Minneapolis, Minnesota: 57 - 76.

SHI G, 1992. Modeling rock joints and blocks by manifold method[C]// Rock Mechanics; Proc. 33rd U. S. Symposium, Santa Fe, New Mexico: 639 - 648.

SIMONE A, DUARTE C A, VAN DER GIESSEN E, 2006. A Generalized Finite Element Method for polycrystals with discontinuous grain boundaries[J]. International Journal for Numerical Methods in Engineering, 67(8): 1122 - 1145.

STAZI F L, BUDYN E, CHESSA J, et al, 2003. An extended finite element method with higher-order elements for curved cracks[J]. Computational Mechanics, 31: 38 - 48.

STOLARSKA M, CHOPP D L, MOES N, et al, 2001. Modeling crack growth by level sets in the extended finite element method[J]. International Journal for Numerical Methods in Engineering, 51: 943 - 960.

STROUBOULIS T, BABUSKA I, COPPS K, 2000. The design and analysis of the generalized finite element method[J]. Computer Methods in Applied Mechanics and Engineering, 181: 43 - 69.

STROUBOULIS T, BABUSKA I, HIDAJAT R, 2006. The generalized finite element method for Helmholtz equation: Theory, computation, and open problems [J]. Computer Methods in Applied Mechanics and Engineering, 195(37 - 40): 4711 - 4731.

STROUBOULIS T, COPPS K, BABUSKA I, 2000. The generalized finite element method: an example of its implementation and illustration of its performance [J]. International Journal for Numerical Methods in Engineering, 47: 1401 - 1417.

STROUBOULIS T, COPPS K, BABUSKA I, 2001. The generalized finite element method[J]. Computer Methods in Applied Mechanics and Engineering, 190: 4081 - 4193.

SUKUMAR N, CHOPP D L, MOES N, et al, 2001. Modeling holes and inclusions by level sets in the extended finite-element method[J]. Computer Methods in Applied Mechanics and Engineering,190:6183-6200.

SUKUMAR N,CHOPP D L,MORAN B,2003. Extended finite element method and fast marching method for three dimensional fatigue crack propagation[J]. Engineering Fracture Mechanics,70:29-48.

SUKUMAR N,MOES N,MORAN B,et al,2000. Extended finite element method for three-dimensional crack modeling[J]. International Journal for Numerical Methods in Engineering,48:1549-1570.

SUKUMAR N,PREVOST J H,2003. Modeling quasi-static crack growth with the extended finite element method. Part I:Computer implementation[J]. International Journal of Solids and Structures,40:7513-7537.

SUKUMAR N,SROLOVITZ D J,BAKER T J,et al,2003a. Brittle fracture in polycrystalline microstructures with the extended finite element method[J]. International Journal for Numerical Method in Engineering,56:2015-2037.

SUKUMAR N,SROLOVITZ D J,BAKER T J,et al,2003b. Brittle fracture in polycrystalline microstructures with the extended finite element method[J]. International Journal for Numerical Methods in Engineering,56:2015-2037.

SZABO B A,BABUSKA I,1999. Finite Element Analysis[M]. New York:Wiley:169-173.

TERADA K,ASAI M,YAMAGISHI M,2003. Finite cover method for linear and non-linear analyses of heterogeneous solids[J]. International Journal For Numerical Methods in Engineering,58:1321-1346.

WAGNER G J,GHOSAL S,LIU W K,2003. Particle flow simulations using lubrication theory solution enrichment. International Journal for Numerical Methods in Engineering,56:1261-1289

WAGNER G J,MOES N,LIU W K,et al. The extended finite element method for rigid particles in Stokes flow[J]. International Journal for Numerical Methods in Engineering,51:293-313.

WELLS G N,SLUYS L J,2001. A new method for modeling cohesive cracks using finite elements[J]. International Journal for Numerical Methods in Engineering,50:2667-2682.

XIAO Q Z,KARIHALOO B L,2006. Improving the accuracy of XFEM crack tip fields using higher order quadrature and statically admissible stress recovery [J]. International Journal for Numerical Methods in Engineering,66:1378-

1410.

ZHANG H H,LI L X,2009. Modeling inclusion problems in viscoelastic materials with the extended finite element method[J]. Finite Elements in Analysis and Design,45:721 - 729.

ZHANG H H,LI L X,AN X M,et al,2010. Numerical analysis of 2-D crack propagation problems using the numerical manifold method[J]. Engineering Analysis with Boundary Elements,34:41 - 50.

ZI G,BELYTSCHKO T,2003. New crack-tip element for XFEM and applications to cohesive cracks[J]. International Journal for Numerical Methods in Engineering,57:2221 - 2240.

AN X M,ZHAO Z Y,ZHANG H H,et al,2013. Investigation of linear dependence problem of three-dimensional partition of unity-based finite element methods[J]. Computer Methods in Applied Mechanics and Engineering,233 - 236:137 - 151.

AN X M,LI L X,MA G W,et al,2011. Prediction of rank deficiency in partition of unity-based methods with plane triangular or quadrilateral meshes[J]. Computer Methods in Applied Mechanics and Engineering,200:665 - 674.

延伸材料

多物理场有限元分析及 COMSOL 团队介绍*

COMSOL 公司是全球多物理场建模与仿真解决方案的提倡者和领导者，其旗舰产品 COMSOL Multiphysics，使工程师和科学家们可以通过模拟，赋予设计理念以生命。它有无与伦比的能力，使所有的物理现象可以在计算机上完美重现。COMSOL 的用户正在利用它提高手机的接收性能，改进医疗设备的性能以提供更准确的诊断。它使汽车和飞机变得更加安全和节能，可以使用它寻找新能源、探索宇宙，甚至利用它去培养下一代科学家。

COMSOL Multiphysics 起源于 MATLAB 的 Toolbox，最初命名为 Toolbox 1.0。后来改名为 FEMLAB 1.0(FEM 为有限元，LAB 取自于 MATLAB)，这个名字也一直沿用到 FEMLAB 3.1。从 2005 年 3.2 版本开始，正式命名为 COMSOL Multiphysics。

* 来源于搜狗百科，略有改动。

COMSOL Multiphysics 是一款大型的高级数值仿真软件，广泛应用于各个领域的科学研究以及工程计算，模拟科学和工程领域的各种物理过程。目前，COMSOL 已具有结构力学模块(Structural Mechanics Module)、化学工程模块(Chemical Engineering Module)、传热模块(Heat Transfer Module)、地球科学模块(Earth Science Module)、射频模块(RF Module)、AC/DC 模块(AC/DC Module)、微机电模块(MEMS Module)、声学模块(Acoustics Module)，以及反应工程实验室(COMSOL Reaction Engineering LAB)、信号与系统实验室(Signal & System LAB)、优化实验室(Optimization LAB)、CAD 导入模块(CAD Import Module)、二次开发模块(COMSOL ScriptTM)等。

Multiphysics 意为多物理，因此，COMSOL Multiphysics 的优势在多物理场耦合方面。多物理场的本质就是偏微分方程组(PDEs)，所以，只要可以用偏微分方程组描述的物理现象，COMSOL Multiphysics 都能够进行很好的计算、模拟和仿真。

2006 年 COMSOL Multiphysics 再次被 NASA 技术杂志选为“本年度最佳上榜产品”，NASA 技术杂志主编点评其为“工程领域最有价值和意义的产品。”

COMSOL Multiphysics 以有限元法为基础，通过求解偏微分方程(单场)或偏微分方程组(多场)来实现真实物理现象的仿真，用数学方法求解真实世界的物理现象，范围涵盖从流体流动、热传导，到结构力学、电磁分析等多种物理场。COMSOL 中定义模型非常灵活，材料属性、源项，以及边界条件等可以是常数、任意变量的函数、逻辑表达式，或者直接是一个代表实测数据的插值函数等，因而，用户可利用 COMSOL Multiphysics 快速地建立模型。

COMSOL Multiphysics 中包含的多物理场应用模式能够解决许多常见物理问题，用户可自主选择需要的物理场并定义相互间的关系。此外，用户还可输入自己的偏微分方程(PDEs)，并设定它与其他方程或物理量之间的关系。

总之，COMSOL Multiphysics 力图满足用户仿真模拟的所有需求，有望成为用户的首选仿真工具。与其他有限元分析软件相比，利用附加的功能模块，COMSOL Multiphysics 的软件功能可以很容易进行扩展，使之更强大。

COMSOL Multiphysics 的显著特点概括如下：

- 求解多场问题＝求解方程组——用户只需选择或者自定义不同专业的偏微分方程，并进行任意组合，便可轻松实现多物理场的直接耦合分析。
- 完全开放的架构——用户可在图形界面中轻松自由定义所需的专业偏微分方程。
- 任意独立函数控制的求解参数——材料属性、边界条件、载荷均支持参数控制。

- 专业的计算模型库——内置各种常用的物理模型，用户可轻松选择并进行必要的修改。
- 内嵌丰富的CAD建模工具——用户可直接在软件中进行二维和三维建模。
- 全面的第三方CAD导入功能——支持当前主流CAD软件格式文件的导入。
- 强大的网格剖分能力——支持多种网格剖分，支持移动网格功能。
- 大规模计算能力——具备Linux、Unix和Windows系统下64位处理能力和并行计算功能。
- 丰富的后处理功能——可根据用户的需要进行各种数据、曲线、图片及动画的输出与分析。
- 专业的在线帮助文档——用户可通过软件自带的操作手册轻松掌握软件的操作与应用。
- 多国语言操作界面——易学易用，方便快捷的载荷条件、边界条件、求解参数设置界面。

第 6 章　无限元方法简介*

6.1　无限单元的概念及特点

6.1.1　无限元概念的提出

在水利、地震、岩土、海洋和爆破等实际工程中，常常会涉及到无界域问题。这类问题中为数不多的几个情形，如均质无限弹性空间在集中力或分布力作用下的应力分析，均质无界域中的圆孔内承受均布荷载作用等，通过数学手段，可得到解析解。对于比较复杂的工程实际问题，要获得解析解就非常困难，只能借助于数值途径。

有限元法的出现和迅速发展，为解决这一问题提供了强有力的数值手段。然而，在有限元单元尺寸和数目之“有限”与无界域之“无限”间必须进行折中与调和，其中最自然的做法就是保留有限元法的所有特征，而对无界域进行近似处理，即人为截取“足够大”的区域进行几何上的网格剖分，同时在“人为”边界上施加相应的近似约束边界条件。这种方法虽然不需引入新概念，但在对“足够大”的界定上让人感到很无奈：区域较小对数值计算规模的控制很有利，但从建模上就带来了较大误差；区域较大能减小建模误差，但数值计算规模将成级数倍增加。另一方面，对于波动问题，“人为”边界上的约束条件对求解精度影响很大，因为任何“人为”边界的存在，都会产生“本来就不存在的”波的反射，从而影响感兴趣区域(近场)上的求解精度。

实际上，处理无界域问题还可以采用这样一种方式，引入一种几何上无限大的“有限”单元，再对其在物理上进行界定，这就是无限元法思想的由来。无限元(Infinite Element)这一术语 1977 年由 Bettess 和 Zienkiewicz 第一次使用，在概念上它是有限元的延伸，是一种几何上可以趋于无限远处的单元，即它所占的区域是无限的；又由于无限元必须反映近场的边界特征或与模拟近场的有限元结合，它实际上只在一个方向趋于无限，因而又被称为半无限元。由于有限元的概念涵盖所有占非无穷小区域的单元，广义地讲，无限元仍然属于有限元的范畴。总之，无限元

---

* 本章内容曾在《力学进展》(2007,37(2):161 - 174)上发表，略有改动。

为克服有限元在解决无界域问题时而提出，常常与常规有限元同时用来解决更复杂的无界问题，是对有限元方法的一种补充，因而它与有限元方法的“无缝对接”与生俱在，比其他求解无界域问题的数值方法更具有优势。

6.1.2 无限单元的要素

图 6.1 所示为一典型的二维“四边形”无限单元。Ⅰ、Ⅱ、Ⅲ和Ⅳ四个结点是构成该无限元几何形状的最基本要素：Ⅰ、Ⅱ间的连线是无限单元的边界(Boundary)，当然，可以增加结点以描述曲线边界；Ⅰ-Ⅲ和Ⅱ-Ⅳ是无限单元的边(Edge)，分别趋于无限远处；Ⅰ、Ⅱ两点称为无限单元的角结点(Corner Node)，Ⅲ、Ⅳ称为无限单元对应边的中结点(Mid-side Node)。无限单元在几何上比较简单，它的两条边在笛卡儿坐标系中始终保持为直线，这就是说，用Ⅰ-Ⅲ和Ⅱ-Ⅳ两条直边已足够描述无限单元的几何特征。无限单元通过它的边(即Ⅰ-Ⅲ和Ⅱ-Ⅲ)与相邻的无限单元或趋于无限的边界相连，通过它的边界(即Ⅰ-Ⅱ)反映近场信息，或与近场的有限单元相连。

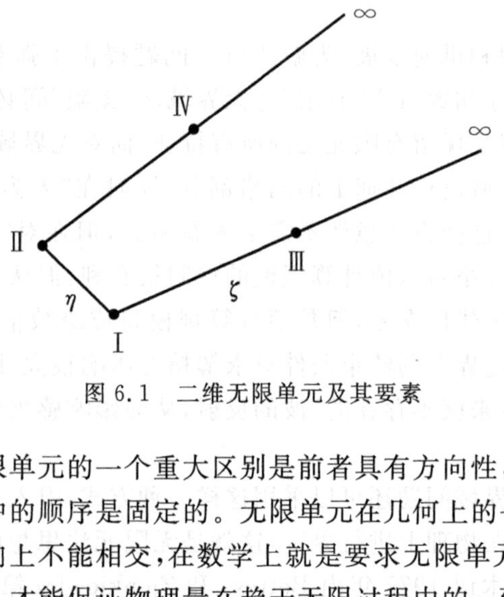

图 6.1 二维无限单元及其要素

无限单元与有限单元的一个重大区别是前者具有方向性，即Ⅰ、Ⅱ、Ⅲ、Ⅳ四个结点在局部坐标系中的顺序是固定的。无限单元在几何上的一个重要特点是两条边在趋于无穷的方向上不能相交，在数学上就是要求无限单元在无限方向上必须是发散的，只有这样，才能保证物理量在趋于无限过程中的一致单调性。对所生成的无限单元，必须逐个检查以保证符合该条件。

6.2 常规无限单元

本节将围绕无界域上 Helmholtz 方程的求解，介绍目前常用的无限元方法。应该提及的是，由 Helmholtz 方程控制的波的传播，必须满足 Sommerfeld 辐射条件。这种波典型的有表面水声波、声波、电磁波等。

6.2.1 Bettess 映射无限元

1977 年,Bettess 和 Zienkiewicz 在研究表面水声波的衍射和折射时,首次提出了无限单元的概念。该无限单元的母单元是如图 6.2 所示的带状单元,在无限方向上共有三个参考点,其坐标 ξ 的取值分别为 0,2 和 30。无限单元的形状函数取为如下形式

$$p(s)\mathrm{e}^{-s/L}\mathrm{e}^{iks} \tag{6.1}$$

其中,s 为定义在无限方向上的一种实际坐标(例如弧长);$p(s)$是 s 的多项式函数;L 为特征衰减长度;k 为波数。(6.1)式的第三项代表基本波形(即相位变化),第二项代表波幅随着 s 的衰减特征,第一项则代表波幅随着 s 的变化,如此选择的形状函数满足 Sommerfeld 辐射条件。第 r 个结点的形状函数被构造为

$$N_r = \mathrm{e}^{(s_r - s)}\mathrm{e}^{iks}\prod_{\substack{q=1\\ \neq r}}^{n-1}\left(\frac{s_q - s}{s_q - s_r}\right) \quad (r = 1 \sim n-1) \tag{6.2}$$

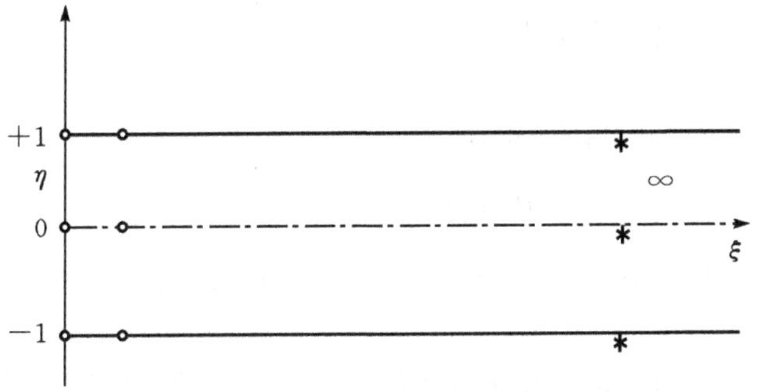

图 6.2 Bettess 元的母单元

考虑到形状函数为复数,对(6.2)式的插值性要求变为:本结点处绝对值为 1,其他结点处绝对值为 0。第 n 个结点设置在无限远处,其形状函数被定义为

$$N_n = 1 - \sum_{r=1}^{n-1} N_r \tag{6.3}$$

以保证单元的形状函数满足单位分解特性。

利用(6.2)式表示的形状函数,就可以用标准步骤建立单元矩阵,但是,由于相位部分的谐变函数采用多项式近似,因而,无界域单元上的数值积分一般需经过特殊处理,以满足精度要求。

1984 年,Bettess 等根据整体坐标和局部坐标间的映射,首次提出了一种映射无限单元,我们称之为 Bettess 单元。该单元所采用的几何映射为

$$x = \widetilde{N}_0(\xi) \cdot x_0 + \widetilde{N}_2(\xi) \cdot x_2 \tag{6.4}$$

其中，x 为整体坐标，ξ 为局部坐标。映射函数的表达式为

$$\widetilde{N}_0(\xi) = \frac{-\xi}{1-\xi} \qquad \widetilde{N}_2(\xi) = 1 + \frac{\xi}{1-\xi} \tag{6.5}$$

(6.4)式的几何映射具有以下特征：

(1)由于单位分解条件 $\widetilde{N}_0(x)+\widetilde{N}_2(x)=1$ 恒满足，坐标原点的任何改变对该映射不会产生影响；

(2)根据(6.5)式，该映射是一个奇异映射，因而无限远(若认为是一个点)被映射到奇点 $\xi=+1$；

(3)x_0 被映射到极限点 $\xi\to-\infty$，x_2 被映射到 $\xi=0$，x_0 和 x_2 的中点(记做 x_1)被映射到 $\xi=-1$。

求解(6.4)、(6.5)两式，可得逆映射为

$$\xi = 1 - \frac{A}{r} \tag{6.6}$$

其中，$A=x_2-x_0=2a=2(x_2-x_1)=2(x_1-x_0)$，$r=x-x_0$。

这样，局部坐标 ξ 的多项式函数

$$P = \alpha_0 + \alpha_1\xi + \alpha_2\xi^2 + \cdots \tag{6.7}$$

就代表相对坐标 r 的相同阶变化，即

$$P = \beta_0 + \frac{\beta_1}{r} + \frac{\beta_2}{r^2} + \cdots \tag{6.8}$$

如果 P 在无限远处衰减为 0，β_0 必为 0。另外还可以看出，x_0 是上述级数展开的极点。

我们知道，二维 Helmholtz 方程的解由 Hankel 函数和三角函数组合而成。0 阶 Hankel 函数当 r 较大时，相位粗略地以 $\cos(kr)+i\sin(kr)$ 形式振荡，振幅以 $r^{-1/2}$ 衰减。为模拟波的这种性质，Zienkiewicz 等对几何映射产生的级数乘以 $r^{1/2}$ 和 e^{ikr}，构造了如下的形状函数

$$N(\xi,\eta) = C \cdot M(\xi,\eta) \cdot \left(\frac{A}{1-\xi}\right)^{1/2} \exp\left(\frac{ikA}{1-\xi}\right) \tag{6.9}$$

其中，常数 C 取下列值

$$C = \left(\frac{2}{A}\right)^{1/2} \cdot \exp\left(\frac{-ikA}{2}\right) \tag{6.10}$$

以使无限元形状函数与有限元形状函数在 $\xi=-1$ 处(无限元与有限元的公共界面上)保持连续，即当 $\xi=-1$ 时(6.9)式绝对值为 1、相位为零。

Bettess 元经进一步完善后，能够正确模拟解的性态，而不需要进行诸如移动原点之类的人工干预，因而更容易生成无限单元并用于计算。

1998 年 Bettess 等对以前工作提出进一步改进，允许几何映射在单元内和单元间变化，即(6.6)式中的 A 在单元内随 η 变化，并由 $\eta=-1,0,+1$ 三条边上的值 A_i 插值而成，也就是

$$A(\eta)=\sum_{i=1}^{3}N_i\big|_{\xi=-1}A_i \tag{6.11}$$

这里假定 $N_i(i=1\sim3)$ 为 $\xi=-1$ 边上的三个形状函数。它们的数值结果表明，即使对于大纵横比椭圆体的衍射问题，这种新型无限元亦能获得很高的精度。

实际上，将(6.10)、(6.11)两式代入(6.9)式，并参考(6.6)式，可得到

$$\begin{aligned}N(\xi,\eta)&=M(\xi,\eta)\cdot\left(\frac{2}{1-\xi}\right)^{1/2}\exp\left(\frac{ik(1+\xi)A(\eta)}{2(1-\xi)}\right)\\&=M(\xi,\eta)\cdot\left(\frac{2}{1-\xi}\right)^{1/2}\exp(ik(r(\xi,\eta)-r(-1,\eta)))\end{aligned} \tag{6.12}$$

这表明，从形状函数角度，他们只是对原创单元中不严格的相位部分进行了改进，类似工作成果已由 Astley 等给出。

该类单元在理论上的缺陷，将在第 6.3.1 节中给予详细分析；研究表明，在无限单元的边界上使用高阶的插值函数，可提高该单元处理大纵横比问题的精度，但目前仍缺乏严格的理论支持。

6.2.2　Astley 映射共轭无限元

Bettess 映射无限元的系统矩阵含有数学上没有定义的积分，虽然通过引入一些假定可给出该积分的合理结果，但数学上更严谨的证明难度颇大，目前尚未完成。1983 年，Astley 和 Eversman 采用形状函数的共轭做为 Galerkin 加权残值法中的加权函数，提出波包络线法求解声辐射问题，消除了单元矩阵中的不确定积分，可以直接采用 Gauss 求积。1994 年，该法经 Astley 和 Macaulay 发展成为映射共轭无限元。

对于如图 6.1 所示的二维无限单元，其整体坐标与局部坐标间的几何映射为

$$\begin{cases}x=\sum\limits_{i=\mathrm{I}}^{\mathrm{IV}}M_i x_i\\ y=\sum\limits_{i=\mathrm{I}}^{\mathrm{IV}}M_i y_i\end{cases} \tag{6.13}$$

其中，几何映射函数为

$$\begin{cases} M_{\mathrm{I}} = -\dfrac{2\zeta}{1-\zeta}\dfrac{1-\eta}{2} \\ M_{\mathrm{II}} = -\dfrac{2\zeta}{1-\zeta}\dfrac{1+\eta}{2} \\ M_{\mathrm{III}} = \dfrac{1+\zeta}{1-\zeta}\dfrac{1-\eta}{2} \\ M_{\mathrm{IV}} = \dfrac{1+\zeta}{1-\zeta}\dfrac{1+\eta}{2} \end{cases} \tag{6.14}$$

显然，沿无限元的两条边，例如Ⅰ-Ⅲ($\eta=-1$)边，映射即变成为

$$\begin{cases} x = x_0 + \dfrac{2a_x}{1-\zeta} \\ y = y_0 + \dfrac{2a_y}{1-\zeta} \end{cases} \tag{6.15a}$$

$$r = \frac{2a}{1-\zeta} \tag{6.15b}$$

其中

$$\begin{cases} x_0 = 2x_{\mathrm{I}} - x_{\mathrm{II}} \\ a_x = x_{\mathrm{II}} - x_{\mathrm{I}} = x_{\mathrm{I}} - x_0 \end{cases} \tag{6.16a}$$

$$\begin{cases} y_0 = 2y_{\mathrm{I}} - y_{\mathrm{II}} \\ a_y = y_{\mathrm{II}} - y_{\mathrm{I}} = y_{\mathrm{I}} - y_0 \end{cases} \tag{6.16b}$$

$$\begin{cases} r = \sqrt{(x-x_0)^2 + (y-y_0)^2} \\ a = \sqrt{a_x^2 + a_y^2} \end{cases} \tag{6.16c}$$

Astley 和 Macaulay 将点(x_0, y_0)称为虚拟声源(Virtual Acoustical Source)，r 为点(x, y)相对于虚拟声源的距离，a 表示无限单元边界相对于虚拟声源的距离，即 $a=r(\zeta=-1)$。以二维为例，声辐射问题的声压 $p(x,y)$ 由 Helmholtz 方程

$$\nabla^2 p + k^2 p = 0 \tag{6.17}$$

控制，并在远场满足 Sommerfeld 辐射条件

$$\frac{\partial p}{\partial n} + ikp = 0 \quad 当\ r \to \infty \tag{6.18}$$

其中，∇^2 为二维 Laplace 算子，$k=\omega/c$ 为所考虑问题的波数。

据此，可构造出沿 ζ 方向无限单元形状函数的幅值部分。对于1阶单元(沿 η 方向假定是线性的)，形式为

$$\begin{cases} N_1(\zeta,\eta) = \dfrac{1}{2\sqrt{2}}(1-\eta)\sqrt{(1-\zeta)} \\ N_2(\zeta,\eta) = \dfrac{1}{2\sqrt{2}}(1+\eta)\sqrt{(1-\zeta)} \end{cases} \tag{6.19}$$

2、3 阶单元的形状函数在相关文献中已给出，也可自行推导得到。另外，通过下列表示无限单元边界位置的量

$$a(\eta) = ((1-\eta)/2)a_1 + ((1+\eta)/2)a_2 \tag{6.20}$$

还可构造不随结点变化的形状函数的相位部分，其形式为

$$\exp(-ik(r-a)) = \exp(-ika(\eta)(1+\zeta)/(1-\zeta)) = \exp(-ik\mu) \tag{6.21}$$

这样，Bettess 给出的(6.12)式与 Astley 等给出的(6.21)式实际上是完全相同的，只是前者在 η 方向采用了更高的 2 阶插值。

Astley 元的最主要特点是采用 Petrov Galerkin 加权残值法，即用形状函数的复数共轭做为加权残值法的权函数，也就是

$$W_i = GN_i\exp(+ik\mu) \tag{6.22}$$

其中

$$G = \left(\frac{1-\zeta}{2}\right)^2 \tag{6.23}$$

称为加权因子(Weight Factor)，它的存在将使刚度矩阵的每一项在无限单元上均可积，因而数值积分就可采用标准 Gauss 求积。

声辐射问题的离散无限元方程最终成为

$$\boldsymbol{Kq} = \boldsymbol{F} \tag{6.24}$$

其中，$\boldsymbol{K}$ 称为等效刚度矩阵，其显式表达式为

$$K_{ij} = \int_{V_{IE}} ((G\nabla P_i + P_i\nabla G + ikGP_i\nabla\mu)\cdot(\nabla P_j - ikP_j\nabla\mu) - k^2GP_iP_j)\mathrm{d}V \tag{6.25}$$

Cremers 和 Fyfe 将 Astley 元推广到任意可变阶无限元，并首次将无限几何映射(Infinite Geometry Mapping)和形状函数(Shape Function)的研究分开处理。无限元的几何映射(对于二维问题)仍然采用(6.13)、(6.14)两式的表示形式，形状函数的构造则分为幅值衰减部分和相位部分。相位部分完全与(6.20)式相同，无限单元的变阶特性体现在幅值衰减部分。

使用 n 个自由度、声压在母单元内的 n 阶多项式逼近在实际单元中可产生最高到 $1/r^n$ 次幂的展开，如下列对应关系

$$\begin{gathered} a_0 + a_1t + a_2t^2 + \cdots + a_nt^n \\ \Updownarrow \\ b_1(1/r) + b_2(1/r)^2 + \cdots + b_n(1/r)^n \end{gathered} \tag{6.26}$$

在有限的几何映射点之间(即如图 6.1 的 Ⅰ-Ⅲ 或 Ⅱ-Ⅳ 之间)等距离地取 n 个声场插值结点，构造出径向形状函数为

$$T_i^n(\tau) = C_i^n\Big(\prod_{\substack{j=0\\ j\neq i-1}}(\tau-j)\Big)(\tau-2(n-1)) \tag{6.27}$$

其中

$$C_i^n = \frac{(-1)^{n-i}}{(i-1)!(n-i)!(i-2n+1)} \tag{6.28}$$

$\tau=0\sim n-1$ 分别对应于 $\zeta=\tau/(n-1)-1$ 处的 n 个结点，第 $n+1$ 个结点设置在无限远处。显然，(6.27)、(6.28)式只适应于主导衰减特性为 $1/r$ 型的三维或轴对称声传播问题，对于主导衰减特性为 $1/\sqrt{r}$型的二维问题，为了获得这种主导形式，必须给(6.27)式的形状函数乘以$\sqrt{r}$因子，变成为

$$T_i^{n(2D)}(\tau) = R_i^n(\tau)C_i^n\Big(\prod_{\substack{j=0\\ j\neq i-1}}(\tau-j)\Big)(\tau-2(n-1)) \tag{6.29}$$

其中

$$R_i^n(\tau) = \sqrt{\frac{2(n-1)-(i-1)}{2(n-1)-\tau}} \tag{6.30}$$

(6.30)式已根据形状函数的插值特性对$\sqrt{r}$进行了正则化处理。

无限单元在有限的 η 方向仍采用惯常的线性插值形式，也可采用 2、3 次等更高阶形式。

与 Bettess 元相比，Astley 元在以下方面做了重大发展：

(1)给出了无限单元的标准几何映射，见(6.13)、(6.14)两式。基于此，任何实际的无限单元都可由标准母单元映射而成；

(2)形状函数在无限方向上可以是任意变阶的，在有限方向上可以采用 2 阶、3 阶或更高阶的插值以反映波形的复杂变化；

(3)使用形状函数的复数共轭做为加权函数，结合加权因子，使得单元的刚度矩阵在理论上可积，并可采用标准 Gauss 求积加以实现。

上述之(3)将使等效刚度矩阵可按频率的 0 次、1 次和 2 次分离为刚度矩阵、阻尼矩阵和质量矩阵，这样，Astley 元在处理瞬态问题时非常简便，这已被公认为是 Astley 元所具有的独特优点。应该注意，(3)将导致刚度矩阵失去对称特性，这是 Astley 元受争议之处；所幸的是，刚度矩阵仍然保持着结构上的对称，且已有很成熟的求解方法。

6.2.3 Burnett 无限元

1994 年，Burnett 采用共焦椭圆变换，即

$$\begin{cases} x = \sqrt{\rho^2 - f^2}\sin\theta\cos\phi \\ y = \sqrt{\rho^2 - f^2}\sin\theta\sin\phi \\ z = \rho\cos\theta \end{cases} \tag{6.31}$$

研究扁长形椭球结构(如潜艇)的声辐射问题。上式中,ρ 代表考察点所处椭球的半长轴;$\theta(0\leqslant\theta\leqslant\pi)$为极角,即双曲面渐近锥张开角的一半;$\phi(0\leqslant\phi<2\pi)$为关于 z 轴的圆周角;f 为共焦椭圆公共的半焦距,为常数。这样,复杂的三维无界域就分解成无限的 ρ 方向与有限的 θ 和 ϕ 方向。

对于长轴为 ρ_0 的椭球面 S_0,已经证明,散射和/或辐射的声压 p 可用扁球形坐标(ρ,θ,ϕ)的多极展开表示成

$$p=\frac{\mathrm{e}^{-ik\rho}}{\rho}\sum_{n=0}^{\infty}\frac{G_n(\theta,\phi,k)}{\rho^n} \tag{6.32}$$

而且,该级数在 $\rho\geqslant\rho_0+\varepsilon>\rho_0$ 的任何区域均一致绝对收敛。基于此多极展开理论,Burnett 将有限的椭球面(即 θ,ϕ 坐标)用常规的有限元方法处理,无限的"径向"(即 ρ 坐标)则用一维无限元方法模拟。考虑到(6.32)式,m 阶无限元的形状函数可构造为如下形式

$$\psi_j^{\rho}(\rho)=\mathrm{e}^{-ik(\rho-\rho_j)}\sum_{n=1}^{m}\frac{h_{jn}}{(k\rho)^n},\quad j=1,2,\cdots,m\quad(m\geqslant 2) \tag{6.33}$$

若记

$$[H]=\begin{bmatrix} h_{11} & h_{12} & \cdots & h_{1m}\\ h_{21} & h_{22} & \cdots & h_{2m}\\ \vdots & \vdots & & \vdots\\ h_{m1} & h_{m2} & \cdots & h_{mm}\end{bmatrix} \tag{6.34}$$

和

$$[S]=\begin{bmatrix} (k\rho_1)^{-1} & (k\rho_2)^{-1} & \cdots & (k\rho_m)^{-1}\\ (k\rho_1)^{-2} & (k\rho_2)^{-2} & \cdots & (k\rho_m)^{-2}\\ \vdots & \vdots & & \vdots\\ (k\rho_1)^{-m} & (k\rho_2)^{-m} & \cdots & (k\rho_m)^{-m}\end{bmatrix} \tag{6.35}$$

由形状函数的插值特性和(6.33)式,它们之间满足

$$[H][S]=[I] \tag{6.36}$$

其中,$[I]$为单位矩阵。

如果在 ρ 方向引入与(6.6)式相似的映射

$$\zeta=1-\frac{2\rho_1}{\rho} \tag{6.37}$$

标准母单元上的坐标 $\zeta\in[-1,+1)$就映射成无限方向的坐标 $\rho\in[\rho_1,+\infty)$,这种一维无限元的几何映射,用端部的一个点 $\rho=\rho_1$ 就可以实现。构造高阶无限单元的形状函数时,结点位置在 $\rho\in(\rho_1,+\infty)$上可任意设置(例如 $\rho=2\rho_1,\rho=3\rho_1,\cdots$),并不必如 Astley 映射单元那样,一定要求位于$[\rho_1,2\rho_1]$范围之内;无限单元的精度

与结点的实际位置并无关系，只与所选取的单元阶数有关。

Burnett 元的优点是显然的，也是很突出的，它在求解大纵横比结构的声辐射/散射问题时，可以大大降低用于模拟复杂近场的有限单元数目，从而数百倍地提高这类问题的数值分析效率。该工作已被视作无限元领域的“突破性发现”，它的出现引起了对过去无限元方面所有研究的重新评价，Burnett 本人也因之获得美国 Bell 实验室 1996 年度的特别贡献奖。

Burnett 和 Holford 于 1998 年还先后完成了对扁圆形椭球和一般椭球结构的声辐射问题研究。

6.3 广义无限单元法

6.3.1 常规无限单元的缺陷

1. 常规无限单元的主要缺陷

通过 6.2 节分析，我们可以看出，Astley 映射无限元已经取代了曾经发挥过重要作用的 Bettess 映射无限元，即使是 1998 年对 Bettess 元的最新改进，实际上也已包括在 1995 年的工作中。但是，仔细研究 Astley 映射无限元和 Burnett 无限元，发现二者仍各有不足。

(1)由于共焦椭圆变换的引入和有限方向上的有限元插值，Burnett 无限单元与有限单元之间几何上不协调，在交界面上会出现“间隙”或“重叠”；Burnett 元只适用于能施行共焦椭圆变换的封闭型或可化为封闭型的声源问题，适用性有限；它是一种非映射单元，在生成无限单元时不够灵活。

(2)Astley 映射无限元(包括 Bettess 元)形状函数的构造理论基于几何上和物理上都不存在的概念——极点或虚拟声源，使得在构造方法上带有浓重的试凑特征，没有严格的理论做指导；在形式上，所构造的形状函数与基于多极展开的 Burnett 元形状函数存在明显差异，只有在特殊情形下才反映问题的物理本质。

(3)Astley 映射无限元(包括 Bettess 元)的衰减变量是径向距离，根据多极展开理论，它只适用于纵横比接近于 1 的“短粗形”(Chunky)声源(Source)。换句话说，对于大纵横比声源，需要惊人数量的有限单元以模拟声源与无限单元边界间的广阔区域。

为了更加清楚，将这两种单元的主要性能比较列于表 6.1。

表 6.1　Astley 元与 Burnett 元主要性能比较

单元类型	坐标系	几何变换	形状函数	加权函数	声源形状	声源类型
Astley	笛卡儿	映射	虚拟声源	复数共轭	近球形	开或闭
Burnett	共焦椭圆	非映射	多极展开	形状函数	任意椭球	闭

2. 常规无限单元存在缺陷的主要根源

在 Burnett 元出现以后，Astley 敏锐地发现 Astley 元和 Burnett 元均存在各自的局限，于是，在共焦椭圆变换基础上提出了映射 Burnett 无限元，以克服这两种单元的不足。遗憾的是，由于仍然保留了共焦椭圆变换，映射无限元的灵活性并没有得到充分发挥。

研究表明，产生本节 1 中三方面问题的主要根源在于 Astley 映射无限元与 Burnett 非映射无限元形状函数构造理论间存在重大差异，这是一个不能回避的研究课题：一方面，实际应用中的映射无限元不可能如 Astley 元那样，在几何映射时为满足 $r_{\mathrm{II}}=2r_{\mathrm{I}}$ 或 $\rho_{\mathrm{II}}=2\rho_{\mathrm{I}}$ 而失去几何映射在生成无限单元方面的灵活性，从而丧失几何映射的特点；另一方面，基于局部坐标构造的 Astley 元形状函数，表面上与坐标原点的位置无关，实际上，当坐标原点位于某些位置时，场变量的插值精度会掉入衰减陷阱，与基于多极展开的 Burnett 元的形状函数间产生从量变到质变的本质差异。

在 Astley 映射元中，几何映射中的虚拟声源概念对解释形状函数的合理性起着重要作用。对于图 6.3 的一维问题，标准几何映射为

$$x=\frac{2(x_{\mathrm{II}}-x_{\mathrm{I}})}{1-\zeta}+(2x_{\mathrm{I}}-x_{\mathrm{II}}) \tag{6.38}$$

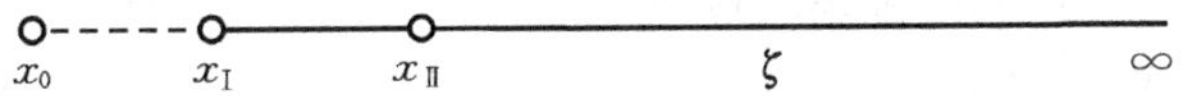

图 6.3　典型一维无限单元的几何形状

令

$$\begin{cases}x_0=2x_{\mathrm{I}}-x_{\mathrm{II}}\\ a=x_{\mathrm{II}}-x_{\mathrm{I}}=x_{\mathrm{I}}-x_0\\ r=x-x_0\end{cases} \tag{6.39}$$

得到与(6.6)式相同的映射关系

$$\zeta=1-\frac{2a}{r}\Leftrightarrow r=\frac{2a}{1-\zeta} \tag{6.40}$$

Cremers 和 Fyfe 构造的变阶无限元形状函数的一阶形式可表示为

$$N_1 = \frac{1-\zeta}{2} \tag{6.41}$$

二阶形式可表示为

$$\begin{cases} N_1 = \dfrac{\zeta(\zeta-1)}{2} \\ N_2 = 1-\zeta^2 \end{cases} \tag{6.42}$$

联合(6.38)、(6.41)两式,可得出

$$\begin{cases} x(\zeta=-1) = x_{\mathrm{I}} \\ x(\zeta=0) = x_{\mathrm{II}} \\ p(\zeta=0) = \dfrac{1}{2}p(\zeta=-1) \end{cases} \tag{6.43}$$

此式表明,一阶单元的形状函数(6.41)式仅能精确描述这样一种波的衰减特性:$x=x_{\mathrm{II}}$(即 $\zeta=0$)处波的幅值是 $x=x_{\mathrm{I}}$(即 $\zeta=-1$)处的一半。这就要求几何映射点的坐标间满足

$$x_{\mathrm{II}} = 2x_{\mathrm{I}} \Leftrightarrow x_0 = 2x_{\mathrm{I}} - x_{\mathrm{II}} = 0 \tag{6.44}$$

即虚拟声源必须位于坐标原点处,否则,(6.43)之三式的关系就不能成立。

相似地,(6.38)、(6.42)两式可给出

$$\begin{cases} x(\zeta=-1) = x_{\mathrm{I}} \\ x\left(\zeta=-\dfrac{1}{2}\right) = \dfrac{1}{3}(2x_{\mathrm{I}} + x_{\mathrm{II}}) \\ x(\zeta=0) = x_{\mathrm{II}} \\ p\left(\zeta=-\dfrac{1}{2}\right) = \dfrac{3}{8}p(\zeta=-1) + \dfrac{3}{4}p(\zeta=0) \end{cases} \tag{6.45}$$

仔细研究发现,也只有虚拟声源位于坐标原点,即(6.43)、(6.44)两式成立时,(6.45)之四式才能成立。

6.3.2 无限单元的普适形状函数

由于几何映射(6.38)式只要 $x_{\mathrm{II}} > x_{\mathrm{I}}$ 就能实现从局部坐标到实际无限单元的变换,因而,约束条件(6.44)式是由于形状函数不当所致,这表明,基于虚拟声源概念(利用此概念,可以对映射无限单元的形状函数给予很完美的物理解释)、用局部坐标多项式表示的形状函数(例如(6.41)、(6.42)两式)存在理论缺陷。但从构造形状函数的惯常做法来看,Astley 元的形状函数似无不妥。

编者的研究发现了造成这一现象的原因,而要彻底解决这个问题,需要重新审视无限元形状函数的原有构造理论及做法,这一思想正与当前有限元领域所取得的重大进展不谋而合。

1. 多极展开理论及其等价形式

在常规有限单元、特别是等参单元中，常常对几何映射函数和形状函数不做严格区分，Burnett 非映射无限元启发我们，对这两个函数各自职能进行明确界定，将会在映射元与非映射元间架起一座桥梁，进而予以比较。事实上，近年来有限元方法的重大发展，正是因为突破了原有理论对形状函数构造的束缚，这表明有限元方法中形状函数仍有发展余地，但情形比无限元方法复杂，详见有关文献。

根据 Burnett 和 Holford 的工作，波辐射问题满足多极展开(6.32)式，所对应无限单元的形状函数满足(6.33)和(6.35)式。为简便计，略去形式上不因结点而异的相位部分，那么(6.33)式可重写为

$$\overline{P}_n = \sum_{j=1}^{m} h_{nj}/\rho^j \quad (n = 1,\cdots,m) \tag{6.46}$$

其中，$\overline{P}_n$ 是基于 m 阶多极展开理论的无限元形状函数的幅值部分。与(6.33)、(6.35)两式相比，我们将波数 k 并到了衰减变量 ρ 中，这是为了数学处理上的方便。

考虑到(6.35)式[S]矩阵的可逆性，(6.36)式可写成它的等价形式

$$[S][H] = [I] \tag{6.47}$$

此意味着

$$\sum_{n=1}^{m} h_{nl}/\rho_n^j = \delta_{lj} \tag{6.48}$$

根据(6.46)式，我们可以做如下数学推导

$$\begin{aligned}\sum_{n=1}^{m}\overline{P}_n\rho_n^{-j} &= \sum_{n=1}^{m}\Big(\rho_n^{-j}\Big(\sum_{l=1}^{m}h_{nl}/\rho^l\Big)\Big)\\ &= \sum_{l=1}^{m}\Big(\rho^{-l}\Big(\sum_{n=1}^{m}\rho_n^{-j}h_{nl}\Big)\Big)\\ &= \sum_{l=1}^{m}\rho^{-l}\delta_{lj}\\ &= \rho^{-j} \quad (j = 1,\cdots,m)\end{aligned} \tag{6.49}$$

(6.46)～(6.49)式的推导针对的是 $1/r$ 类衰减波，对于 $1/r^L$ 类衰减波，可得出与(6.49)式相似、但更一般的形式为

$$\rho^{-(n+L)} = \sum_{j=1}^{m}\overline{P}_j\rho_j^{-(n+L)} \quad (n = 0,\cdots,m-1) \tag{6.50}$$

随着 $m\to\infty$，(6.50)式与多极展开理论(见(6.32)式)等价，因而它可视为用无限元形状函数表示的多极展开理论，即形状函数满足的必要条件，其中 m 为多极展开的阶数。

2. 无限单元的普适形状函数

(6.50)式给出了满足 m 阶多极展开理论的形状函数的必要条件，从中不难得到形状函数的显式表达式为

$$\overline{P}_j=\left(\frac{\rho_j}{\rho}\right)^{m-1+L}\frac{\pi_j(\rho)}{\pi_j(\rho_j)}\quad(j=1,\cdots,m)\tag{6.51}$$

其中

$$\pi_j(\rho)=\prod_{\substack{n=1\\n\neq j}}^{m}(\rho-\rho_n)\tag{6.52}$$

为了方便与 Astley 映射元的形状函数做比较，将(6.51)式的形状函数分解成两部分的乘积，即

$$\overline{P}_j=S_j(\zeta)P_j(\zeta)\quad(j=1,\cdots,m)\tag{6.53}$$

上式中的第一项 $S_j(\zeta)$ 是无限单元的形状函数因子(The Factor of Shape Functions)；第二项 $P_j(\zeta)$ 是一个与 m 阶有限元对应的标准 $(m-1)$ 次 Lagrange 多项式，并满足插值特性

$$P_j(\zeta_l)=\delta_{jl}\tag{6.54}$$

其中，$\zeta_l(l=1,\cdots,m)$ 是无限方向结点 r_l 在母单元上的局部坐标 $(-1\leqslant\zeta_l\leqslant+1)$，它由无限单元的几何映射产生。

利用 Lagrange 插值，得到(6.54)式的显式为

$$P_j(\zeta)=\frac{\pi_j(\zeta)}{\pi_j(\zeta_j)}\quad(j=1,\cdots,m)\tag{6.55}$$

其中，$\pi_j(\zeta)$ 可仿(6.52)式得到。

若一维无限单元的几何映射取与(6.38)式相似的形式*，即

$$\rho=\frac{-2\rho_{\mathrm{I}}\zeta+\rho_{\mathrm{II}}(1+\zeta)}{1-\zeta}\tag{6.56}$$

将上式代入(6.51)式，并考虑到(6.53)和(6.55)两式，得到

$$S_j(\zeta)=\left(\frac{1-\zeta}{1-\zeta_j}\right)^{L}\left(\frac{R(\zeta_j)}{R(\zeta)}\right)^{m-1+L}\quad(j=1,\cdots,m)\tag{6.57}$$

其中

$$R(\zeta)=-2\zeta+\alpha(1+\zeta)\tag{6.58}$$

为对应于几何映射的特征映射，其中 α 为几何映射的中结点与角结点处衰减变量的比值，即

* 多极展开理论中的衰减变量 ρ 可考虑声源形状等因素定义，但在无限单元中，它的零点(参考点)必须位于无限元不涉及的近场区域。

$$\alpha = \rho_{\text{II}} / \rho_{\text{I}} \tag{6.59}$$

与(6.51)式比较，Cremers 和 Fyfe 的变阶无限元形状函数中缺少(6.57)式等式右端第二项。为更直观，将(6.57)式表示的二阶单元的 $S_j(\zeta)$ 变化分别示于图 6.4(对于 $1/\sqrt{r}$ 衰减波)和图 6.5(对于 $1/r$ 衰减波)。可以看到，仅当 $\alpha=2$ 时，$1/r$ 衰减波在无限的 ζ 方向上才表现为直线 $(1-\zeta)$(见图 6.5 中的实线)，$1/\sqrt{r}$ 衰减波在无限的 ζ 方向上才表现为逆抛物线 $\sqrt{1-\zeta}$(见图 6.4 中的实线)。

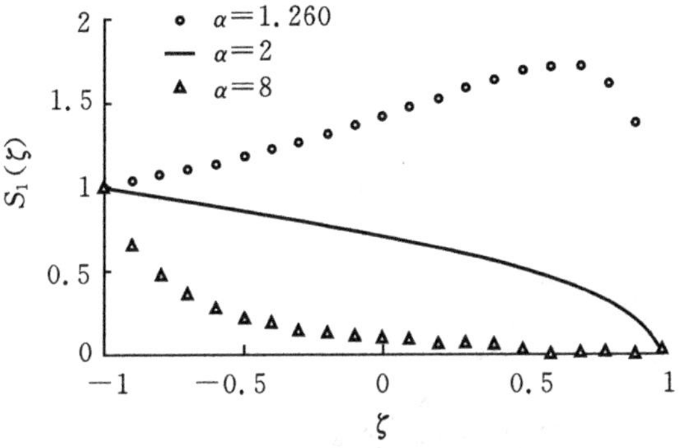

(a) $S_1(\zeta)$

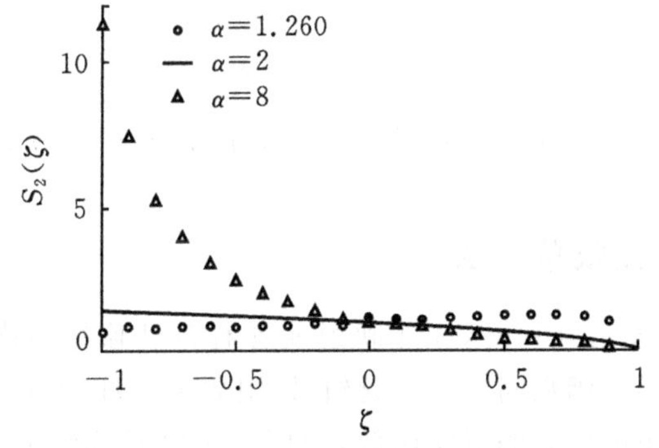

(b) $S_2(\zeta)$

图 6.4　$1/\sqrt{\rho}$ 衰减波二阶无限单元形状函数因子 $S_j(\zeta)$ 的变化规律

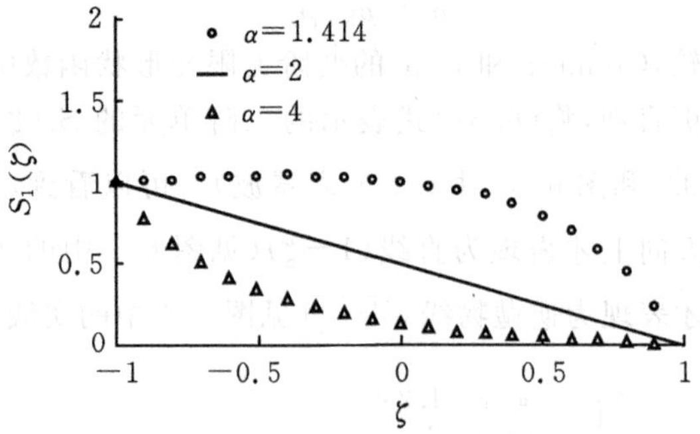

(a) $S_1(\zeta)$

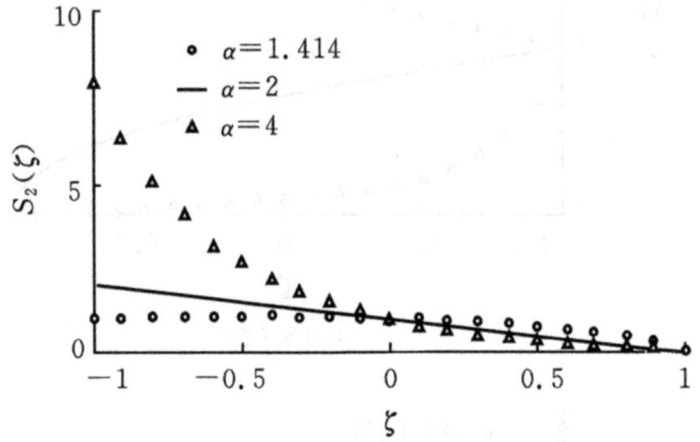

(b) $S_2(\zeta)$

图 6.5 $1/\rho$ 衰减波二阶无限单元形状函数因子 $S_j(\zeta)$ 的变化规律

6.3.3 广义无限单元法

Astley 映射无限元与 Burnett 非映射元各有自己独特的优势，但由于 Astley 元和 Burnett 元的形状函数间一直缺乏纽带，阻碍了一种能取二者之长（即 Astley 元的映射特性和 Burnett 元的形状函数）的更广义单元的诞生。有了 Astley 元和 Burnett 元都适用的统一形式的形状函数(6.51)或(6.53)式，本节我们将这两种单元的优点进行汇聚。

1. 广义无限单元法中的几何映射

对于任意的无限单元，Astley 元的几何映射(6.13)、(6.14)两式可以实现从母单元的局部坐标到实际单元的整体坐标间的变化。对于如图 6.1 所示的二维无限元，其显式为

$$
\begin{cases}
x = \dfrac{1-\eta}{2}\dfrac{-2\zeta x_{\mathrm{I}} + (1+\zeta)x_{\mathrm{III}}}{1-\zeta} + \dfrac{1+\eta}{2}\dfrac{-2\zeta x_{\mathrm{II}} + (1+\zeta)x_{\mathrm{IV}}}{1-\zeta} \\
y = \dfrac{1-\eta}{2}\dfrac{-2\zeta y_{\mathrm{I}} + (1+\zeta)y_{\mathrm{III}}}{1-\zeta} + \dfrac{1+\eta}{2}\dfrac{-2\zeta y_{\mathrm{II}} + (1+\zeta)y_{\mathrm{IV}}}{1-\zeta}
\end{cases}
\tag{6.60}
$$

6.1.2 节已经强调过，几何上一个良态的无限元必须在无限方向上是发散的，这就是说，不存在任何 $\zeta\in[-1,1)$，能够使得上式方程计算的点(x,y)同时位于无限元的边Ⅰ-Ⅲ或Ⅱ-Ⅳ上，否则，Ⅰ-Ⅲ和Ⅱ-Ⅳ这两条边就在点(x,y)处相交。经逻辑推理，下面两个不等式

$$
|x_{\mathrm{IV}} - x_{\mathrm{III}}| \geqslant |(x_{\mathrm{IV}} - x_{\mathrm{III}}) - 2(x_{\mathrm{II}} - x_{\mathrm{I}})| \tag{6.61a}
$$

$$
|y_{\mathrm{IV}} - y_{\mathrm{III}}| \geqslant |(y_{\mathrm{IV}} - y_{\mathrm{III}}) - 2(y_{\mathrm{II}} - y_{\mathrm{I}})| \tag{6.61b}
$$

至少有一个必须满足。从数学观点看，上述不等式保证无限几何映射的唯一性，实际上，它们可作为笛卡儿坐标系中无限元网格生成的一个原则。为了与后面使用的构造形状插值函数的结点区别，我们用罗马数字Ⅰ-Ⅳ做下标，并称它们为几何结点(Geometric Nodes)。

2. 广义无限单元中的衰减变量

衰减变量是无界问题中一个重要的物理量，它的合理选取是构造无限单元形状函数和约束辐射条件(即 Sommerfeld 条件)的重要基础。根据多极展开理论，一方面，衰减变量的零点不能在任何无限单元内部(即无限单元内不包含极点)；另一方面，衰减变量在足够远处不应该具有明显的方向性。矢径 r、共焦椭圆的长轴(或短轴)ρ 等均可作为衰减变量，不同的是 r 始终保持各方向的均匀性，而 ρ 在趋于无限时各方向上趋于均匀、并当焦距为零时退化为前者，关于二者的差异已在 6.3.1 节之 1 中进行了讨论。广义无限元选取更一般的 ρ 作为衰减变量。对于如图 6.1 所示的二维无限单元(也适用于三维问题和轴对称问题)，参考图 6.6，与

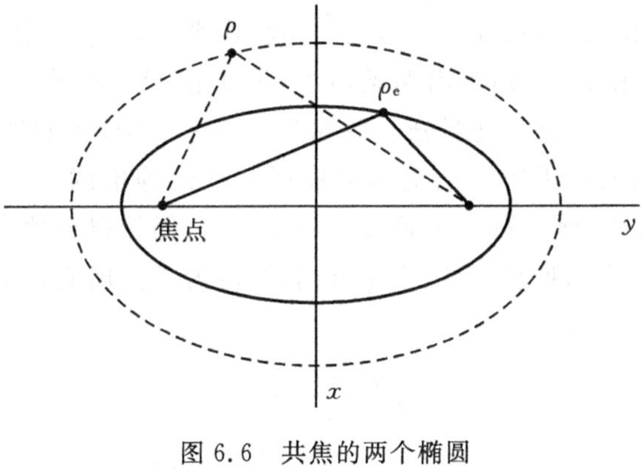

图 6.6　共焦的两个椭圆

(6.31)式相似的共焦椭圆变换为

$$\begin{cases} x = (\rho^2 - f^2)^{1/2}\sin\theta \\ y = \rho\cos\theta \end{cases} \tag{6.62}$$

这里我们假定椭圆的焦点位于坐标系的 y 轴上，至于在 x 轴上的情形，以下推导需做些许修改。f 为椭圆的半焦距，是一个根据声源形状确定的预置常数；$\rho\in[\rho_e,\infty)$ 为考察点所处共焦椭圆的半长轴。若所讨论问题的声源(或用有限单元模拟的区域)可被焦点在 y 轴上的椭圆

$$\frac{x^2}{b^2}+\frac{y^2}{a^2}=1 \tag{6.63}$$

包围($a\geqslant b$)，那么，我们得到

$$\begin{cases} \rho_e = a \\ f^2 = a^2 - b^2 \end{cases} \tag{6.64}$$

需要强调的是，我们正试图建立一种基于(6.60)式几何映射生成的广义无限单元法，因而，所使用的坐标系总保持为笛卡儿坐标系。(6.62)式的共焦椭圆变换只用来计算考察点处的衰减变量 ρ，从(6.62)式可解得为

$$\rho=\sqrt{\frac{r^2+f^2+\sqrt{\Delta}}{2}} \tag{6.65}$$

其中，$r=\sqrt{x^2+y^2}$ 为考察点离坐标原点的距离，且判别式 $\Delta=(r^2-f^2)^2+4x^2f^2$ 恒为正。

3. 广义无限单元法的形状函数

对于如图 6.7 所示的二维变阶无限单元，场变量 p 可用形状函数插值表示成

$$p(\eta,\zeta)=\mathrm{e}^{-ik\mu(\eta,\zeta)}\sum_{j=1}^{m}(\bar{P}_{2j-1}(\eta,\zeta)q_{2j-1}+\bar{P}_{2j}(\eta,\zeta)q_{2j}) \tag{6.66}$$

其中，$\mu(\eta,\zeta)$ 为相位因子，在 6.3.3 节之 4 中将详细讨论；q_{2j-1} 和 q_{2j} 分别为结点处的(声压)值；$\bar{P}_{2j-1}$ 和 $\bar{P}_{2j}$ 分别为沿两条边 Ⅰ-Ⅲ 和 Ⅱ-Ⅳ(见图 6.1)的 m 阶无限单元(见图 6.7)形状函数的幅值部分。在 6.3.2 节之 2 中，我们证明了(6.51)式是以衰减变量 ρ 表示的在无限方向上与多极展开理论等价的普适无限单元形状函数，因而，在图 6.7 中所示的广义无限元的 ζ 方向，仍然以插值点处的衰减变量 ρ(按(6.65)式计算)表示形状函数；在 η 方向，假定为线性插值。于是(6.66)式中的形状函数最终可表示为

$$\begin{cases} \bar{P}_{2j-1}=\dfrac{1-\eta}{2}\left(\dfrac{\rho_{2j-1}}{\rho_A}\right)^{m-1+L}\dfrac{\pi_j^A(\rho_A)}{\pi_j^A(\rho_{2j-1})} \\ \bar{P}_{2j}=\dfrac{1+\eta}{2}\left(\dfrac{\rho_{2j}}{\rho_B}\right)^{m-1+L}\dfrac{\pi_j^B(\rho_B)}{\pi_j^B(\rho_{2j})} \end{cases} \tag{6.67}$$

其中

$$\pi_j^A(\rho_A) = \prod_{\substack{n=1\\n\neq j}}^{m}(\rho_A - \rho_{2n-1}) \tag{6.68a}$$

$$\pi_j^B(\rho_B) = \prod_{\substack{n=1\\n\neq j}}^{m}(\rho_B - \rho_{2n}) \tag{6.68b}$$

并且

$$\rho_A(\zeta) = \rho(-1,\zeta) \tag{6.69a}$$

$$\rho_B(\zeta) = \rho(+1,\zeta) \tag{6.69b}$$

$$\rho_{2j-1} = \rho(-1,\zeta_j) = \rho_A(\zeta_j) \tag{6.70a}$$

$$\rho_{2j} = \rho(+1,\zeta_j) = \rho_B(\zeta_j) \tag{6.70b}$$

有几种方法可以确定场结点(为了区别于参与映射的几何结点,称这类结点为物理结点,Physical Node)在 ζ 方向的实际位置。例如,按下列方式取值

$$\begin{cases}\zeta_1 = -1, & \text{当 } m = 1\\ \zeta_j = ((j-1)/(m-1)) - 1 \quad (j = 1,2,\cdots,L), & \text{当 } m \geqslant 2\end{cases} \tag{6.71}$$

此时,ζ_j 将位于[−1,0]范围内,这是虚拟声源概念导致的结果。Astley 元就采用这种选取方式。

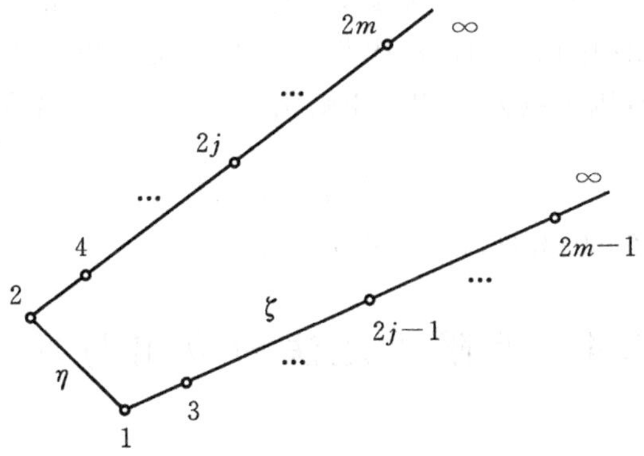

图 6.7　变阶无限单元

场结点也可按下列方式取值

$$\zeta_j = 1 - 2/j \quad (j = 1,2,\cdots,m) \tag{6.72}$$

这样,除 $\zeta_1 = -1$ 外,其他 ζ_j 均位于[0,1)范围内。由于(6.72)式与单元的总阶数 m 无关,低阶单元的结点仍是高阶单元的结点,并且衰减变量间有下列关系

$$\rho_j = (j-1)(\rho_{\text{II}} - \rho_{\text{I}}) + \rho_{\text{I}} \tag{6.73}$$

Burnett 元中 ρ 的变化就是(6.73)式当 $\rho_{\text{II}} = 2\rho_{\text{I}}$ 的特殊情形。

为了使场结点对应的局部坐标在[−1,1)上均匀分布,可以取

$$\zeta_j = (2(j-1)/m) - 1 \quad (j = 1,2,\cdots,m) \tag{6.74}$$

编者的计算机程序中经常采用如此形式。根据(6.74)式,ζ_j 既可以取正值,也可取负值。

在实际应用中增加单元阶数对提高插值精度具有重要意义,而场结点实际位置的差异对插值精度基本上没有影响,数值实验也印证了这一论断。

4. 广义无限单元法中的两个重要因子

在 Astley 元中有两个重要因子,一个是相位因子(Phase Factor),一个是6.2.2节已提到的加权因子,广义无限元中仍然保留这两个因子,但形式有所变化。

相位因子,即(6.66)式中的 $\mu(\eta,\zeta)$,被用来描述波由于衰减变量的空间变化而引起的相位差异,根据(6.32)式的多极展开理论,它是衰减变量的线性函数。另一方面,无限元将通过它的边界($\zeta=-1$)与常规有限元或相对相位为零的近场边界条件相连。于是,广义无限元中相位因子的合理形式应为

$$\mu(\eta,\zeta) = \rho(\eta,\zeta) - \rho(\eta,-1) \tag{6.75}$$

为了利用 Gauss 求积进行无限单元上的数值积分,在加权函数中引入一个如(6.23)式表示的附加因子被证明是一种非常有效的做法。经 Astley 等研究,最小取衰减变量的负二次幂就可以使所涉及的每个无限单元上的广义积分都无条件有界。广义无限单元法中仍采用这种技术,并考虑到无限单元边界处($\zeta=-1$)的特殊性,即此处的加权因子应为 1,得到正则化加权因子 G 的合理形式为

$$G = \left(\frac{\rho(\eta,-1)}{\rho(\eta,\zeta)}\right)^2 \tag{6.76}$$

其中,$\rho(\eta,\zeta)$通过(6.60)和(6.65)两式予以计算。

6.4　无限单元法的应用与发展

6.4.1　无限单元法的应用

无限单元是为了克服有限单元在求解无界域问题时的不足而提出的,因而,原则上说,可以用有限元方法求解,但涉及无界域的物理问题,都特别适合于用无限元方法求解。无限元方法自从提出以来,在自身不断发展的过程中,已有效地解决了许多实际工程问题。

表面水声波的衍射和折射现象,归结为用速度势表示的三维 Laplace 方程,但在一定条件下可简化成平面无界域上的 Helmholtz 方程。1977 年,Bettess 和 Zienkiewicz 首次提出无限单元概念,结合有限元方法,研究了不同形状河床对由

二维 Helmholtz 方程控制的表面水声波的影响。他们发现，与边界积分和级数解法相比，无限元法具有下列优点：理论上简单，不需特殊的变分公式或积分步骤，也不需特别的求解技术，能保留系统方程的对称性和带状性。虽然文中存在一些瑕疵，但已初显无限元法在求解无界域问题方面的魅力。

1985 年，Bettess 和 Zienkiewicz 在完善以前工作基础上，提出了映射无限元（即 Bettess 元）概念，求解了有关浅水表面波的四个问题：①通过圆柱体时的散射；②通过椭圆柱体时的散射；③通过球体时的散射；④入射到抛物线型浅滩时波幅随浅滩几何参数的变化。1992 年，Bettess 汇聚这些研究成果，出版了世界上首部无限元方面的专著 *Infinite Elements*。但是，从 1998 年发表的论文来看，其后的工作只是对早期工作的修改、补充和完善，没能进一步发展无限元的理论。

1983 年，Astley 和 Eversman 结合波包络线（Wave Envelope）法，开始研究无限元方法，求解了涡轮扇入口处产生的声辐射问题和锥形及双曲型管道中声的辐射问题。1994 年，该法发展成为数学上更严谨、用途更广的映射波包络线单元（即 Astley 元），并求解了偶极子、四极子辐射以及圆柱体、方柱体散射等复杂问题。随后，Astley 元被 Cremers 等发展成为任意变阶的 Astley 元，用以求解更加复杂的双栅散射问题和单频相干源的反射问题。Astley 元的独特优势是可以很容易地用来求解瞬态波动问题，方法简单、理论严谨。

1994 年，Burnett 借助于共焦椭球变换，提出了一种非映射的无限单元，高效高精度地求解了大纵横比结构（如潜艇等）的声辐射问题，该法还可用于求解电磁波的辐射及弹性动力学问题。Burnett 元的理论经随后的工作得到了进一步完善。

1980 年代，赵崇斌等利用无限单元与常规有限单元的耦合方法，数值求解了半无限粘弹性地基中的波动问题，所用方法既适合于几何条件的复杂变化，还可以描述任意多层介质中的无界行为。20 世纪 90 年代，燕柳斌等利用无限元方法模拟半空间弹性地基和重力坝地基，并于 1998 年出版了专著《结构分析的有限元及无限元法》；2004 年，向前用有限元-无限元耦合方法，模拟拱坝的无界域地基，以反映波在无限元介质中的能量弥散现象，大大降低了纯有限元计算的成本。解家毕采用无限元法模拟远场区域土体的反应，用有限元法模拟邻近建筑物的土体反应，建立了深厚软弱地基分析的耦合分析方法。

针对山体爆破产生的声辐射问题，编者于 2002 年开始了无限元方法的研究，汇聚 Astley 元和 Burnett 元的优点，提出了广义无限元方法，并将该法应用于无界域的力学问题分析中。

6.4.2　无限单元法的发展展望

从无限元方法的发展来看，目前理论研究主要针对浅水表面波、声辐射/散射等标量场问题。如弹性波等向量场问题,是无限元方法应该涉及的一个重要方面,其研究内容包括:根据地层运动反演和预测地震;根据地层的特殊结构探测煤炭和石油等。虽然已有此类研究工作的报道,但理论上还很初步,与声辐射等问题的成果相比,还需要开展更深入的研究。

思考题

1. 为什么说无限单元是一种特殊的有限单元?它与常规的有限单元有何区别与联系?

2. 证明:对于具有(6.15)式几何映射的二维无限单元,(6.19)式的形状函数在 ζ 方向能够再生 $1/\sqrt{r}$。

3. 证明:(6.51)式当 $L=1$ 和 $L=1/2$ 时将分别退化为(6.27)式和(6.29)式。

4. 证明:在(6.62)式的共焦椭圆变换下,空间任一点处的衰减变量 ρ 可以如(6.65)式表示,即

$$\rho=\sqrt{\frac{r^2+f^2+\sqrt{\Delta}}{2}}$$

其中,$r=\sqrt{x^2+y^2}$,$\Delta=(r^2-f^2)^2+4x^2f^2$。

5. 比较(6.71)、(6.72)和(6.74)式三种插值结点选取方式在几何上的差异,并证明它们在插值精度上是等同的。

6. 举出其他涉及无界域的物理问题,试建立用无限元方法求解的系统方程。

参考文献

李录贤,国松直,王爱琴,2007. 无限元方法及其应用[J]. 力学进展,37(2):161-174.

李录贤,王铁军,2005. 扩展有限元法(XFEM)及其应用[J]. 力学进展,35(1):5-20.

王爱琴,2006. 弹性力学无界问题的无限元解法[D]. 西安:西安交通大学.

向前,2004. 无限元参与地基基础-坝体动力相互作用分析[D]. 南宁:广西大学.

解家毕,2004. 带桩多高层建筑共同作用分析方法及其在纠偏中的应用[D]. 武汉:武汉大学.

燕柳斌,1998. 结构分析的有限元及无限元法[M]. 武汉:武汉工业大学出版社.

ASTLEY R J, 1996. Transient wave envelope elements for wave problems[J].

Journal of Sound and Vibration,192(1):245 - 261.

ASTLEY R J,1998. Mapped spheroidal wave-envelope elements for unbounded wave problems[J]. International Journal for Numerical methods in Engineering,41:1235 - 1254.

ASTLEY R J,2000. Infinite elements for wave problems:a review of current formulations and an assessment of accuracy[J]. International Journal for Numerical Methods in Engineering,49:951 - 976.

ASTLEY R J. Eversman W,1983a. Finite element formulations for acoustical radiation[J]. Journal of Sound and Vibration,88(1):47 - 64.

ASTLEY R J, EVERSMAN W, 1983b. Wave envelope and infinite element schemes for fan noise radiation from Turbofan inlets[J]. Aiaa Journal,22(12):1719 - 1726.

ASTLEY R J, MACAULAY G J, 1994. Mapped wave envelope elements for acoustical radiation and scattering[J]. Journal of Sound and Vibration,170(1):97 - 118.

BABUSKA I,MELENK J M,1997. The partition of unity method[J]. International Journal for Numerical Method in Engineering,40:727 - 758.

BELL LABS,1996. 1996 Bell Labs Fellows[R/OL]. http://www.bell-labs.com/pr/awards/fellow/1996.

BETTESS J A,BETTESS P,1998. A new mapped infinite wave element for general wave diffraction problems and its validation on the ellipse diffraction problem[J]. Computer methods in applied mechanics and engineering,164:17 - 48.

BETTESS P,1992. Infinite elements[M]. UK:Penshaw Press.

BETTESS P, 2004. Short-wave scattering: problems and techniques[J]. Philosophical Transactions of the Royal Society A-Mathematical Physical and Engineering Sciences,362:421 - 443.

BETTESS P,EMSON C,CHIAM T C,1984. A new mapped infinite element for exterior wave problems[M]//LEWIS R W, et al,ed. Numerical Methods in Coupled Systems. [S. l.]Wiley:489 - 504.

BETTESS P, ZIENKIEWICZ O C, 1977. Diffraction and refraction of surface waves using finite and infinite elements[J]. International Journal for Numerical Methods in Engineering,11:1271 - 1290.

BURNETT D S,1994. A three-dimensional acoustic infinite element based on a prolate spheroidal multi-pole expansion[J]. The Journal of The Acoustical Society of America,96(5):2798－2816.

BURNETT D S, HOLFORD R L, 1998a. Prolate and oblate spheroidal acoustic infinite elements[J]. Computer Methods in Applied Mechanics and Engineering,158:117－141.

BURNETT D S,HOLFORD R L,1998b. An ellipsoidal acoustic infinite element [J]. Computer Methods in Applied Mechanics and Engineering,164:49－76.

CREMERS L,FYFE K R,1995. On the use of variable order infinite wave envelope elements for acoustic radiation and scattering[J]. The Journal of The Acoustical Society of America,97(4):2028－2040.

CREMERS L,FYFE K R,COYETTE J P,1994. A variable order infinite acoustic wave envelope element[J]. Journal of Sound and Vibration,171(4):483－508.

DAUX C,MOES N,DOLBOW J,et al,2000. Arbitrary branched and intersecting cracks with the extended finite element method[J]. International Journal for Numerical Methods in Engineering,48:1741－1760.

GERDES K,2000. A review of infinite element methods for exterior Helmholtz problems[J]. Journal of Computational Acoustics,8(1):43－62.

KUMAR P,1985. Static infinite element formulation[J]. ASCE Journal of Structural Engineering,111(11):2355－2372.

LI L X,HAN X P,XU S Q,2004. Study on the degeneration of quadrilateral element to triangular element[J]. Communications in Numerical Methods in Engineering,20:671－679.

LI L X, KUNIMATSU S, HAN X P, et al, 2004. The analysis of interpolation precision of quadrilateral elements[J]. Finite Elements in Analysis & Design, 41(1):91－108.

LI L X,KUNIMATSU S,SUN J S,2004. Numerical experiments of the generalized mapped infinite element[C]// The 18th International Congress on Acoustics. Kyoto,Japan:[s. n.].

LI L X,KUNIMATSU S,SUN J S,et al,2004. A new conjugated mapped infinite element[J]. Journal of Computational Acoustics,12(4):543－570.

LI L X,SUN J S,SAKAMOTO H,2002. A modified infinite element method for acoustic radiation[J]. Journal of Computational Acoustics,10(1):113－121.

LI L X, SUN J S, SAKAMOTO H, 2003a. On the virtual acoustical source in mapped infinite element[J]. Journal of Sound and Vibration,261:945－951.

LI L X,SUN J S,SAKAMOTO H,2003b. Application of the modified infinite element method to two-dimensional transient acoustic radiation[J]. Applied Acoustics, 64: 55 - 70.

LI L X, SUN J S, SAKAMOTO H, 2003c. An integration technique in Burnett infinite element[C]// Proceedings of the ASME Noise Control and Acoustics Division. [S. l.]: [s. n.](30): 57 - 62.

LI L X, SUN J S, SAKAMOTO H, 2005. A generalized infinite element for acoustic radiation[J]. ASME Journal of Vibration and Acoustics, 127: 2 - 11.

LI L X, WANG A Q, 2006. On the "mapped spheroidal" infinite element for unbounded wave problems[M]// LIU G R, et al. Computational methods. [S. l.]: The Netherlands Springer: 481 - 485.

MOES N, DOLBOW J, BELYTSCHKO T, 1999. A finite element method for crack growth without remeshing[J]. International Journal for Numerical Methods in Engineering, 46: 131 - 150.

ORTIZ P, 2004. Finite elements using a plane-wave basis for scattering of surface water waves[J]. Philosophical Transactions of the Royal Society A-Mathematical Physical and Engineering Sciences, 362: 525 - 540.

ZHANG C, ZHAO C, 1987. Coupling method of finite and infinite elements for strip foundation wave problems[J]. Earthquake Engineering and Structural Dynamic, 15: 839 - 851.

ZIENKIEWICZ O C, BANDO K, BETTESS P, et al, 1985. Mapped infinite elements for exterior wave problems[J]. International Journal for Numerical Methods in Engineering, 21: 1229 - 1251.

ZIENKIEWICZ O C, TAYLOR R L, 1989. The Finite Element Method: Vol 1, Basic Formulation and linear Problems[M]. 4th ed. [S. l.]: McGraw-Hill Book Company (UK) Limited.

延伸材料

一、边界元法与无限域问题*

边界元法是在有限元法之后发展起来的一种较精确有效的工程数值分析方法，又称边界积分方程-边界元法。它以定义在边界上的边界积分方程为控制方

* 来源于搜狗百科，略有改动。

程，通过对边界分元插值离散，化为代数方程组求解。它与基于偏微分方程的区域解法相比，由于降低了问题的维数，而显著降低了自由度数；边界的离散也比区域离散方便得多，可用较简单的单元准确地模拟边界形状，最终得到阶数较低的线性代数方程组。又由于它利用微分算子的解析的基本解作为边界积分方程的核函数，因而具有解析与数值相结合的特点，通常具有较高的精度。特别是对于边界变量变化梯度较大的问题，如应力集中问题，或边界变量出现奇异性的裂纹问题，边界元法被公认为比有限元法更加精确高效。

由于边界元法所利用的微分算子基本解能自动满足无限远处的条件，因而边界元法特别便于处理无限域以及半无限域问题。

边界元法的主要缺点是它的应用范围以存在相应微分算子的基本解为前提，对于非均匀介质等问题难以应用，故其适用范围远不如有限元法广泛，而且由它建立的求解代数方程组的系数阵通常是非对称满阵，对解题规模产生较大限制。对一般的非线性问题，由于在方程中会出现域内积分项，从而部分抵消了边界元法只在边界离散的优点。

边界元法基于控制微分方程的基本解来建立相应的边界积分方程，再结合边界的剖分而得到离散算式。Jaswon 和 Symm 于 1963 年用间接边界元法求解了位势问题；Rizzo 于 1967 年用直接边界元法求解了二维线弹性问题；Cruse 于 1969 年将此法推广到三维弹性力学问题。1978 年，Brebbia 用加权余量法推导出了边界积分方程，他指出加权余量法是最普遍的数值方法，如果以 Kelvin 解作为加权函数，从加权余量法中导出的将是边界积分方程——边界元法，从而初步形成了边界元法的理论体系，标志着边界元法进入系统性研究时期。

经过近 50 年的研究和发展，边界元法已经成为一种精确高效的工程数值分析方法。在数学方面，不仅在一定程度上克服了由于积分奇异性造成的困难，同时又对收敛性、误差分析以及各种不同的边界元法形式进行了统一的数学分析，为边界元法的可行性和可靠性提供了理论基础。在方法与应用方面，边界元法已应用到工程和科学的很多领域：对线性问题，边界元法的应用已经规范化；对非线性问题，其方法亦趋于成熟。在软件应用方面，边界元法应用软件已由原来的解决单一问题的计算程序向具有前后处理功能、可以解决多种问题的边界元法程序包发展。

我国约在 1978 年开始进行边界元法的研究，目前，我国学者在求解各种问题边界元法的研究方面做了很多工作，并且发展了相应的计算软件，有些已经应用于工程实际问题，并收到了良好的效果。

二、快速多极法(Fast Multipole Method)*

The fast multipole method (FMM) is a numerical technique that was developed to speed up the calculation of long-ranged forces in the n-body problem. It does this by expanding the system Green's function using a multipole expansion, which allows one to group sources that lie close together and treat them as if they are a single source.

The FMM has also been applied in accelerating the iterative solver in the method of moments (MOM) as applied to computational electromagnetics problems. The FMM was first introduced in this manner by Greengard and Rokhlin and is based on the multipole expansion of the vector Helmholtz equation. By treating the interactions between far-away basis functions using the FMM, the corresponding matrix elements do not need to be explicitly stored, resulting in a significant reduction in required memory. If the FMM is then applied in a hierarchical manner, it can improve the complexity of matrix-vector products in an iterative solver from $O(N^2)$ to $O(N)$. This has expanded the area of applicability of the MOM to far greater problems than were previously possible.

The FMM, introduced by Rokhlin and Greengard, has been said to be one of the top ten algorithms of the 20th century. The FMM algorithm reduces the complexity of matrix-vector multiplication involving a certain type of dense matrix which can arise out of many physical systems.

The FMM has also been applied for efficiently treating the Coulomb interaction in Hartree-Fock and density functional theory calculations in quantum chemistry.

* 来源于维基百科(Wikipedia),略有改动。

第 7 章　无网格(单元)方法简介

7.1　引言

以有限元方法为代表的计算力学在二十世纪后半叶得到了长足发展,解决了科学和工程中许许多多大型复杂问题,但随着科学技术的突飞猛进,计算力学仍然遇到了极大挑战。例如,在对挤压成型等制造工艺进行模拟时,由于固体和液体间界面的变化至关重要,计算时就需要处理网格的极大变形问题;在破坏过程模拟时,需要计算裂纹以任意复杂路径的传播问题;在先进材料的研制过程中,需要有效的方法,以跟踪相边界的发展及微裂纹的扩展等。

对于上述列举的问题,常规数值分析方法,如有限元法(FEM)、有限域法(FVM)或有限差分法(FDM),都显得不是非常有效。这些方法以网格为基础,不适宜用来处理与网格不一致的不连续问题,大多数做法是在每一演化步内进行网格重构,以在问题的整个演化过程中保持网格与不连续性一致。这当然会引入许多其他困难,在问题的两个连续阶段间就无法避免地需要进行映射,降低了精度、增加了计算机编程难度,姑且不提重构所带来的大量额外计算量。

无网格法的目的是插值逼近构造全部依结点进行,部分或全部去除“网格式”结构。虽然在许多无网格方法中部分内容仍需借助于网格,但不连续性的变化在不需重构的情况下就可以实现,并且在精度上损失很小,从而,使得许多类问题的求解成为可能,不像“网格式”方法那样显得笨拙。

无网格法的思想在 20 世纪 60 年代就已经提出,目前已有许多学者致力于这方面的研究。最早的无网格方法是光滑粒子法(SPH),它起初被用来模拟无界天体物理中的星体爆炸和尘雾现象,该法近年得到了较大发展。譬如,Swegle 等通过线性化方程的弥散分析,揭示了产生所谓拉伸失稳的根源,提出了使拉伸稳定的黏性方法;Johnson 等提出了一种正则光滑函数方法来改进应变的计算;Liu 等则在离散和连续两种情形中对核函数分别提出了修正等。

与构造无网格逼近相类似的一种方法是移动最小二乘(MLS)逼近,它起步较晚。Nayroles 等首先在 Galerkin 方法中使用移动最小二乘逼近,并发展成为扩散单元法(DEM)。Belytschko 等对光滑粒子法进行了修改和进一步凝练,提出了无单元 Galerkin 法(EFG),虽然该法比光滑粒子法耗时,但在一致性和稳定性方面性能更佳。

Duarte 和 Oden 及 BabuSka 和 Melenk 的工作,使我们对这类方法进一步加深了认识。他们认为,基于移动最小二乘思想的方法是单位分解方法(PUM)的特例,藉此,他们对这些逼近进行了推广,关于这点 7.4 节将做较详细的讨论。他们和 Liu 还分别证明了这类方法的收敛性。

无网格法发展的其他两种途径分别是可处理任意结点布局的广义有限差分法(GFDM)和嵌入胞元粒子法(PIC)。Perrone 和 Kao 是 GFDM 的早期研究者,但最强健的 GFDM 由 Liszka 和 Orkisz 在 20 世纪 80 年代发展而成。从 Liszka 及其同事的工作可以看出,广义有限差分法具有类似于移动最小二乘法和单位分解法的特征。关于嵌入胞元粒子法的发展,可参阅 Sulsky 和 Schreyer 的论述。

本章以 1996 年 Belytschko 等关于无网格法的综述性文章为蓝本,以核函数逼近方法、移动最小二乘法和单位分解法为例,简单介绍无网格法中使用的主要逼近及其相关问题。广义地讲,无网格逼近就是利用权函数进行加权平均,这是它们所具有的共同特征,在小波分析中,权函数又称为窗函数。权函数被定义在紧支集上,即权函数非零的子区域相对于剩余区域而言很小。

考察区域 Ω 上的单变量函数 $u(\boldsymbol{x})$ 的逼近。假定区域 Ω 满足通常方法所需的要求,在该区域内,构造结点集 $\boldsymbol{x}_I(I=1,n_N)$,并设结点 I 处的逼近参数为 u_I。子区域 $\Delta\Omega_I$ 与结点 I 相关,又称为结点 I 的影响域。最常用的子区域为圆形(对于二维)和球形(对于三维),参看图 7.1,但它们都具有相当程度的重叠(一个点一般被 5～10 个圆形子域重叠)。对于二维问题,最常用的支集形状还有矩形,或者圆形与矩形的混合。

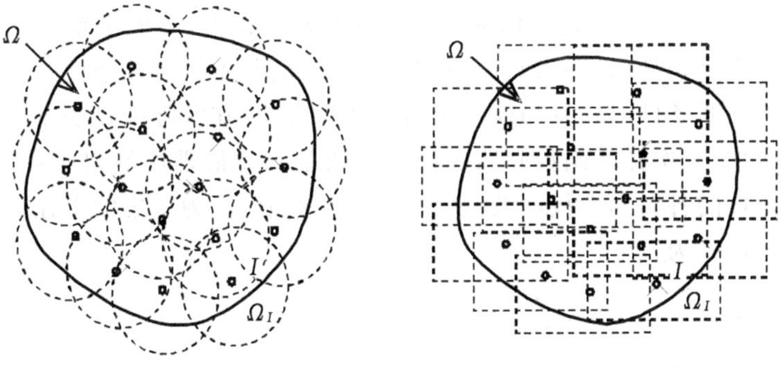

(a)圆形子域　(b)矩形子域

图 7.1　无网格法计算模型中的边界、结点和支集

下面在 7.2 与 7.3 两节将讨论两种无网格方法的逼近构造,并检查它们的一致性,还将做适当比较,以揭示相互间的关联。

7.2 光滑粒子法

7.2.1 逼近的构造

光滑粒子法(SPH)是最早的无网格法,基本原理是对区域 Ω 的函数 $u(\boldsymbol{x})$ 运用核函数逼近,即

$$u^h(\boldsymbol{x}) = \int_{\Omega} w(\boldsymbol{x}-\boldsymbol{y},h)u(\boldsymbol{y})\mathrm{d}\Omega_y \tag{7.1}$$

其中,$u^h(\boldsymbol{x})$ 是 $u(\boldsymbol{x})$ 的逼近;$w(\boldsymbol{x}-\boldsymbol{y},h)$ 是核函数或权函数;h 用来度量支集的尺寸。在光滑粒子方法框架中,$w(\boldsymbol{x}-\boldsymbol{y},h)$ 又被称为光滑函数。根据 Monaghan 的研究,核函数一般需具有下列特性:

(1)在 Ω 的子域 Ω_I 上,$w(\boldsymbol{x}-\boldsymbol{y},h)>0$ (7.2a)

(2)在子域 Ω_I 外,$w(\boldsymbol{x}-\boldsymbol{y},h)=0$ (7.2b)

(3)满足正则特性 $\int_{\Omega} w(\boldsymbol{x}-\boldsymbol{y},h)\mathrm{d}\Omega = 1$ (7.2c)

(4)$w(s,h)$ 是 s 的单调递减函数,其中 $s=\|\boldsymbol{x}-\boldsymbol{y}\|$ (7.2d)

(5)当 $h\to 0$ 时,$w(s,h)\to\delta(s)$,其中 $\delta(s)$ 是 Dirac delta 函数。 (7.2e)

在上述条件中,(2)对无网格方法最重要,因为它能够保证整体逼近的局部特性,也就是说,$u^h(\boldsymbol{x})$ 只与 $w(\boldsymbol{x}-\boldsymbol{y})$ 不为零的子域上的结点值有关。$w(\boldsymbol{x}-\boldsymbol{y})$ 不为零的区域称为权函数的支集或影响域;从小波分析的观点看来,该区域又是权函数的视窗。条件(3)源于逼近的一致性,但仅此仍不能保证逼近离散形式的一致性。Monaghan 认为,(7.1)式是插值逼近收敛的基础。条件(5)似乎意义不大,因为很难设计一个满足条件(1)～(4)、而当支集趋于零时却不满足该条件的函数,但目前还没有理论证明条件(1)～(4)就一定包含条件(5)。在实际中,h 永远不为零。

指数函数、三次样条函数和四次样条函数是三种最常用的权函数。首先考虑支集为圆形域的各向同性权函数,令 $\bar{s}=s/s_{\max}$,其中 $s_{\max}$ 为支集的半径,此时上述三种权函数的形式为:

指数形式:

$$w(\bar{s})=\begin{cases} \mathrm{e}^{-(\bar{s}/\alpha)}, & \bar{s}\leqslant 1 \\ 0, & \bar{s}>1 \end{cases} \tag{7.3a}$$

三次样条:

$$w(\bar{s})=\begin{cases} \frac{2}{3}-4\bar{s}^2+4\bar{s}^3, & \bar{s}\leqslant\frac{1}{2} \\ \frac{4}{3}-4\bar{s}+4\bar{s}^2-\frac{4}{3}\bar{s}^3, & \frac{1}{2}\leqslant\bar{s}\leqslant 1 \\ 0, & \bar{s}\geqslant 1 \end{cases} \tag{7.3b}$$

四次样条：$$w(\bar{s})=\begin{cases}1-6\bar{s}^2+8\bar{s}^3-3\bar{s}^4, & \bar{s}\leqslant 1\\ 0, & \bar{s}>1\end{cases} \tag{7.3c}$$

Monaghan 在光滑粒子法中还采用下列权函数：

$$w(s;h)=\frac{2}{3h}\begin{cases}1-\dfrac{3}{2}q^2+\dfrac{3}{4}q^3, & q\leqslant 1\\ \dfrac{1}{4}(2-q)^3, & 1\leqslant q\leqslant 2\\ 0, & q\geqslant 2\end{cases} \tag{7.3d}$$

其中，$q=s/h$。指数型权函数实际上是 C^{-1} 连续的，这是由于它在 $\bar{s}=1$ 处并不为零，但是，该函数却与 C^1 或更高次的连续性很像，例如参数 $\alpha=0.4$ 时，(7.3a)中 $w(1)\cong 0.002$。Monaghan 称指数型核函数为“光滑粒子法的黄金法则”，但似乎并没有发现它比样条函数有明显优点，却发现数值计算时要求更加苛刻。上述所构造的三次、四次以及样条函数形式的光滑粒子法逼近均具有 C^2 连续性。

凸域上的各向同性权函数的支集是圆形或球形。实际上，权函数也可通过张量积生成，即

$$w(\boldsymbol{x}-\boldsymbol{x}_I)=w(x-x_I)w(y-y_I) \tag{7.4}$$

此时的支集为矩形。对于结点按矩形分布的情形，这类权函数有其优势。

通过数值积分，可得到逼近(7.1)式的离散形式，将 $u^h(\boldsymbol{x})$ 用 $u_I\equiv u(\boldsymbol{x}_I)(I=1,n_N)$ 表示。例如，在一维问题中，采用梯形求积法则可得到

$$u^h(\boldsymbol{x})=\sum_I w(x-x_I)u_I\Delta u_I \tag{7.5}$$

对于顺序编排的结点集 x_I，内结点处的 Δx_I 为

$$\Delta x_I=(x_{I+1}-x_{I-1})/2 \tag{7.6}$$

在左端点处

$$\Delta x_1=x_2-x_a \tag{7.7}$$

其中，x_a 是左边界的坐标，右端处亦有相似的表达式($\Delta x_{n_N}=x_b-x_{n_N-1}$)。(7.5)式的求和仅对 $w(x-x_I)>0$ 的结点 I 进行。

对多维问题的求积较复杂，一般采用下述形式

$$u^h(\boldsymbol{x})=\sum_I w(\boldsymbol{x}-\boldsymbol{x}_I)u_I\Delta V_I \tag{7.8}$$

其中，ΔV_I 是围绕结点 I 的某种度量。运用上式时需要采用有效途径确定每个结点对应的 ΔV_I。

利用离散形式，以有限元网格作为背景，逼近就可表示为

$$u^h(\boldsymbol{x})=\sum_I \phi_I u_I \tag{7.9}$$

其中

$$\phi_I(\boldsymbol{x}) = w(\boldsymbol{x} - \boldsymbol{x}_I)\Delta V_I \tag{7.10}$$

函数 $\phi_I(\boldsymbol{x})$是光滑粒子方法逼近的形函数。在大多数情况下，$u_I \neq u^h(\boldsymbol{x}_I)$，因此，参数 u_I 并不是精确的结点值，因而形函数也不是传统意义上的插值函数，本章忽略这些不同，仍然沿用此术语。

熟悉有限元的人对如此构造形函数会感到不习惯。分析(7.1)式发现，$u^h(\boldsymbol{x})$是近似函数，$u(\boldsymbol{y})$是精确函数，$u(\boldsymbol{y})$经离散成为逼近 $u^h(\boldsymbol{x})$，用常规思维难以理解这点。尽管如此，这种过程确实生成了形函数(7.8)式。(7.1)式提供了(7.8)式的一种理论解释，是精确解与逼近解间的关联，虽然这种关联依然相当模糊。

7.2.2 逼近的一致性

一种收敛的数值方法，它必须是一致和稳定的。稳定性与 Galerkin 形式的求积和 Galerkin 方法的特性有关，一致性是逼近特性所固有的。一致性要求取决于所求解微分方程的阶次，对于一个 $2k$ 阶的偏微分方程，用 Galerkin 法求解需要 k 次一致性，也就是说，当离散参数 h 趋于零时，逼近函数必须能够精确表示 k 阶导数为常数的场变化。换句话说，对于二阶偏微分方程，一致性就意味着该逼近必须精确表示一阶导数为常数的情形；对于四阶偏微分方程，则意味着该逼近必须精确表示二阶导数为常数的情形。一致性还常常以能精确表示的多项式阶次来描述。这样，对于二阶偏微分方程，逼近必须能精确表示线性场，因此，逼近函数的一致性阶次就是能精确表示的多项式阶次。

一致性条件与完备性条件和再生性条件密切相关，从不同侧面反映了逼近函数的特性。再生性条件指的是当结点值取函数在结点处的值时逼近函数再生该函数的能力，因而，n 次多项式的再生能力等价于 n 次一致性。如果逼近函数提供的基函数能以任意精度再生任何光滑函数及其导数，那么，该逼近就是完备的。由于能够再生线性多项式的逼近当进一步细化时具有如此特性，因而，具有线性一致性的逼近也就具有线性完备性。

利用核函数逼近(7.1)式的连续形式可较好理解一致性条件对 $w(x-y)$的要求。假定该逼近能精确表示常函数和线性函数，那么，令 $u(y)$分别等于 1 和 y 时，得到如下必要条件(对于一维情形)：

$$\int_\Omega w(x-y)\cdot 1\mathrm{d}y = 1 \tag{7.11a}$$

$$\int_\Omega w(x-y)\cdot y\mathrm{d}y = x \tag{7.11b}$$

可以看出，(7.11a)式对应于(7.2c)，即条件(3)对应于零次一致性，或者该条件表明核函数具有再生常函数的能力。为了检查线性一致性，考察(7.11b)式，注

意到(7.11a)可写成

$$\int_{\Omega} w(x-y)\cdot x\mathrm{d}y = x \tag{7.12}$$

上式减去(7.11b)得到

$$\int_{\Omega} (x-y)\cdot w(x-y)\mathrm{d}y = 0 \tag{7.13}$$

该积分表示的是权函数的惯性(第一)矩。如果函数 $w(s)$ 关于原点对称，即 $w(-s)=w(s)$，则上式方程就可自动满足，我们就说该核函数具有一次一致性。

即使对于较简单的一维情形，符合此条件并不能保证离散形式(7.8)式的线性一致性。一致性条件(7.11a)与(7.13)的离散形式分别为

$$\sum_I \phi_I(x) = \sum_I \phi_I(x-x_I) = 1 \tag{7.14a}$$

$$\sum_I \phi_I(x)(x-x_I) = \sum_I \phi(x-x_I)(x-x_I) = 0 \tag{7.14b}$$

对于非均匀排列的结点，上式并不容易满足。例如，对于如图 7.2 所示的结点排列，分析 $x=0$ 处的一致性。

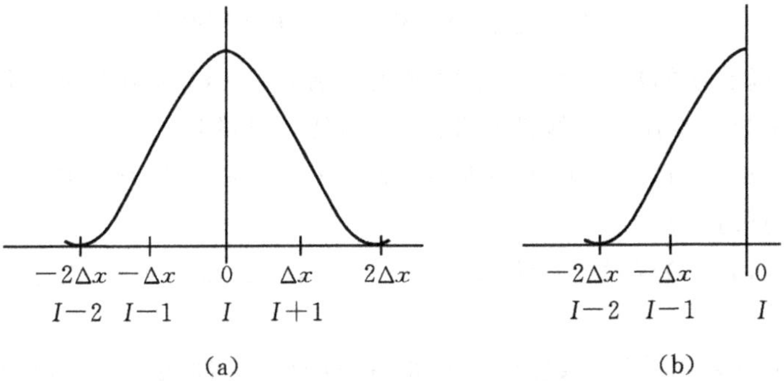

图 7.2　非均匀网格时光滑粒子法核函数的线性一致性

对于图 7.2(a)的情形，(7.14b)式变为

$$\sum_J \phi_J(x_I)(x_J-x_I) = 0 \tag{7.15}$$

写成显式即为

$$w_{I-1}\Delta V_{I-1}(-\Delta x) + w_{I+1}\Delta V_{I+1}(2\Delta x) = 0 \tag{7.16}$$

其中，$\Delta V_{I-1}=\Delta x$，$\Delta V_{I+1}=2\Delta x$。但是，对于(7.3d)式表示的样条型权函数，左端表达式计算得到 $\Delta x/6$，并不是零，因而不满足线性一致性条件。

这种问题在边界处更加严重。对于如图 7.2(b)所示的情形，(7.14b)式的显式为

$$w_{I-1}(x_I)\Delta V_{I-1}(-\Delta x) = 0 \tag{7.17}$$

即要求 $w_{I-1}(x_I)$ 必须为零，根据(7.2)式的要求，这显然是不可能的。因此，即使对于均匀网格，线性一致性在边界处也难以遵守。

有趣的是，尽管缺乏线性一致性，利用光滑粒子法却能对二阶偏微分方程给出满意的数值求解精度。这样看来，线性一致性很可能只是解收敛的充分条件、并非完全必要，虽然目前还缺乏这方面的进一步研究结果。

7.3 移动最小二乘法

无网格法还可采用移动最小二乘(MLS)逼近，Nayroles 等首先对此进行了研究，但对该法的精彩描述由 Lancaster 和 Salkauskas 给出。该逼近源于数据拟合，而且有许多不同的称谓，最低阶形式常称为 Shepard 函数。

7.3.1 逼近的构造

移动最小二乘逼近的一般形式为

$$u^h(\boldsymbol{x}) = \sum_{i=1}^{m} p_i(\boldsymbol{x}) a_i(\boldsymbol{x}) \equiv \boldsymbol{p}^{\mathrm{T}}(\boldsymbol{x}) \boldsymbol{a}(\boldsymbol{x}) \tag{7.18}$$

其中，m 为基函数项的数目；$p_i(\boldsymbol{x})$ 是单项式基函数，$a_i(\boldsymbol{x})$ 是相应的系数，但也是空间坐标 $\boldsymbol{x}$ 的函数。常用基是线性基和二次基，线性基的形式为

$$\boldsymbol{p} = (1,x)^{\mathrm{T}}(\text{对于一维}); \quad \boldsymbol{p} = (1,x,y)^{\mathrm{T}}(\text{对于二维}) \tag{7.19a}$$

二次基的形式为

$$\boldsymbol{p} = (1,x,x^2)^{\mathrm{T}}(\text{对于一维}); \quad \boldsymbol{p} = (1,x,y,x^2,xy,y^2)^{\mathrm{T}}(\text{对于二维}) \tag{7.19b}$$

基函数也可采用其他函数形式，例如，在具有奇异性问题中，基函数也可包含导数奇异的函数。稍后将会看到，包含在基函数中的任意函数都可由移动最小二乘逼近予以精确再生。

Lancaster 和 Salkauskas 定义了如下的局部逼近

$$u^h(\boldsymbol{x},\bar{\boldsymbol{x}}) = \sum_{i=1}^{m} p_i(\bar{\boldsymbol{x}}) a_i(\boldsymbol{x}) = \boldsymbol{p}^{\mathrm{T}}(\bar{\boldsymbol{x}}) \boldsymbol{a}(\boldsymbol{x}) \tag{7.20}$$

系数 $a_i(\boldsymbol{x})$ 通过对局部逼近进行加权最小二乘拟合获得，使得局部逼近和场函数之差取极小，这样可得到二次形式

$$\begin{aligned} J &= \sum_I w(\boldsymbol{x}-\boldsymbol{x}_I)(u^h(\boldsymbol{x},\boldsymbol{x}_I) - u(\boldsymbol{x}_I))^2 \\ &= \sum_I w(\boldsymbol{x}-\boldsymbol{x}_I)\Big(\sum_{i=1}^{m} p_i(\boldsymbol{x}_I) a_i(\boldsymbol{x}) - u_I\Big)^2 \end{aligned} \tag{7.21}$$

其中，$w(\boldsymbol{x}-\boldsymbol{x}_I)$ 是紧支集上的权函数，与光滑粒子法中的权函数具有相同性质。

上式可重写为

$$J = (\boldsymbol{Pa} - \boldsymbol{u})^{\mathrm{T}} \boldsymbol{W}(\boldsymbol{x})(\boldsymbol{Pa} - \boldsymbol{u}) \tag{7.22}$$

其中

$$\boldsymbol{u} = (u_1, u_2, \cdots, u_n)^{\mathrm{T}} \tag{7.23a}$$

$$\boldsymbol{P} = \begin{bmatrix} p_1(\boldsymbol{x}_1) & p_2(\boldsymbol{x}_1) & \cdots & p_m(\boldsymbol{x}_1) \\ p_1(\boldsymbol{x}_2) & p_2(\boldsymbol{x}_2) & \cdots & p_m(\boldsymbol{x}_2) \\ \vdots & \cdots & \ddots & \vdots \\ p_1(\boldsymbol{x}_n) & p_2(\boldsymbol{x}_n) & \cdots & p_m(\boldsymbol{x}_n) \end{bmatrix}$$

$$= \begin{bmatrix} \boldsymbol{p}^{\mathrm{T}}(\boldsymbol{x}_1) \\ \boldsymbol{p}^{\mathrm{T}}(\boldsymbol{x}_2) \\ \vdots \\ \boldsymbol{p}^{\mathrm{T}}(\boldsymbol{x}_n) \end{bmatrix} = [\boldsymbol{p}(\boldsymbol{x}_1) \quad \boldsymbol{p}(\boldsymbol{x}_2) \quad \cdots \quad \boldsymbol{p}(\boldsymbol{x}_n)]^{\mathrm{T}} \tag{7.23b}$$

以及

$$\boldsymbol{W} = \begin{bmatrix} w(\boldsymbol{x} - \boldsymbol{x}_1) & 0 & \cdots & 0 \\ 0 & w(\boldsymbol{x} - \boldsymbol{x}_2) & \cdots & 0 \\ \vdots & \cdots & \ddots & \vdots \\ 0 & 0 & \cdots & w(\boldsymbol{x} - \boldsymbol{x}_n) \end{bmatrix} \tag{7.23c}$$

为了求得系数 $\boldsymbol{a}(\boldsymbol{x})$，对 J 取极值得到

$$\frac{\partial J}{\partial \boldsymbol{a}} = \boldsymbol{A}(\boldsymbol{x})\boldsymbol{a}(\boldsymbol{x}) - \boldsymbol{B}(\boldsymbol{x})\boldsymbol{u} = 0 \tag{7.24}$$

其中，$\boldsymbol{A}$ 和 $\boldsymbol{B}$ 分别由下式给出

$$\boldsymbol{A} = \boldsymbol{P}^{\mathrm{T}} \boldsymbol{W}(\boldsymbol{x}) \boldsymbol{P} \tag{7.25a}$$

$$\boldsymbol{B} = \boldsymbol{P}^{\mathrm{T}} \boldsymbol{W}(\boldsymbol{x}) \tag{7.25b}$$

最终得到

$$\boldsymbol{a}(\boldsymbol{x}) = \boldsymbol{A}^{-1}(\boldsymbol{x}) \boldsymbol{B}(\boldsymbol{x}) \boldsymbol{u} \tag{7.26}$$

这样，逼近 $u^h(\boldsymbol{x})$ 可表示成

$$u^h(\boldsymbol{x}) = \sum_{I=1}^{n} \phi_I^k(\boldsymbol{x}) u_I = (\boldsymbol{\phi}^k)^{\mathrm{T}} \boldsymbol{u} \tag{7.27}$$

其中，形函数为

$$\boldsymbol{\phi}^k = (\phi_1^k(\boldsymbol{x}), \phi_2^k(\boldsymbol{x}), \cdots, \phi_n^k(\boldsymbol{x}))^{\mathrm{T}} = (\boldsymbol{p}^{\mathrm{T}}(\boldsymbol{x}) \boldsymbol{A}^{-1}(\boldsymbol{x}) \boldsymbol{B}(\boldsymbol{x}))^{\mathrm{T}} \tag{7.28}$$

上标 k 是多项式基函数的阶次，$k=0$ 的形函数称为 Shepard 函数，其形式为

$$\phi_I^0 = \frac{w(\boldsymbol{x} - \boldsymbol{x}_I)}{\sum_K w(\boldsymbol{x} - \boldsymbol{x}_K)} \tag{7.29}$$

7.3.2 逼近的一致性

如果基函数是 k 次完备的，那么移动最小二乘逼近的 k 次一致性是显而易见的。例如，如果基函数是线性的，形函数 $\boldsymbol{\phi}^k$ 将满足线性一致性。下面采用 Krongauz 和 Belytschko 的方法来说明它的 k 次一致性。注意到(7.21)式中的 J 在 $w(s)$ 满足(7.2a)式的条件下是正定的，因而，它的最小值大于或等于零。考察下列位移场

$$u(\boldsymbol{x}) = \sum_i \alpha_i p_i(\boldsymbol{x}) \tag{7.30}$$

当 $a_i(\boldsymbol{x})=\alpha_i$ 时，J 将为零，它必然为最小值。这样

$$u^h(\boldsymbol{x}) = \sum_i \alpha_i p_i(\boldsymbol{x}) = u(\boldsymbol{x}) \tag{7.31}$$

上式表明，任何一个基函数都能被精确地再生，也就是说，若基函数 $p_i(\boldsymbol{x})$ 包含常数项和所有的线性单项式，就满足线性一致性。或者说，基函数中出现的任何函数都能被精确地再生，意味着若包含导数奇异函数，也将被精确地再生。Belytschko 等和 Fleming 等在分析断裂力学问题中已利用了这一优良特性。

7.3.3 连续的移动最小二乘逼近

为了对诸如移动最小二乘逼近和核函数逼近建立一个通用框架，研究(7.21)式所对应的连续形式。考虑到(7.1)式是(7.5)式所对应的连续形式，按照 Belytschko 的思想，从加权的 L_2 范数出发，可得(7.21)式的连续形式为

$$J(\boldsymbol{x}) = \int_\Omega w(\boldsymbol{x}-\bar{\boldsymbol{x}})(u^h(\boldsymbol{x},\bar{\boldsymbol{x}}) - u(\bar{\boldsymbol{x}}))^2 \mathrm{d}\Omega_{\bar{x}} \tag{7.32}$$

其中，$w(\boldsymbol{x}-\bar{\boldsymbol{x}})$是前述已经构造的具有紧支特性的权函数。逼近具有下列形式

$$u^h(\boldsymbol{x},\bar{\boldsymbol{x}}) = \sum_i p_i(\bar{\boldsymbol{x}}) a_i(\boldsymbol{x}) \tag{7.33}$$

这对应于 Lancaster 和 Salkauskas 给出的“局部逼近”。

对(7.32)式关于 $a_i(\boldsymbol{x})$取变分，得到

$$0 = \delta J(\boldsymbol{x}) = 2\int_\Omega w(\boldsymbol{x}-\bar{\boldsymbol{x}})\Big(\sum_i p_i(\bar{\boldsymbol{x}})a_i(\boldsymbol{x}) - u(\bar{\boldsymbol{x}})\Big)\sum_j p_j(\bar{\boldsymbol{x}})\delta a_j(\boldsymbol{x})\mathrm{d}\Omega_{\bar{x}} \tag{7.34}$$

考虑到 δa_j 的任意性，由上式导出

$$\sum_j \bar{A}_{ij}(\boldsymbol{x})a_j(\boldsymbol{x}) = \int_\Omega w(\boldsymbol{x}-\bar{\boldsymbol{x}})p_i(\bar{\boldsymbol{x}})u(\bar{\boldsymbol{x}})\mathrm{d}\Omega_{\bar{x}} \tag{7.35}$$

其中

$$\bar{A}_{ij}(x) = \int_\Omega w(x-\bar{x})p_i(\bar{x})p_j(\bar{x})\mathrm{d}\Omega_{\bar{x}} \tag{7.36}$$

注意，这里的 $\bar{\boldsymbol{A}}(\boldsymbol{x})$ 相当于(7.25a)式中离散矩阵 $\boldsymbol{A}(\boldsymbol{x})$ 的连续形式。将从(7.35)式中得到的 $a_i(\boldsymbol{x})$ 代入(7.33)式，再令 $\boldsymbol{x}=\bar{\boldsymbol{x}}$ 后得到局部逼近为

$$u^h(\boldsymbol{x}) = \int_{\Omega} p_i(\boldsymbol{x})\bar{A}_{ij}^{-1}(\boldsymbol{x})p_j(\bar{\boldsymbol{x}})w(\boldsymbol{x}-\bar{\boldsymbol{x}})u(\bar{\boldsymbol{x}})\mathrm{d}\Omega_{\bar{x}} \tag{7.37}$$

使用与 7.3.2 节中相同的方法可证明上述逼近是一致的，而且在形式上与光滑粒子法的核函数很相似，可导出相应的“核函数”为(7.37)式右端项被积函数的后两项。这样，如果对无网格核函数逼近的离散形式做相应修改，也可以使其具有一致性。Liu 等将(7.37)式右端被积函数的前三项称为修正函数，经此修正使核函数具有了一致性；Liu 等还得到了这种修正函数的连续和离散形式。

7.3.4　一致的离散核函数

研究移动最小二乘型一致逼近，可考察它与核函数方法之间的关联。一种方法就是构造 $\phi(\boldsymbol{x}-\boldsymbol{x}_I)$ 使其精确再生一组事先选择的函数，这组函数应包括所期望一致性阶次的多项式基函数，还可以包括为加速特定问题收敛所选的其他特殊函数。例如，对于二维的弹性静力学断裂问题，Belytschko 等和 Fleming 等假定这组函数由下述基函数 $p_i(\boldsymbol{x})(i=1\sim7)$ 再生

$$p(\boldsymbol{x}) = \left(1, x, y, \sqrt{r}\cos\frac{\theta}{2}, \sqrt{r}\sin\frac{\theta}{2}, \sqrt{r}\sin\frac{\theta}{2}\sin\theta, \sqrt{r}\cos\frac{\theta}{2}\sin\theta\right)^{\mathrm{T}} \tag{7.38}$$

上述基函数满足线性一致性，并能再生渐近的近尖裂纹场。形函数 $\phi_I(\boldsymbol{x})$ 精确再生 $p_i(\boldsymbol{x})$ 的条件可写成

$$\sum_I \phi_I(\boldsymbol{x})p_i(\boldsymbol{x}_I) = p_i(\boldsymbol{x}) \tag{7.39}$$

为满足此条件，我们令

$$\phi_I(\boldsymbol{x}) = \sum_i \alpha_i(\boldsymbol{x})p_i(\boldsymbol{x}_I)w_I(\boldsymbol{x}) = w_I(\boldsymbol{x})\boldsymbol{p}^{\mathrm{T}}(\boldsymbol{x}_I)\boldsymbol{\alpha}(\boldsymbol{x}) \tag{7.40}$$

将(7.40)式代入(7.39)式，得到

$$\sum_{I=1}^{n} p_i(\boldsymbol{x}_I)w(\boldsymbol{x}-\boldsymbol{x}_I)\boldsymbol{p}^{\mathrm{T}}(\boldsymbol{x}_I)\boldsymbol{\alpha}(\boldsymbol{x}) = p_i(\boldsymbol{x}) \tag{7.41}$$

又可写成

$$\boldsymbol{A}(\boldsymbol{x})\boldsymbol{\alpha}(\boldsymbol{x}) = \boldsymbol{p}(\boldsymbol{x}) \tag{7.42}$$

考虑到(7.23b)和(7.23c)式，上式中的 $\boldsymbol{A}(\boldsymbol{x})$ 与(7.25a)完全相同。这样，由上式就可求得系数 $\boldsymbol{\alpha}(\boldsymbol{x})$。

为了与(7.26)式的移动最小二乘逼近做比较，将(7.42)式的 $\boldsymbol{\alpha}(\boldsymbol{x})$ 代入(7.40)式，并使用(7.23b)式及(7.23c)式相同的记号，得到

$$\boldsymbol{\phi}(\boldsymbol{x}) = \boldsymbol{W}(\boldsymbol{x})\boldsymbol{P}\boldsymbol{A}^{-1}\boldsymbol{p}(\boldsymbol{x}) \tag{7.43}$$

使用(7.25b)式的记号并考虑到 $\boldsymbol{A}$ 的对称性，上式可进一步写成

$$\boldsymbol{\phi}(\boldsymbol{x}) = \boldsymbol{B}^{\mathrm{T}}\boldsymbol{A}^{-1}\boldsymbol{p}(\boldsymbol{x}) \tag{7.44}$$

与(7.28)式完全相同。

在上述公式或在移动最小二乘法的基函数 $p_i(\boldsymbol{x})$ 中必须包含强线性无关的项，这是至关重要的，否则，矩阵 $\boldsymbol{A}$ 的条件数就很差，这已不是要不要包含线性基函数的问题。但是，甚至在离裂纹中等距离处，(7.38)式的基函数也有可能导致矩阵 $\boldsymbol{A}$ 条件数很差。

7.3.5 一致性修正的另一种解释

(7.14)式表示的 ϕ 的线性一致性条件可写为

$$\boldsymbol{P}_1^{\mathrm{T}}\boldsymbol{\phi} = 1 \tag{7.45a}$$

$$\boldsymbol{P}_2^{\mathrm{T}}\boldsymbol{\phi} = x \tag{7.45b}$$

$$\boldsymbol{P}_3^{\mathrm{T}}\boldsymbol{\phi} = y \tag{7.45c}$$

其中，下标代表结点，并且

$$\boldsymbol{\phi} = (\phi_1, \phi_2, \cdots, \phi_n)^{\mathrm{T}} \tag{7.46a}$$

$$\boldsymbol{P}_1 = (\boldsymbol{p}_1(\boldsymbol{x}_1), \boldsymbol{p}_1(\boldsymbol{x}_2), \cdots, \boldsymbol{p}_1(\boldsymbol{x}_n))^{\mathrm{T}} = (1, 1, \cdots, 1)^{\mathrm{T}} \tag{7.46b}$$

$$\boldsymbol{P}_2 = (\boldsymbol{p}_2(\boldsymbol{x}_1), \boldsymbol{p}_2(\boldsymbol{x}_2), \cdots, \boldsymbol{p}_2(\boldsymbol{x}_n))^{\mathrm{T}} = (x_1, x_2, \cdots, x_n)^{\mathrm{T}} \tag{7.46c}$$

$$\boldsymbol{P}_3 = (\boldsymbol{p}_3(\boldsymbol{x}_1), \boldsymbol{p}_3(\boldsymbol{x}_2), \cdots, \boldsymbol{p}_3(\boldsymbol{x}_n))^{\mathrm{T}} = (y_1, y_2, \cdots, y_n)^{\mathrm{T}} \tag{7.46d}$$

(7.45)式是三个线性代数方程组成的方程组，因此，如果 $\boldsymbol{\phi}$ 可表示为任何三个线性无关向量的和，就可以通过确定这三个线性方程的系数来满足一致性。例如选取

$$\phi_I = \sum_{i=1}^{3} \alpha_i(\boldsymbol{x}) q_i(\boldsymbol{x}_I) = \boldsymbol{q}^{\mathrm{T}}(\boldsymbol{x}_I)\boldsymbol{\alpha}(\boldsymbol{x}) \tag{7.47}$$

其中，$q_i(\boldsymbol{x})$ 为三个线性独立的函数。如果我们还希望保持光滑粒子法和移动最小二乘逼近的局部性质，就再乘以 $w_I = w(\boldsymbol{x} - \boldsymbol{x}_I)$

$$\phi_I = w(\boldsymbol{x} - \boldsymbol{x}_I)\boldsymbol{q}^{\mathrm{T}}(\boldsymbol{x}_I)\boldsymbol{\alpha}(\boldsymbol{x}) \tag{7.48}$$

为了保证求解系数 α_i 方程的正定性，需要条件 $\boldsymbol{q}(\boldsymbol{x}_I) = \boldsymbol{p}(\boldsymbol{x}_I)$，此时 $\boldsymbol{p}(\boldsymbol{x})$ 如(7.19a)之第二式所示。综合(7.48)与(7.45)两式，得到

$$\boldsymbol{A\alpha} = \boldsymbol{p}(\boldsymbol{x}) \tag{7.49}$$

其中，矩阵 $\boldsymbol{A}$ 定义为

$$A_{ij} = \sum_{k=1}^{n} w_k(\boldsymbol{x}) p_i(\boldsymbol{x}_k) p_j(\boldsymbol{x}_k) \tag{7.50}$$

下面寻求当 $\boldsymbol{q}(\boldsymbol{x}) = \boldsymbol{p}(\boldsymbol{x})$ 时(7.48)式与(7.28)式间的关系，为此，将(7.48)式重新写做

$$\boldsymbol{\phi}(\boldsymbol{x}) = \boldsymbol{B}^{\mathrm{T}}\boldsymbol{\alpha}(\boldsymbol{x}) \tag{7.51}$$

其中

$$\boldsymbol{\phi}(\boldsymbol{x}) = (\phi_1(\boldsymbol{x}), \phi_2(\boldsymbol{x}), \cdots, \phi_n(\boldsymbol{x}))^{\mathrm{T}} \tag{7.52}$$

而 $\boldsymbol{B}$ 如(7.25b)式所示。一致性条件(7.45)式可写做

$$\boldsymbol{P}^{\mathrm{T}}\boldsymbol{\phi}(\boldsymbol{x}) = \boldsymbol{p}(\boldsymbol{x}) \tag{7.53}$$

其中,$\boldsymbol{P}$ 如(7.23b)式所示。那么,根据(7.51)和(7.53)两式,得到

$$(\boldsymbol{BP})^{\mathrm{T}}\boldsymbol{\alpha} = \boldsymbol{A\alpha} = \boldsymbol{p} \tag{7.54}$$

与(7.25a)式比较发现,两处的 $\boldsymbol{A}$ 完全相同。现在,将 $\boldsymbol{\alpha}$ 代回(7.51)式,得到

$$\boldsymbol{\phi}(\boldsymbol{x}) = \boldsymbol{B}^{\mathrm{T}}\boldsymbol{A}^{-1}\boldsymbol{p}(\boldsymbol{x}) \tag{7.55}$$

也就是说,形函数与基函数具有相同的阶次。

这样,如果我们选择了权函数或核函数(例如对于光滑粒子法),并施加了 k 次一致性要求,那么,就可以得到与 k 次移动最小二乘法具有相同逼近特性的形函数。与移动最小二乘法相似,核函数也可设计成再生形函数,而不只是单项式基函数。

(7.45)式还可以做另一种解释,如果

$$\phi_I = \alpha_I(\boldsymbol{x})w_I(\boldsymbol{x}) \quad (\text{对 } I \text{ 不求和}) \tag{7.56}$$

那么,求解(7.45)式等价于如下两个步骤:

Step 1:寻求 $\boldsymbol{\alpha}$,使得 $\boldsymbol{\alpha}$ 与 $\boldsymbol{P}_2$ 和 $\boldsymbol{P}_3$ 在加权点积意义下正交,即

$$\boldsymbol{a} \cdot \boldsymbol{b} = \sum_{I=1}^{n} w_I a_I b_I \tag{7.57}$$

注意,此时需令 $\boldsymbol{x}=\boldsymbol{0}$,犹如坐标原点平移到了目前所考察点。

Step 2:正则化 $\boldsymbol{\phi}$,使其满足(7.45a)式。

第一步可通过 Gram-Schmidt 步骤来实现。可以看到,如果使用$(1,1,\cdots,1)^{\mathrm{T}}$做为 Gram-Schmidt 步骤的起始向量,那么,形函数将与(7.28)式相同。

7.4　无网格法与单位分解法

根据 Duarte 和 Oden 以及 Babuska 和 Melenk 的观点,无网格方法也可基于单位分解思想。

在单位分解概念中,区域被可以相互重叠的分片 Ω_I 所覆盖,这些分片又称为子域,函数 $\phi_I(x)$仅在 Ω_I 上非零,并具有下列特性:

$$\sum_I \phi_I(x) = 1 \quad \text{在 } \Omega \text{ 上} \tag{7.58}$$

此外,Duarte 和 Oden 认为还需要 $\phi_I(x) \in C^\infty$,但此特性对构造无网格逼近并不十分必要。单位分解被广泛应用于数学领域以研究非线性流形等。

单位分解条件(7.58)式实质上等价于零次一致性条件(7.14a)。这样,单位分解的构造等价于无网格法中权函数或一致核函数的构造。特别地,移动最小二乘函数 $\phi^0(\boldsymbol{x}) = w(\boldsymbol{x}-\boldsymbol{x}_I)/\sum_I w(\boldsymbol{x}-\boldsymbol{x}_I)$ (即 Shepard 函数)及 $\phi^k(\boldsymbol{x})$(对任意 k)都具有单位分解特性。实际上,根据一致性,有

$$\sum_I \phi_I^k(\boldsymbol{x}) x_I^m = x^m \tag{7.59}$$

因此,如果 $m=0$,则

$$\sum_I \phi_I^k(\boldsymbol{x}) \cdot 1 = \sum_I \phi_I^k(\boldsymbol{x}) = 1 \tag{7.60}$$

这种观点引出了无网格方法的几个新的逼近。例如,为求解一维 Helmholtz 方程,Babuska 和 Melenk 引入了如下形式的逼近

$$u^h(x) = \sum_I \phi_I^0(x)(a_{0I} + a_{1I}x + \cdots + a_{kI}x^k + b_{1I}\sinh nx + b_{2I}\cosh nx) \tag{7.61a}$$

上式可记做

$$\begin{aligned} u^h(x) &= \sum_I \phi_I^0(x) \sum_i \beta_{iI} p_i(x) \\ &= \sum_I \phi_I^0(x) \boldsymbol{p}^{\mathrm{T}} \boldsymbol{\beta}_I \end{aligned} \tag{7.61b}$$

其中

$$\boldsymbol{\beta}_I = (a_{0I}, a_{1I}, \cdots, a_{kI}, b_{1I}, b_{2I})^{\mathrm{T}} \tag{7.62a}$$

$$\boldsymbol{p} = (1, x, \cdots, x^k, \sinh nx, \cosh nx)^{\mathrm{T}} \tag{7.62b}$$

这里,$\phi^0(x)$是 Shepard 函数,或者称为零次移动最小二乘逼近,它具有单位分解特性,因而也具有逼近的紧支特性。系数 $\boldsymbol{\beta}_I$ 为逼近函数中的待定系数,可通过 Galerkin 法或配点法确定。一致性阶次依赖于 x^k 的项数:对于一维线性一致性,每个结点需要两个未知数。函数 $\cosh nx$ 和 $\sinh nx$ 是增强函数,与(7.38)式中的增强函数类似,它们的引入使每个结点增加了两个附加未知数;它们的使用可提高这一特定方程的精度,但对基函数来说并非完全必要。这样,该逼近的线性一致性在每个结点处至少需要两个未知数,而二次移动最小二乘逼近在每个结点处仅需一个未知数。另外,为了改善条件数,在计算中一般用 $p_i(x-x_I)$代替 $p_i(x)$。

Babuska 和 Melenk 还引入了下述逼近

$$\begin{aligned} u^h(x) &= \sum_J \phi_J^0(x) \sum_I b_I L_{JI}(x) \\ &= \sum_I \sum_{J:x_I \in \Omega_J} \phi_J^0(x) L_{JI}(x) b_I \end{aligned} \tag{7.63}$$

其中,$L_{JI}(x)$为 Lagrange 插值函数,且 $L_{JI}(x_K) = \delta_{IK}$,$b_I$ 是结点 I 处的逼近值。

已证明，基于 Lagrange 多项式的单位分解有限元法 PUFEM 满足 Kronecker delta 条件

$$\phi_I(x_J) = \delta_{IJ} \tag{7.64}$$

令 J 表示分片编号(Ω_J)，并令每片含有 $p+1$ 个插值点 x_I，再用 L_{JI} 表示在分片 J 上的 m 次 Lagrange 多项式，并在 x_I 处为 1。那么，由于

$$\phi_I(x) = \sum_{J:x_I\in\Omega_J} \phi_J^0(x) L_{JI}(x) \tag{7.65}$$

相应得到

$$\phi_I(x_K) = \sum_{J:x_I\in\Omega_J} \phi_J^0(x_K) L_{JI}(x_K) = \sum_{J:x_I\in\Omega_J} \phi_J^0(x_K)\delta_{IK} = \delta_{IK} \quad (\text{对 } K \text{ 不求和}) \tag{7.66}$$

上式推导中利用了

$$\sum_I \phi_I^0(x) = 1 \tag{7.67}$$

和

$$L_{JI}(x_K) = \delta_{IK} \tag{7.68}$$

图 7.3 中表示四次权函数($s_{\max}=h$)的二次 Lagrange 多项式形函数。由于 Lagrange 插值函数构造时结点在任何方向的编排顺序必须已知，因而，该法较难直接推广至多维的无网格法。

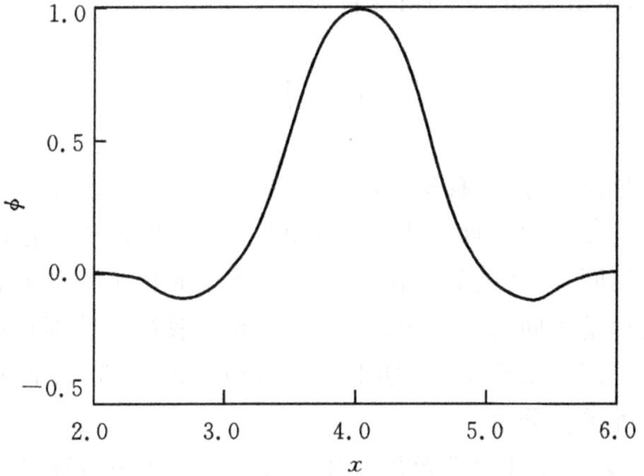

图 7.3　PUFEM 的形函数

借助于 k 次移动最小二乘构造的形函数，Duarte 和 Oden 进一步延拓了单位分解概念，他们构造的逼近为

$$u^k(x) = \sum_I \phi_I^k(x)\left(u_I + \sum_{i=1}^m b_{iI} q_i(x)\right) \tag{7.69}$$

这里，$q_i(x)$可以是高于 k 次的任意阶次的单项式基函数。为了改善条件数，可利用 Legendre 多项式表示高次项。实际上，$q_i(x)$也可以是其他非单项式增强函数，这种基函数被称为非本征基函数。

(7.69)式的主要优点是其非本征基可以依结点而不同，便于 hp 自适应，他们称此方法为 hp 云团法。非本征基的概念对获得 p 自适应至关重要。在移动最小二乘逼近中，若无不连续性存在，本征基以及多项式的阶次是不能变化的。例如，对于(7.18)式，除非 $a_i(x)$碰巧沿某线为零，$p_i(x)$是不能用本征基表示的。另一方面，非本征基可以任意调整，因而，附加项可在任何结点处任意添加，并不破坏连续性。

该法的延伸能进一步扩充逼近函数，一种特别有用的逼近形式为

$$u^h(x) = \sum_{I=1}^{n_1} \phi_I^k u_I + \sum_{I=1}^{n_2} \phi_I^0 \sum_i b_{iI} q_i(x) \tag{7.70}$$

其中，$q_i(x)$为增强函数，例如与裂尖相关的导数奇异函数等。一般地，$n_2 \ll n_1$，且增强函数的数目在区域上不变。通过采用具有不同特性的单位分解，可减少求解 u_I 和 b_{iI}时系统方程的线性相关性。

构造网格类逼近还可通过直接确定结点处的有关导数来实现，广义有限差分法就属这类方法，由 Liszka 和 Orkisz 首先发展而成。

7.5 小结

本章以核函数逼近方法、移动最小二乘法和单位分解法为例，介绍了无网格方法的思想和主要特征。这三种方法有许多共同特征，在大多数情形下，移动最小二乘法与核函数法相同：母核函数与移动最小二乘法的权函数相同且具有一致性的任何核函数方法都是相同的。换句话说，一致的离散核函数逼近必定与相关的移动最小二乘逼近等同。实质上，正如 Duarte 和 Oden 所言，任何移动最小二乘逼近都可看成是一种单位分解。

近年来，计算力学领域的学者几乎都参与了无网格法的研究，发表了大量的研究论文，Atluri 和 Shen、张雄和刘岩、Liu 和 Gu 相继出版了无网格方面的专著，形成了数十种无网格方法。由于各种无网格方法可能同时在多个方面对常规和原有方法进行了改进和发展，因而，对现有无网格方法进行分类是一件不太容易的事。依张雄等的分类法，无网格法按形成系统方程的微分方程等效形式，分为以下几种。

(1)Galerkin 型无网格法：包括无单元 Galerkin 法(EGM)、重构核质点法

(RKPM)、hp 云团法、点插值法等。这类方法的主要特征是采用 Galerkin 法对控制方程进行离散，是一种半无网格法，数值求积时需要背景网格。

(2)配点型无网格法：包括广义有限差分法(GFDM)、光滑粒子法(SPH)、有限点法(FPM)，径向基函数无网格法、最小二乘配点无网格法(LSC)等。这类方法是纯无网格法，数值求积时不需要借助任何网格。

(3)无网格局部 Petrov-Galerkin 法(MLPG)：该法基于微分方程的局部弱形式，数值求积可在局部子域上完成，不再像 Galerkin 型无网格法一样需要任何网格，是一种纯无网格法。

(4)其他无网格法：不能划归为上述三种的其他无网格方法。

本章主要分析了无网格法的最基本特征，即仅依赖于结点构造插值逼近，它们是无网格方法研究的最基本内容。实际上，对于无网格法，还存在系统方程的建立、求解等许多实施细节，需要做深入的探讨和研究。

无网格法研究的目的是为了克服有限元方法在经历极大变形时使用单元所带来的困难和不足，在解决诸如碰撞、塑性成型等问题中，显示出了其独特的优势。与已经发展成熟并实现商用化的有限元方法相比，无网格方法在方法本身、具体实施及应用化程度上都还不尽人意。实际上，传统有限元方法的不足，也可在保留有限元由于单元引入所带来的诸多优点基础上进行进一步的发展和完善，第 5 章介绍的新型有限元方法正是这些方面的一些突破性工作。

思考题

1. 阐述无网格方法的基本思想，并阐述其与有限元法的主要区别。
2. 举例说明逼近函数的再生性、完备性及一致性之间的区别与联系。
3. 试述单位分解法与移动最小二乘法及核函数逼近法之间的关系。

参考文献

刘桂荣，顾元通，2007. 无网格法理论及程序实现[M]. 王建明，周学军，译. 济南：山东大学出版社.

张雄，刘岩，2004. 无网格法[M]. 北京：清华大学出版社.

ATLURI S N, SHEN S P, 2002. The Meshless Local Petrov-Galerkin (MLPG) Method[M]. [S. l.]: Tech Science Press.

BABUSKA I, MELENK J M, 1997. The partition of unity method[J]. International Journal for Numerical Methods in Engineering, 40: 727 - 758.

BELYTSCHKO T,GU L,LU Y Y,1994. Fracture and crack growth by element-free Galerkin methods[J]. Modelling and Simulation in Materials Science and Engineering,2:519-534.

BELYTSCHKO T,KRONGAUZ Y,FLEMING M,et al,1996. Smoothing and accelerated computations in the element free Galerkin method[J]. Journal of Computational and Applied Mathematics,74(1-2):111-126.

BELYTSCHKO T,KRONGAUZ Y,ORGAN D,et al,1996. Meshless methods: An overview and recent developments[J]. Computer Methods in Applied Mechanics and Engineering,139:3-47.

DUARTE C A,ODEN J T,1996. An H-P adaptive method using clouds[J]. Computer Methods in Applied Mechanics and Engineering,139:237-262.

FLEMING M,CHU Y A,MORAN B,et al,1997. Enriched element-free Galerkin methods for crack tip fields[J]. International Journal for Numerical Methods in Engineering,40(8):1483-1504.

JOHNSON G R,STRYK R A,BEISSEL S R,1996. SPH for high velocity impact computations[J]. Computer Methods in Applied Mechanics and Engineering, 139(1-4):347-373.

KRONGAUZ Y,BELYTSCHKO T,1996. Enforcement of essential boundary conditions in meshless approximations using finite elements[J]. Computer Methods in Applied Mechanics and Engineering,131(1-2):133-145.

LANCASTER P,SALKAUSKAS K,1981. Surfaces generated by moving least-squares methods[J]. Mathematics of computation,37:141-158.

LISZKA T,ORKISZ J,1980. The finite difference method at arbitrary irregular grids and its application in applied mechanics[J]. Computers & Structures,11: 83-95.

LIU W K,JUN S,ZHANG Y F,1995. Reproducing kernel particle methods[J]. International Journal for Numerical Methods in Engineering,20:1081-1106.

LIU W K,LI S F,BELYTSCHKO T,1997. Moving least-square reproducing kernel methods: I. Methodology and convergence[J]. Computer Methods in Applied Mechanics and Engineering,143(1-2):113-154.

LUCY L B,1977. A numerical approach to the testing of the fission hypothesis [J]. The Astronomical Journal,8(12):1013-1024.

MONAGHAN J J,1992. Smooth particle hydrodynamics[J]. Annual Review of Astronomy and Astrophysics,30:543-574.

NAYROLES B, TOUZOT G, VILLON P, 1992. Generalizing the finite element method: diffuse approximation and diffuse elements[J]. Computational Mechanics, 10:307 - 318.

PERRONE N, KAO R, 1975. A general finite difference method for arbitrary meshes[J]. Computers & Structures, 5:45 - 58.

SHEPARD D, 1968. A two-dimensional interpolation function for irregularly spaced points[C]// ACM National Conference: 517 - 524.

SULSKY D, SCHREYER H L, 1996. Axisymmetric form of the material point method with applications to upsetting and Taylor impact problems[J]. Computer Methods in Applied Mechanics and Engineering, 139(1 - 4):409 - 429.

SWEGLE J W, HICKS D L, ATTAWAY S W, 1995. Smoothed particle hydrodynamics stability analysis[J]. Journal of Computational Physics, 116:123 - 134.

延伸材料

History of meshfree methods*

One of the earliest meshfree methods is smoothed particle hydrodynamics, presented in 1977. Over the ensuing decades, many more methods have been developed, some of which are listed below.

(1) List of methods and acronyms

The following numerical methods are generally considered to fall within the general class of "meshfree" methods. Acronyms are provided in parentheses.

- Smoothed particle hydrodynamics (SPH)
- Diffuse element method (DEM)
- Dissipative particle dynamics (DPD)
- Element-free Galerkin method (EFG/EFGM)
- Reproducing kernel particle method (RKPM)
- Finite pointset method (FPM)
- hp-clouds
- Natural element method (NEM)
- Material point method (MPM)
- Meshless local Petrov Galerkin (MLPG)

* 来自维基百科，略有改动。

- Moving particle semi-implicit (MPS)
- Generalized finite difference method (GFDM)
- Particle-in-cell (PIC)
- Moving particle finite element method (MPFEM)
- Finite cloud method (FCM)
- Boundary node method (BNM)
- Meshfree moving Kriging interpolation method (MK)
- Boundary cloud method (BCM)
- Method of fundamental solution(MFS)
- Method of particular solution (MPS)
- Method of finite spheres (MFS)
- Discrete vortex method (DVM)
- Finite mass method (FMM)
- Smoothed point interpolation method (S-PIM)
- Meshfree local radial point interpolation method (RPIM)
- Local radial basis function collocation Method (LRBFCM)
- Viscous vortex domains method (VVD)
- Discrete least squares meshless method (DLSM)
- Repeated replacement method (RRM)
- Radial basis integral equation method

(2)Related methods

- Moving least squares (MLS) — provide general approximation method for arbitrary set of nodes
- Partition of unity methods (PoUM) — provide general approximation formulation used in some meshfree methods
- Continuous blending method (enrichment and coupling of finite elements and meshless methods)
- eXtended FEM (XFEM), Generalized FEM (GFEM) — variants of FEM (finite element method) combining some meshless aspects
- Smoothed finite element method (S-FEM)
- Gradient smoothing method (GSM)
- Local maximum-entropy (LME)
- Space-Time Meshfree Collocation Method (STMCM)

附录 A　求解线性互补问题的 Lemke 法和 Graves 主旋转法

A.1　Lemke 方法概述

考察形如(4.66)式的标准形式

$$\begin{cases} \boldsymbol{w} = \boldsymbol{a}\boldsymbol{\lambda} + \boldsymbol{q} & \text{(A.1a)} \\ \boldsymbol{w}^{\mathrm{T}}\boldsymbol{\lambda} = \boldsymbol{0} & \text{(A.1b)} \\ w_i \geqslant 0, \lambda_i \geqslant 0 & \text{(A.1c)} \end{cases}$$

其中,(A.1a)式是待求变量($\boldsymbol{w},\boldsymbol{\lambda}$)的一个线性关系;(A.1b)式是一个非线性关系,称为互补关系;(A.1c)式是待求变量的非负性条件。这里根据程耿东编著的《工程结构优化设计基础》,介绍求解上述问题的 Lemke 方法。

为叙述方便、清晰,首先介绍线性规划中的几个概念。

1)基本解、基本变量和非基本变量

在求解方程组(A.1)过程中,一对互补变量中被假定为零的变量称为非基本变量,其余变量为基本变量。满足方程(A.1a)的解为基本解。

2)基本可行解

满足(A.1c)式的基本解为基本可行解。

3)离基与进基

原基本可行解中的基本变量在新基本可行解中变成非基本变量的过程,称为离基;相反,原基本可行解中非基本变量在新基本可行解中变成基本变量的过程,称为进基。

4)互补基本可行解

满足互补条件(A.1b)式的基本可行解称为互补基本可行解。在互补基本可行解中,一对互补变量中仅只有一个是基本变量。求解(A.1)式,就是求它的互补基本可行解。

Lemke 算法中,首先引入人工变量 λ_0,并将方程变成如下形式

$$\begin{cases} \boldsymbol{E}w - a\lambda - \boldsymbol{I}\lambda_0 = q & \text{(A.2a)} \\ w_i \geqslant 0, \lambda_i \geqslant 0, \lambda_0 \geqslant 0 & \text{(A.2b)} \\ w_i\lambda_i = 0 \quad (i\ \text{不求和}) & \text{(A.2c)} \end{cases}$$

其中，$\boldsymbol{E}$ 为单位方阵，$\boldsymbol{I}$ 为每个元素都为 1 的列阵。

显然，若取 $\lambda_0=\max\{-q_i, i=1,\cdots,n\}$，立即就可得出一个基本可行解 $\boldsymbol{\lambda}=\boldsymbol{0}$ 和 $\boldsymbol{w}=\boldsymbol{q}+\boldsymbol{I}\lambda_0$，称它为几乎基本可行解。但是，由于 λ_0 的引入，它们不是原问题的基本解。下面将通过基底交换(进基与离基)运算、沿着相邻的几乎互补基本可行解移动，使人工基 λ_0 离基，将其逐出基底，以求得该问题的解。

具体步骤为：

Step 1：初始步

如果 $\boldsymbol{q}\geqslant\boldsymbol{0}$，停止，得到互补基本可行解

$$(\boldsymbol{w}\quad\boldsymbol{\lambda})=(\boldsymbol{q}\quad\boldsymbol{0}) \tag{A.3}$$

如果 $\boldsymbol{q}\ngeqslant\boldsymbol{0}$，即至少存在一个 $q_i<0$，那么将方程(A.2)式列成一增广矩阵形式的表格，即将右端项列在表的最后一列。

找出 q_i 中最小的 $q_s=\min(q_i, 1\leqslant i\leqslant n)$，并以处于 λ_0 所在列 s 行的元素为枢轴(Pivot)，对整个表格进行高斯消元，消去运算将使 λ_0 进基而使 w_s 离基，从消元后形成的表格可得一个基本可行解为

$$\begin{cases}\lambda_0=-q_s\\ \boldsymbol{\lambda}=\boldsymbol{0}\\ \boldsymbol{w}=\boldsymbol{q}-\boldsymbol{I}\lambda_0\end{cases} \tag{A.4}$$

它们都是非负的。

由于 w_s 离开了基底，下次进基的变量应为 λ_s，若以 y_s 表示一般意义上进基的变量，则此时 $y_s=\lambda_s$。转入主循环。

Step 2：主循环

(1)检查当前要进基的变量 y_s 所在列的各个元素，如果它们全部小于零，则转到(5)，否则转到(2)。以下叙述时将 y_s 所在列记为 $\boldsymbol{d}_s$，该列中的元素记为 d_{is}；

(2)用当前右端项所在列的各个元素 q_i 分别除以 y_s 所在列的相应元素 d_{is}，从中找出使该比值最小的行号，记做 r，即

$$\frac{q_r}{d_{rs}}=\min_{1\leqslant i\leqslant n}\left\{\frac{q_i}{d_{is}}, d_{is}>0\right\} \tag{A.5}$$

以上比值计算只对 $d_{is}>0$ 进行。如果这样确定的 r 行的基本变量为 λ_0，转至(4)；否则转至(3)；

(3)以表中 r 行 y_s 列的元素为枢轴，对整个表进行高斯消元。消元运算使 y_s 进基，r 行的某一基本变量 w_l 或 λ_l 离基($l\neq s$)。如果离基的变量是 w_l，则令下次迭代进基的变量 $y_s=\lambda_l$；如果离基的变量是 λ_l，则令下次迭代进基的变量 $y_s=w_l$。返回(1)。

(4)进入这一步，表明 y_s 应该进基，而 λ_0 应该离基，于是进行这样的运算，以

y_s 列 λ_0 行的元素为枢轴对全表进行高斯消去，最后得到互补基本可行解。运算结束。

(5)进入这一步，表明 $\boldsymbol{d}_s \leqslant \boldsymbol{0}$，即说明问题(A.2)的解是射线

$$R = \{(w, \lambda, \lambda_0) + zd\} \tag{A.6}$$

换句话说，对任意的 $z \geqslant 0$，$(\boldsymbol{w}, \boldsymbol{\lambda}, \lambda_0) + z\boldsymbol{d}$ 都满足(A.2)，其中，(w, λ, λ_0) 是和最后的表对应的几乎基本可行解，而 $\boldsymbol{d}$ 是一个方向矢量，它在相应于 y_s 位置的元素为 1，在当前基底变量所在的位置为 $-\boldsymbol{d}_s$，其余全部为零。运算结束。

可以证明，在绝大多数情况下，上式算法在有限步内可以结束于主循环的第(4)或(5)步。在第(4)步结束，说明该问题有常规解；在第(5)步结束，说明该问题只有无界解，或称为无解。

A.2 Graves 主旋转法

Graves 方法考虑下列形式的问题

$$\begin{cases} \boldsymbol{y} = \boldsymbol{a} + \boldsymbol{A}\boldsymbol{x} \\ \boldsymbol{x}, \boldsymbol{y} \geqslant \boldsymbol{0} \\ \boldsymbol{x}^{\mathrm{T}} \boldsymbol{y} = \boldsymbol{0} \end{cases} \tag{A.7}$$

该问题与(A.1)式在形式上是完全相同的，这里要求矩阵 $\boldsymbol{A}$ 必须是半正定的，对于有限元方法形成的 $\boldsymbol{A}$，这一条件是满足的。

以四阶为例，将(A.7)第一式右端形式表示成如下增广矩阵形式

		x_1	x_2	x_3	x_4
y_1	a_1	A_{11}	A_{12}	A_{13}	A_{14}
y_2	a_2	A_{21}	A_{22}	A_{23}	A_{24}
y_3	a_3	A_{31}	A_{32}	A_{33}	A_{34}
y_4	a_4	A_{41}	A_{42}	A_{43}	A_{44}

在上述增广形式中，最左边一列(分别代表所在行)表示的是当前基本变量，最上面一行(分别代表所在列)表示的是当前非基本变量。

为下面叙述方便，先介绍几个概念。

1)简单旋转

在 (r, s) 位置的简单旋转，是指利用 r 行的基本变量与非基本变量，先求解第 s 列的变量，再将所得到的关系式代入其他方程；或者说是将 r 行的基本变量变成 s 列的非基本变量，并使整个方程系统做相应的调整。若 $r=1$，$s=2$，得到的新表为

		x_1	y_1	x_3	x_4
x_2	a'_1	A'_{11}	A'_{12}	A'_{13}	A'_{14}
y_2	a'_2	A'_{21}	A'_{22}	A'_{23}	A'_{24}
y_3	a'_3	A'_{31}	A'_{32}	A'_{33}	A'_{34}
y_4	a'_4	A'_{41}	A'_{42}	A'_{43}	A'_{44}

表中的元素与原表元素的关系为

$$A'_{ij} = A_{ij} - A_{is}A_{rj}/A_{rs}, \quad a'_i = a_i - A_{is}a_r/A_{rs} \quad (i \neq r, j \neq s) \tag{A. 8a}$$

$$A'_{is} = A_{is}/A_{rs} \quad (i \neq r) \tag{A. 8b}$$

$$A'_{rj} = -A_{rj}/A_{rs}, \quad a'_r = -a_r/A_{rs} \quad (j \neq s) \tag{A. 8c}$$

$$A'_{rs} = 1/A_{rs} \tag{A. 8d}$$

2)主旋转

主旋转是指一系列互换基本变量与非基本变量的简单旋转。

3)单主旋转和双主旋转

单主旋转是指在(r,r)位置所做的简单旋转，即一种互换 r 位置处变量(一个是基本变量，一个是非基本变量)的旋转；双主旋转是指在(r,s)处旋转后紧跟再在(s,r)处旋转。线性代数中经常用到重排旋转，指的是先互换两行元素，再互换相应的两列元素。这是行与行、列与列内部间的互换，不改变变量的属性(基本变量或非基本变量)，与主旋转有本质区别。

Graves 主旋转法分以下三个步骤：

Step 1：确定 r，使得

$$1/a_r = \max(1/a_i) \quad a_i < 0 \tag{A. 9}$$

如果对于所有的 i，$a_i \geqslant 0$，很显然，$y=a$，$x=0$ 就是问题(A. 6)的解。

Step 2：当 $A_{rr} \neq 0$ 时，在(r,r)处进行单主旋转。

Step 3：当 $A_{rr}=0$ 时，确定 s，使得

$$(-a_s/a_r)/A_{sr} = \max((-a_i/a_r)/A_{ir}) \quad (A_{ir} < 0, i \neq r) \tag{A. 10}$$

如果对于所有的 $i \neq r$，$A_{ir} \geqslant 0$，该问题无解。否则，先进行(r,s)旋转，再在(s,r)处旋转，即进行双主旋转。

Graves 已证明，半正定矩阵 **A** 在单主旋转和双主旋转变换后仍保持半正定型，并且，在有限的变换次数后，必定能求得问题的解，或者证明无解。

参考文献

程耿东，1983. 工程结构优化设计基础[M]. 北京：水利电力出版社.

李录贤，1994. 非线性粘弹性应力应变和接触问题分析[D]. 西安：西安交通大学.
GRAVES R L，1967. A principal pivoting simplex algorithm for linear and quadratic programming[J]. Operations Research，15：482 - 494.

附录 B　含参数混合型线性互补问题的一种解法

(4.114)式的线性互补问题比较特殊，它是含参数的混合型线性互补问题，非负性条件及互补性条件中均涉及设计变量对参数 τ 的导数。显然，这类涉及导数的含参数线性互补问题不能直接使用附录 A 中介绍的方法求解。下面介绍 Klarbring 根据 Kaneko 方法提出的推广算法。

当外载可化成参数 τ(例如时间)的线性函数时，(4.114)式写成下列更简洁的形式

$$\begin{cases}\boldsymbol{\Phi} = \boldsymbol{q} + \tau\boldsymbol{p} + \boldsymbol{M\Lambda} & \text{(B.1a)}\\ \boldsymbol{\varepsilon}_{\mathrm{N}} \geqslant \boldsymbol{0}, \boldsymbol{P}_{\mathrm{N}} \geqslant \boldsymbol{0}, \dot{\boldsymbol{\lambda}} \geqslant 0, \boldsymbol{\varphi} \geqslant \boldsymbol{0} & \text{(B.1b)}\\ \boldsymbol{P}_{\mathrm{N}}^{\mathrm{T}}\boldsymbol{\varepsilon}_{\mathrm{N}} = \boldsymbol{0}, \boldsymbol{\varphi}^{\mathrm{T}}\dot{\boldsymbol{\lambda}} = \boldsymbol{0} & \text{(B.1c)}\end{cases}$$

引入元素分别与 $\boldsymbol{P}_{\mathrm{N}}$ 和 $\boldsymbol{\varphi}$ 对应的指标集 I 和 J。设 δ 和 ε 分别是 I 的子集，使得 $\delta\cup\varepsilon=I, \delta\cap\varepsilon=\varnothing$(空集)，并满足

$$i \in \delta，仅当\ \Phi_i > 0, \Lambda_i = 0 \quad (对应于接触) \qquad \text{(B.2a)}$$

$$i \in \varepsilon，仅当\ \Phi_i = 0, \Lambda_i \geqslant 0 \quad (对应于未接触) \qquad \text{(B.2b)}$$

设 α、β 和 γ 分别是 J 的子集，使得 $\alpha\cup\beta\cup\gamma=J, \alpha\cap\beta=\varnothing, \beta\cap\gamma=\varnothing, \alpha\cap\gamma=\varnothing$，即 α、β 和 γ 两两互不相交，并满足

$$i \in \alpha，仅当\ \Phi_i > 0, \Lambda_i = 0 \quad (对应于接触无滑动) \qquad \text{(B.3a)}$$

$$i \in \beta，仅当\ \Phi_i > 0, \Lambda_i > 0 \quad (对应于接触有滑动) \qquad \text{(B.3b)}$$

$$i \in \gamma，仅当\ \Phi_i = 0, \Lambda_i \geqslant 0 \quad (对应于未接触) \qquad \text{(B.3c)}$$

为以下推导方便，再引入子向量和子矩阵概念：如果向量 $\boldsymbol{x}$ 是 n 阶的，指标集 $I\subset\{1,\cdots,n\}$，则 $\boldsymbol{x}_I$ 代表元素为 $x_i(i\in I)$ 的子向量；如果矩阵 $\mathbf{A}$ 是 $n\times m$ 阶的，指标集 $I\subset\{1,\cdots,n\}$ 和 $J\subset\{1,\cdots,m\}$，则 $\mathbf{A}_{IJ}$ 表示元素为 $A_{ij}(i\in I, j\in J)$ 的矩阵 $\mathbf{A}$ 的子矩阵，这样，互补性条件可表示为

$$\boldsymbol{\Lambda}_I \geqslant \boldsymbol{0}, \boldsymbol{\Phi}_I \geqslant \boldsymbol{0}, \boldsymbol{\Phi}_I^{\mathrm{T}}\boldsymbol{\Lambda}_I = \boldsymbol{0} \qquad \text{(B.4a)}$$

$$\dot{\boldsymbol{\Lambda}}_J \geqslant \boldsymbol{0}, \boldsymbol{\Phi}_J \geqslant \boldsymbol{0}, \boldsymbol{\Phi}_J^{\mathrm{T}}\dot{\boldsymbol{\Lambda}}_J = \boldsymbol{0} \qquad \text{(B.4a)}$$

将(B.1)式写成表格形式，如表 B.1 所示。

表 B.1　公式(B.1)对应的表格形式

		1	τ	$\boldsymbol{\Lambda}$
$\boldsymbol{\Phi}$	=	$\boldsymbol{q}$	$\boldsymbol{p}$	$\boldsymbol{M}$

Klarbring 等研究表明，采用主旋转法，其中的每一次旋转包含对变量 $\boldsymbol{\Phi}$ 及 $\boldsymbol{\Lambda}$ 的重排，不改变上述表格的表示形式。在每一步的表格中，右端上面表示的都是非基本变量，左端表示的都是基本变量，每一次的旋转都采用主旋转法，称一系列主旋转为块旋转。一般情况下，表 B.1 的具体形式如表 B.2 所示。

表 B.2　表 B.1 的具体形式

		1	τ	$\Lambda_\delta\begin{pmatrix}=\Lambda_\delta^*\\=0\end{pmatrix}$，$\Phi_\varepsilon(=0)$	$\Lambda_\alpha(=0)$，$\Lambda_\beta(=\Lambda_\beta^*)$，$\Phi_\gamma(=0)$
$\boldsymbol{\Phi}_\delta$ $\boldsymbol{\Lambda}_\varepsilon$	=	$\bar{\boldsymbol{q}}_I$	$\bar{\boldsymbol{p}}_I$	$\overline{\boldsymbol{M}}_{II}$	$\overline{\boldsymbol{M}}_{IJ}$
$\boldsymbol{\Phi}_\alpha$ $\boldsymbol{\Lambda}_\beta$ $\boldsymbol{\Lambda}_\gamma$	=	$\bar{\boldsymbol{q}}_J$	$\bar{\boldsymbol{p}}_J$	$\overline{\boldsymbol{M}}_{JI}$	$\overline{\boldsymbol{M}}_{JJ}$

上表中的某些非基本变量可以不为零(如 $\boldsymbol{\Lambda}_\beta$)，基本变量随参数 τ 变化，这是该问题与(A.1)式问题的最大区别。当 τ 增加到使(B.4)式中的一个或多个不满足时，如果 τ 再继续增加，就需通过块旋转对表 B.2 进行修改。于是得到 τ 的一个转折点(临界点)。

算法的基本步骤为：

Step 0：置集合 $\delta=I,\varepsilon=\varnothing,\alpha=J,\beta=\gamma=\varnothing,\boldsymbol{\Lambda}^*=\boldsymbol{\Lambda}=\boldsymbol{0},\tau^*=0$，如果 $\boldsymbol{q}\ngeqslant\boldsymbol{0}$，在指标集 $\hat{\varepsilon}=\{i\in I|q_i<0\}$ 上做块旋转，产生如表 B.2 形式的可行初始表。

Step 1：如果 $\bar{\boldsymbol{p}}\geqslant\boldsymbol{0}$，停止，得到解 $\boldsymbol{\Phi}=\tau\bar{\boldsymbol{p}}+\bar{\boldsymbol{q}},\boldsymbol{\Lambda}=\boldsymbol{\Lambda}^*$。

Step 2：对每个 $i\in I\cup\alpha\cup\beta\cap\{i|\bar{p}_i<0\}$，计算

$$K_i=\frac{-\left(\bar{q}_i+\sum\limits_{j\in\delta\cup\beta}\overline{M}_{ij}\Lambda_j^*\right)}{\bar{p}_i} \tag{B.5}$$

选取指标 $r=\arg\min\{K_i\}$，令 K_r 为新的临界值 τ^*，如果 $\tau^*\geqslant T$(给定的时间)，停止。

Step 3：令 $\nu\subset I\cup\alpha\cup\beta$，元素 $i\in\nu$，当且仅当

$$\bar{q}_i + \tau^* \bar{p}_i + \sum_{j \in \delta \cup \beta} \overline{M}_{ij} \Lambda_j^* = 0 \tag{B.6}$$

Step 4：对每一 $i \in \varepsilon \cup \gamma$，计算

$$\Lambda_i = \bar{q}_i + \tau^* \bar{p}_i + \sum_{j \in \delta \cup \beta} \overline{M}_{ij} \Lambda_j^* \tag{B.7a}$$

$$\Lambda_i^* = \Lambda_i \tag{B.7b}$$

Step 5：求解线性互补问题

$$\begin{cases} \boldsymbol{\omega} = \begin{Bmatrix} \bar{p}_\nu \\ \bar{p}_\gamma \end{Bmatrix} + \begin{bmatrix} \overline{M}_{\nu\nu} & \overline{M}_{\nu\gamma} \\ \overline{M}_{\gamma\nu} & \overline{M}_{\gamma\gamma} \end{bmatrix} z & \text{(B.8a)} \\ \boldsymbol{\omega} \geqslant \mathbf{0}, z \geqslant 0, \boldsymbol{\omega}^{\mathrm{T}} z = \mathbf{0} & \text{(B.8b)} \end{cases}$$

上式可通过一系列 Graves 主旋转法加以求解，同时，表 B. 2 也做相应的旋转。然后，按(B. 2)和(B. 3)两式调整 δ、ε 与 α、β 和 γ 这两组集合中的元素，再回到第一步。若问题(B. 8)无解，则该问题无解。

从上述的叙述可以看出，该法可能在 Step 1 因解已求得而正常退出；也可能在 Step 2 因参数 τ 已到达给定范围 T 而正常中止；或者在 Step 5 因无解而非正常退出。从分析角度看，每步可做如下解释：Step 0 置初始值，处理初始间隙；Step 1 核对在高于当前临界载荷水平时(用参数临界值 τ^* 控制)，原接触状态是否会发生变化；Step 2 计算原接触状态所能维持的最高载荷水平(计算新的临界值 τ^*)；Step 3 确定接触状态需做修改的位置；Step 4 计算新的接触状态，但尚不能确定每对点的具体状态；Step 5 修改系数矩阵，明确每对点的接触状态。

参考文献

李录贤，1994. 非线性粘弹性应力应变和接触问题分析[D]. 西安：西安交通大学.

KANEKO I，1978. A parametric linear compleementarity problem involving derivatives[J]. Mathematical Programming，15：146 - 154.

KLARBRING A，BJORKMAN G，1988. A mathematical programming approach to contact problems with friction and varying contact surface[J]. Computers & Structures，30(5)：1185 - 1198.